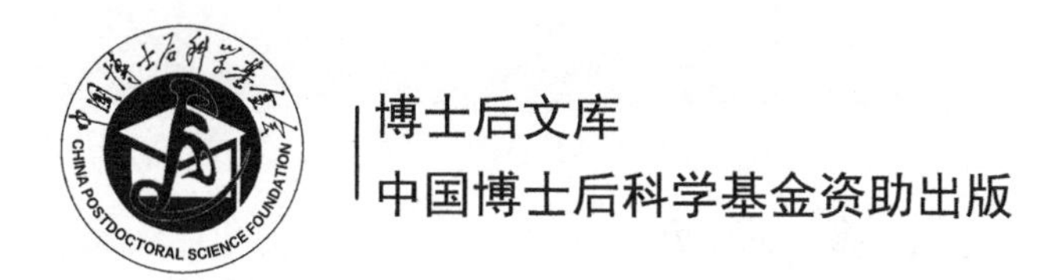

博士后文库

中国博士后科学基金资助出版

线性延迟反馈控制系统分析及应用

任海鹏　著

科学出版社

北　京

内 容 简 介

本书对线性延迟反馈控制系统进行动力学分析，阐明产生分岔和混沌的机理。用电路实现Chen系统，在电路实验中观察到分岔和混沌行为。将系统中产生的超混沌应用于保密通信和Hash函数构建中，同时，应用于智能家居系统的信息传递和用户认证。将混沌系统应用于振动压实，设计振动装置，并进行实验研究。

本书可作为信息与通信系统、动力学系统分析与应用、控制理论与控制工程等领域科研人员和工程技术人员的参考书。

图书在版编目(CIP)数据

线性延迟反馈控制系统分析及应用 / 任海鹏著. —北京：科学出版社，2019.3

（博士后文库）

ISBN 978-7-03-060026-4

Ⅰ. ①线… Ⅱ. ①任… Ⅲ. ①反馈控制系统-研究 Ⅳ. ①TP271

中国版本图书馆CIP数据核字（2018）第294311号

责任编辑：宋无汗 赵微微 / 责任校对：郭瑞芝

责任印制：徐晓晨 / 封面设计：陈 敬

科学出版社出版

北京东黄城根北街16号

邮政编码：100717

http://www.sciencep.com

北京中石油彩色印刷有限责任公司 印刷

科学出版社发行 各地新华书店经销

*

2019年3月第 一 版 开本：720×1000 B5

2019年9月第二次印刷 印张：16 1/2 插页：1

字数：333 000

定价：108.00元

（如有印装质量问题，我社负责调换）

《博士后文库》编委会名单

主　任　陈宜瑜

副主任　詹文龙　李　扬

秘书长　邱春雷

编　委（按姓氏汉语拼音排序）

付小兵　傅伯杰　郭坤宇　胡　滨　贾国柱　刘　伟

卢秉恒　毛大立　权良柱　任南琪　万国华　王光谦

吴硕贤　杨宝峰　印遇龙　喻树迅　张文栋　赵　路

赵晓哲　钟登华　周宪梁

《博士后文库》序言

1985 年，在李政道先生的倡议和邓小平同志的亲自关怀下，我国建立了博士后制度，同时设立了博士后科学基金。30 多年来，在党和国家的高度重视下，在社会各方面的关心和支持下，博士后制度为我国培养了一大批青年高层次创新人才。在这一过程中，博士后科学基金发挥了不可替代的独特作用。

博士后科学基金是中国特色博士后制度的重要组成部分，专门用于资助博士后研究人员开展创新探索。博士后科学基金的资助，对正处于独立科研生涯起步阶段的博士后研究人员来说，适逢其时，有利于培养他们独立的科研人格、在选题方面的竞争意识以及负责的精神，是他们独立从事科研工作的"第一桶金"。尽管博士后科学基金资助金额不大，但对博士后青年创新人才的培养和激励作用不可估量。四两拨千斤，博士后科学基金有效地推动了博士后研究人员迅速成长为高水平的研究人才，"小基金发挥了大作用"。

在博士后科学基金的资助下，博士后研究人员的优秀学术成果不断涌现。2013 年，为提高博士后科学基金的资助效益，中国博士后科学基金会联合科学出版社开展了博士后优秀学术专著出版资助工作，通过专家评审遴选出优秀的博士后学术著作，收入《博士后文库》，由博士后科学基金资助、科学出版社出版。我们希望，借此打造专属于博士后学术创新的旗舰图书品牌，激励博士后研究人员潜心科研，扎实治学，提升博士后优秀学术成果的社会影响力。

2015 年，国务院办公厅印发了《关于改革完善博士后制度的意见》(国办发〔2015〕87 号)，将"实施自然科学、人文社会科学优秀博士后论著出版支持计划"作为"十三五"期间博士后工作的重要内容和提升博士后研究人员培养质量的重要手段，这更加凸显了出版资助工作的意义。我相信，我们提供的这个出版资助平台将对博士后研究人员激发创新智慧、凝聚创新力量发挥独特的作用，促使博士后研究人员的创新成果更好地服务于创新驱动发展战略和创新型国家的建设。

祝愿广大博士后研究人员在博士后科学基金的资助下早日成长为栋梁之材，为实现中华民族伟大复兴的中国梦做出更大的贡献。

中国博士后科学基金会理事长

前　言

动力学系统分析是一个交叉学科领域，涉及物理学、数学和控制等领域。混沌作为动力学系统的一个特例，从20世纪60年代开始逐渐被人们深入认识。作为确定性系统中表现出的类随机行为，人们一度认为混沌是不可控制的，直到1990年混沌的微扰控制（OGY）方法被提出，混沌控制和利用的研究才开始迅速发展。混沌控制方法的研究成为交叉学科的一个研究热点，各种相关的混沌控制方法相继提出，包括延迟反馈混沌控制方法、线性反馈混沌控制方法等。由于具有宽频谱、对参数和初值敏感等特性，混沌引起了通信、优化等领域的研究人员的兴趣，他们先后提出：混沌用于保密通信提高保密性；混沌用于寻优避免局部极小；混沌用于开关变换器降低特定频率的电磁干扰峰值；混沌用于振动压实使不同颗粒产生共振提高压实度；混沌用于液体搅拌和能量交换提高效率等。2000年，在非混沌离散系统中，人为产生混沌的方法被提出，正式开启了混沌反控制，或者混沌化控制研究。对于连续系统的混沌反控制方法，陈关荣教授及其合作者最先提出了状态延迟加正弦变换（本书中称为非线性延迟反馈控制方法）产生混沌，并对其进行详细的理论分析和电路实验。

2000年4月～2003年10月作者读博期间从事了一些混沌控制方法的研究，工科出身和工程背景的原因使得作者对混沌控制和利用产生了浓厚兴趣。受到陈关荣教授等关于非线性延迟反馈控制混沌反控制方法的启发，作者在2004年4～10月访问日本九州大学期间，产生了利用直接延迟反馈控制（线性延迟反馈控制）进行混沌反控制的最初想法。该方法已经被用来实现混沌控制，如果该方法也能产生混沌，就可以实现利用同样的方法在需要时产生混沌，在不需要时消除混沌，给系统设计和控制利用混沌带来极大的方便。同时，延迟产生的混沌具有理论上的无穷维，使通过简单的方法获得超混沌吸引子成为可能。作者回国后进行了相关仿真，并撰写了第一篇关于利用直接延迟反馈进行混沌反控制的论文并投稿《物理学报》，经过多轮评审和申诉，该论文最终被录用，这也是到目前为止作者唯一一篇申诉的论文。其意义在于给了自己坚持原创思想并努力钻研的动力。接下来的十几年中，作者始终坚持这一研究方向。

混沌控制和反控制与系统的动力学分析密切相关，本书针对线性延迟反馈控制系统的非线性动力学进行分析，针对应用问题的控制系统设计和控制方法改进等方面进行深入研究。尤其是对线性延迟反馈控制系统中的混沌产生机理，包括局部分岔、全局分岔、拓扑马蹄等一系列问题进行较为深入的研究，同时对系统中产生混沌的应用，如产生混沌的通信应用、加密应用和压实机械中的应用进行研究。到目前为止，相关研究已经取得阶段性成果，并公开发表，其中很多内容，尤其是仿真方法和程序受到了关注，这也是写作本书的初衷：一方面，是对相关研究成果的总结；另一方面，将研究过程中使用的方法、程序和硬件给予详细的介绍，给读者提供信息，供后来者检验。

线性延迟反馈混沌产生机理和应用的研究先后得到了陕西省教育厅自然科学基础研究项目、陕西省自然科学基金、中国博士后科学基金、首批中国博士后科学基金特别资助项目、霍英东基金会高等院校青年教师基金和国家自然科学基金青年科学基金的资助。作者的学生李文超、庄元、安婷婷、黄占占、许洁、张建华、王龙、王红武、田坤、南子元和白超先后参与了相关研究工作。本书成稿的过程中，田坤、白超、赵朝峰和贾航辉参与了部分整理工作，尤其是田坤付出了大量劳动，在这里感谢他们的付出。

本书的出版得到了中国博士后科学基金的资助，在这里特别致谢。

感谢英国阿伯丁大学 Grebogi Celso 教授，他是作者在阿伯丁访问期间的合作者之一，对作者发表的与本书相关的多篇论文进行了审读和指导。感谢作者的博士生导师刘丁教授和博士后合作导师韩崇昭教授的长期帮助和支持。感谢家人的理解和支持。

由于作者学术水平和能力有限，书中不妥之处在所难免，恳请读者批评、指正。

目　录

第1章 绪　　论

1.1 延迟与混沌

延迟是指事物相对原状态时间上的滞后，存在于诸多实际系统中，如控制系统中反馈信号的传输延迟、网络传输数据包的延迟、管道传输流体的延迟等。动态系统中，状态延迟反馈会对系统的动态行为产生复杂的影响。混沌是指确定性系统表现出的对初值极度敏感的有界非周期运动状态。混沌普遍存在于自然界，如天体力学中的三体混沌现象[1,2]，天气预报[3]、化学反应[4]等系统中出现的混沌现象。混沌现象是传统线性系统认识论中无法解释的现象，因此，普遍存在的混沌现象的研究对人们认识和理解自然界的很多现象具有重要意义[5]。延迟与混沌相联系的典型系统是 M-G 系统[6]。已经证明，在常微分方程描述的动态系统中产生混沌的条件是系统阶次大于 2[7]，而对于具有延迟的系统，一阶延迟微分方程中也能产生混沌[6,8]。值得关注的是，在常微分方程描述的混沌系统中引入状态的线性延迟反馈可以消除混沌[9]。因此，延迟与混沌的相互作用成为一个有趣的研究课题。本书侧重于研究线性延迟反馈系统中混沌产生机理的分析和产生混沌的应用，其基础是线性延迟反馈控制系统的动力学分析，其中部分研究结果，尤其是对于参数分岔的研究，对利用线性延迟反馈抑制混沌（即混沌控制）具有指导意义。

1.2 混沌控制和混沌反控制

人们对混沌的研究已有近 60 年的历史，混沌的研究重点已从解释其产生机理向控制混沌和利用混沌现象转变。过去的 20 多年中，混沌控制得到了广泛的研究[10-12]。混沌控制，即消除混沌对动力学系统的消极影响。相反地，混沌反控制是指在需要利用混沌的场合，加强混沌或产生混沌。混沌特性能够反映系统的重要动力学特点，如分岔、宽频谱等，因此混沌反控制使系统更具灵活性。传统的方法以丧失灵活性为代价消除混沌，事实上，在有些情况下这样做是没有必要的。例如，在空间探测器导航中，利用混沌对初值的高度敏感性，可以用较小的控制量达到期望的控制目标；通过推迟混沌系统的分岔点，可以提高机床和喷气发动机的安全运行能力[13]；混沌能够提高人工神经网络的性能[14,15]，提高信号和图像传输中的编码效率[16]；在液体混合过程中，利用混沌水平对流能够获得更高效的热交换[17]；混沌压路机和混沌研磨机可以提高工程效率[18,19]；混沌弱信号检测可用于故障信息诊断[20]；混沌可降低开关变换器的电磁干扰[21]，掩盖潜艇的噪声[22]，构造 Hash 函数进行信息完整性检测和数字签名[23]，提高雷达图像的分辨率[24]等；混沌同步可以提高压实效率[25,26]；混沌广泛应用于生物医学[27]和保密通信[28-34]中等。混沌现象的广泛应用激发了学者对混沌反控制研究的兴趣，人们深信，对混沌控制和混沌反控制的深入研究将对未来的科学技术产生深远影响。

1.3 混沌产生方法

状态反馈控制是混沌产生领域中使用最普遍的方法之一。状态反馈，即给定一个非线性系统，增加状态反馈控制项来控制其运动轨迹进入混沌状态，这种混沌反控制方法具有简单性、普适性等特点，已成为最普遍的控制手段。

1998 年，Chen 等[35]在国际混沌工程研究著名杂志 *International Journal of Bifurcation and Chaos* 上发表题为 *Feedback anticontrol of discrete chaos* 的文章，利用混沌反控制使离散系统产生 Li-Yorke 意义的混沌。1999 年，Wang 等[36]给出该方法的理论证明。这种方法被应用在 T-S 型模糊神经网络中产生混沌现象[37]。Lu[38]给出这种控制方法中折叠函数的一般形式。一些不同形式的非线性反馈也被用在离散系统中产生混沌现象[38-41]。在离散系统中，设计状态反馈控制器使其产生混沌现象理论上已经相对完善；而在连续系统中，情况则相对复杂，但也有不少学者对其深入研究并取得了一些进展。Wang 和 Chen 在 *Chaos*、*IEEE Transactions on Circuits and Systems* 等杂志发表文章，提出了间接延迟反馈控制，即小幅正弦函数形式的延迟反馈控制项，可在连续系统中产生混沌，并将其应用于线性最小相位系统、分数阶系统、蔡氏电路、Lorenz 系统和混沌搅拌系统中，在这些系统中观察到了混沌现象[39,42-50]。

在系统状态中加入时间延迟反馈项也被广泛应用于稳定非线性系统中产生混沌。采用延迟反馈方法实现混沌控制已经有一些研究成果[9,51-57]。Pyragas[9]提出的延迟反馈控制方法不需要精确的系统模型，并且控制器简单、适应性好、计算方便、易于工程实现。延时反馈控制方法已经成为控制混沌的一种重要理论方法，在控制电子电路[58]、激光器[59]、铁磁弹性梁[60]中得到了广泛应用。文献[61]利用延迟控制器，消除直流-直流变换器中不稳定轨道等因素对系统的不良影响。文献[62]针对电力系统中的非线性现象，加入延迟反馈控制项，从而消除混沌。本书作者采用延迟反馈的方法控制永磁同步电动机中的混沌现象[52]，然而基于延迟反馈的混沌控制机理的理论研究仍然不充分[53]。

2000～2006 年，Tang 和 Chen 等提出状态绝对值反馈混沌反控制方法，并成功地应用于线性系统、Duffering 振子和直流电动机中[63-67]。人们也提出采用分段线性控制函数产生混沌现象，并研究了其电路实现方法[68-75]。直接在受控系统中加入状态控制量也可实现状态反馈混沌反控制，该方法广泛应用于电机控制、Logistic 映射系统、Lü 系统中[22,76-78]。2002 年，关新平等[79]采用反馈线性化方法，实现了混沌反控制；张波等[80]通过线性反馈进行了永磁同步电动机的混沌反控制的仿真研究；2004 年，朱海磊等[81]利用 Wang 等提出的具有小幅正弦函数形式的延迟反馈进行了感应电动机混沌反控制的仿真研究；陶建武等[82]利用分段线性输出反馈实现了端口受控哈密顿系统的混沌反控制。

通过配置 Lyapunov 指数的大小亦可实现混沌反控制方法。该方法通过改变受控系统的 Lyapunov 指数达到产生混沌的目的。通过改变给受控系统加反馈控制项，进而改变系统的 Jacobi 矩阵，从而影响系统的 Lyapunov 指数，达到混沌系统反控制目的。1997 年，Chen 等[83]在离散系统中提出通过改变 Lyapunov 指数的混沌反控制方法，证明这种方法产生的混沌不仅具有 Devaney 意义下的混沌，而且具有 Li-Yorke 意义下的混沌[36]。目前该方法也被广泛应用于连续混沌系统产生 3 个及以上的正 Lyapunov 指数[84-86]。2003 年，文献[87]提出基于模糊神经网络的方法实现了一类模型未知系统的混沌反控制。2005 年，文献[88]采用跟踪控制产生混沌。

上述的混沌控制研究方法仅证明了混沌反控制的可实现性。对于具有广泛应用前景的混沌反控制问题，采用这些方法是远远不够的。混沌是由非线性系统产生的，非线性机制的多样性决定了混沌产生机制的多样性。针对不同的应用对象，设计不同的控制方法达到控制目的还需要进一步深入研究。从控制的观点看，研究混沌反控制和控制的理想状态是找到适当的控制方法，结合实际的应用背景，使用相同的控制器，通过设置不同的控制参数，即可在产生混沌和消除混沌之间任意切换，这样可以给设计者提供极大的灵活性。

1.4　利用线性延迟和非线性延迟产生混沌

通过线性延迟反馈方法可以实现混沌控制[9]，一般通过试凑参数将混沌控制到能够稳定若干周期轨道。这种方法可以实现混沌控制的机理，仍然是需要研究的问题。对于利用线性延迟反馈方法，实现混沌反控制的研究，以作者所知，文献[89]发表之前未见报道。线性延迟反馈控制的非线性系统中能够产生混沌现象，这使得人们关注线性延迟反馈系统动力学特性的研究。在什么情况下线性延迟反馈控制系统能够产生混沌现象？产生混沌现象的内在机理是什么？产生的混沌现象复杂程度如何？应用前景如何？从理论上解决这些问题对于混沌研究及其应用具有十分重要的意义。本书研究的线性延迟反馈控制不同于非线性延迟反馈控制[43,46]，第一，线性延迟反馈控制无须进行正弦函数变换，控制形式实现更为简单。第二，非线性延迟反馈控制必须进行反馈线性化[44]，需要找到合适的输出函数来满足反馈线性化条件，如果这个条件无法满足，则控制无法实现，其计算过程和控制形式变得复杂。具有正弦形式的非线性延迟反馈控制方法，理论上控制器的输出是具有很小幅值的正弦信号，控制能量小。但是这个结论也是基于反馈线性化基础上的，实际的控制器中需要将实际系统中的所有非线性项产生的影响，通过在控制器中设计同样的机制将其作用抵消，这个过程中，控制器内部的能量可能已经超出允许范围。如果对实际系统设计的控制器比系统自身还要复杂，显然这种设计是不理想的。而本书中的线性延迟反馈控制只需将系统的当前状态和延迟后的状态之差进行放大就可以实现控制，前期的研究结果已经表明，这种控制的能量与吸引子内部的能量相近，控制的能量取决于吸引子本身的能量。当设置反馈增益很小时，适当调节延迟时间，在保持系统运动高度复杂性的同时，控制的能量也很小。第三，经过线性化后的系统，在理论分析过程中，可近似成等价的离散系统，采用正弦形式的延迟反馈控制，此时非线性仅由正弦和延迟决定，等效的离散系统具有周期有界函数的形式，才可以证明能产生 Li-Yorke 意义下的混沌。这样似乎可以得到一个具有普适性的结论和方法，巧妙之处在于利用反馈线性化回避了实际系统中纷繁芜杂的非线性，对于线性系统得到了结论。而线性延迟反馈由于不具有正弦反馈形式，不能采用相同的理论方法，必须利用延迟微分方程的理论和方法来进行稳定性和分岔分析。由于实际系统中非线性的多样性，很难对任意非线性系统得到通用的结论。第四，一旦采用线性延迟反馈方法实现混沌的反控制，就可以达到上述所提到的理想状态，即产生混沌或消除混沌均可通过改变控制参数随意调节，而上述的正弦反馈形式的延迟反馈不具有这种功能。

由此可见，本书研究的方法从形式、易实现性、理论证明方法和控制效果等方面都和具有正弦反馈形式的间接延迟反馈方法有很大差别。通过线性延迟反馈控制，可以产生具有真正意义的无穷维超混沌[62]，与采用复杂的时空耦合关系得到的复杂网络和时空混沌相比，应用简单的方法，在相对简单的系统中产生具有无穷维的超混沌研究，具有理论意义和更好的应用前景。将这样的混沌应用于保密通信等场合，被加密信号将更加难以破译；在具有混沌运动的振动应用压实工程中，能得到更好的研磨和压实效果。

1.5 本书内容

本书围绕线性延迟反馈控制系统，系统地研究混沌产生机制，系统电路实现，在实验中观察到混沌现象，最后介绍该系统的实际应用。本书的主要内容如下。

第 2 章，首先给出一个线性延迟反馈 Chen 系统，在该系统中观察到四种奇异吸引子：单涡卷混沌吸引子、双涡卷混沌吸引子、复合多涡卷混沌吸引子和 D 型混沌吸引子。然后分析这四种混沌吸引子的平衡点、Lyapunov 指数、功率谱和耗散性，得到对这些吸引子的初步认知。

第 3 章，通过设计电路实验，在示波器中观察上述四种吸引子。

第 4 章，通过分析线性延迟反馈 Chen 系统的 Hopf 分岔和参数分岔图，得到系统的倍周期分岔和混沌区域，清晰地看到随着参数变化，系统从非混沌走向混沌的变化过程，并用实验电路进行相关验证。

为了进一步研究混沌的产生机理，在第 5 章和第 6 章中，利用异宿轨道、同宿轨道和拓扑马蹄证明混沌的产生机理。通过以上分析，对线性延迟反馈控制系统中产生的奇异吸引子是混沌吸引子进行理论证明。本书所提到的分析方法亦适用于证明其他带有延迟的混沌系统。

在第 7～10 章中，介绍线性延迟反馈控制产生的超混沌在保密通信、智能家居和混沌振动压实方面的应用，展示线性延迟反馈控制系统的应用前景。

参考文献

[1] POINCARÉ J H. Sur le probleme des trois corps et les equations de la dynamique. Divergence des series de M. Lindstedt[J]. Acta Mathematica, 1890, 13:1-270.

[2] LIAO S J. Physical limit of prediction for chaotic motion of three-body problem[J]. Communications in Nonlinear Science and Numerical Simulation, 2014, 19(3):601-616.

[3] LORENZ E N. Deterministic non-periodic flow[J]. Journal of Atmospheric Sciences, 2004, 20(2):130-141.

[4] RÖSSLER O E. An equation for continuous chaos[J]. Physics Letters, 1976, 57(5):397-398.

[5] 郝柏林. 从抛物线谈起——混沌动力学引论[M]. 2 版. 北京：北京大学出版社, 2013.

[6] MACKEY M C, GLASS L. Oscillation and chaos in physiological control system[J]. Science, 1977, 197(4300): 287-289.

[7] HIRSCH M W, SMALE S. Differential Equations, Dynamical Systems and Linear Algebra[M]. New York: Academic Press, 1974.

[8] SPROTT J C. A simple chaotic delay differential equation[J]. Physics Letters A, 2007, 366(4-5): 397-402.

[9] PYRAGAS K. Continuous control of chaos by self-controlling feedback[J]. Physics Letters A, 1992, 170(6): 421-428.

[10] CHEN G R, DONG X N. From chaos to order—Methodologies, Perspectives and Applications[M]. Singapore: World Scientific Series on Nonlinear Science Series A, 1998.

[11] REN H P, LIU D. Nonlinear feedback control of permanent magnet synchronous motor[J]. IEEE Transactions on Circuits and Systems Ⅱ, 2006, 53(1):45-50.

[12] XIA Y Q, JIA Y M. Robust sliding-mode control for uncertain time-delay system: An LMI approach[J]. IEEE Transactions on Automatic Control , 2003,48(6):1086-1091.

[13] GU G X, SPARKS A, BANDA S S. An overview of rotating stall and surge control for axial flow compressors[J]. IEEE Transactions on Control System Technology, 1999, 7(6):639-647.

[14] AIHARA K. Chaos engineering and its application to parallel distributed processing with chaotic neural network[C]. Proceedings of the IEEE, 2002, 90(5):919-930.

[15] ÇAKIR Y. Modeling of time delay-induced multiple synchronization behavior of interneuronal networks with the Izhikevich neuron model[J]. Turkish Journal of Electrical Engineering and Computer Sciences, 2017, 25(4): 2595-2605.

[16] IANO Y, DA SILVA F S, CRUZ A L M. A fast and efficient hybrid fractal-wavelet image coder[J]. IEEE Transactions on Image Processing, 2006, 15(1): 98-105.

[17] ABEL A, SCHWARZ W. Chaos communication—principles, schemes and system analysis [C]. Proceedings of the IEEE, 2002, 90(5):691-710.

[18] 龙运佳, 杨勇, 王聪玲. 基于混沌振动力学的压路机工程[J]. 中国工程科学, 2000, 2(9):76-79.

[19] ITO S, NARIKIYO T. Abrasive machine under wet condition and constant pressure using chaotic rotation[J]. Journal of the Japan Society for Precision Engineering, 1998, 64(5):748-752.

[20] HU J F, ZHANG Y X, YANG M, et al. Weak harmonic signal detection method from strong chaotic interference based on convex optimization[J]. Nonlinear Dynamics, 2016, 84(3):1469-1477.

[21] MOREL C, BOURCERIE M, CHAPEAU-BLONDEAU F. Extension of chaos anticontrol applied to the improvement of switch-mode power supply electromagnetic compatibility[C]. 2004 IEEE International Symposium on Industrial Electronics, Ajaccio, 2006:447-452.

[22] LIU S Y, YU X, ZHU S J. Study on the chaos anti-control technology in nonlinear vibration isolation system[J]. Journal of Sound and Vibration, 2008, 310(4-5):855-864.

[23] 任海鹏, 王龙. 单向非周期振动装置及非周期振动控制方法: 201310506589.8[P].

[24] VENKATASUBRAMANIAN V, LEUNG H. A novel chaos-based high-resolution imaging technique and its application to through-the-wall imaging[J]. IEEE Signal Processing Letters, 2005, 12(7):528-531.

[25] JEMAÂ-BOUJELBEN S B, FEKI M. Synchronization of chaotically behaving two permanent magnet synchronous motors using adaptive controller[C]. 2015 IEEE 12th International Multi-Conference on Systems, Signals & Devices, Mahdia, 2015:1-6.

[26] 任海鹏, 庄元. 基于超混沌 Chen 系统和密钥流构造单向 Hash 函数的方法[J]. 通信学报, 2009, 30(10): 100-106.

[27] 赵占山, 张静, 丁刚, 等. 冠状动脉系统高阶滑模自适应混沌同步设计[J]. 物理学报, 2015, 64(21): 210508.

[28] REN H P, BAI C, LIU J, et al. Experimental validation of wireless communication with chaos[J]. Chaos: An Interdisciplinary Journal of Nonlinear Science, 2016, 26(8):083117.

[29] LI A, WANG C. Efficient data transmission based on a scalar chaotic drive-response system[J]. Mathematical Problems in Engineering, 2017, 11(2017):1-9.

[30] CORRON N J, BLAKELY J N. Chaos in optimal communication waveforms[J]. Proceedings of the Royal Society A: Mathematical Physical & Engineering Sciences, 2015, 471(2180):20150222.

[31] HASSAN M F. Synchronization of uncertain constrained hyperchaotic systems and chaos-based secure communications via a novel decomposed nonlinear stochastic estimator[J]. Nonlinear Dynamics, 2016, 83(4): 2183-2211.

[32] REN H P, BAI C. Secure communication based on spatiotemporal chaos[J]. Chinese Physics B, 2015, 24(8): 080503.

[33] HUA Z Y, ZHOU B H, ZHOU Y C. Sine-transform-based chaotic system with FPGA implementation[J]. IEEE Transactions on Industrial Electronics, 2017, 65(3): 2557-2566.

[34] YANG T, CHUA L O. Impulsive stabilization for control and synchronization of chaotic system: Theory and application to secure communication[J]. IEEE Transactions on Circuits and Systems I: Fundamental Theory and Applications, 1997, 44(10): 976-988.

[35] CHEN G R, LAI D J. Feedback anticontrol of discrete chaos[J]. International Journal of Bifurcation and Chaos, 1998, 8(7):1585-1590.

[36] WANG X F, CHEN G R. On feedback anticontrol of discrete chaos[J]. International Journal of Bifurcation and Chaos, 1999, 9(7):1435-1441.

[37] LI Z, PARK J B, JOO Y H, et al. Anticontrol of chaos for discrete TS fuzzy systems[J]. IEEE Transactions on Circuits and Systems I: Fundamental Theory and Applications, 2002, 49(2): 249-253.

[38] LU J G. Generating chaos via decentralized linear state feedback and a class of nonlinear functions[J]. Chaos, Solitons and Fractals, 2005, 25(2):403-413.

[39] WANG X F, CHEN G R. Chaotifying a stable LTI system by tiny feedback control[J]. IEEE Transactions on Circuits and Systems I: Fundamental Theory and Applications, 2000, 47(3):410-415.

[40] LI Z, PARK J B, CHEN G R, et al. Generating chaos via feedback control from a stable TS fuzzy system through a sinusoidal nonlinearity[J]. International Journal of Bifurcation and Chaos, 2002, 12(10): 2283-2291.

[41] ZHANG Y G, CHEN G R. Single state-feedback chaotification of discrete dynamical systems[J]. Internation Journal of Bifurcation and Chaos, 2004, 14(1):279-284.

[42] WANG Z, VOLOS C, KINGNI S T, et al. Four-wing attractors in a novel chaotic system with hyperbolic sine nonlinearity[J]. Optik-International Journal for Light and Electron Optics, 2017, 131:1071-1078.

[43] WANG X F, CHEN G R, YU X H. Anticontrol of chaos in continous-time system via time-delay feedback[J]. Chaos: An Interdisciplinary Journal of Nonlinear Science, 2000, 10(4):771-779.

[44] WANG X F, CHEN G R, MAN K F. Making a continuous-time minimum-phase system chaotic by using time-delay feedback[J]. IEEE Transactions on Circuits and Systems I: Fundamental Theory and Applications, 2001, 48(5): 641-645.

[45] WANG X F, ZHONG G Q, TANG K S, et al. Generating chaos in Chua's circuit via time delay feedback[J]. IEEE Transactions on Circuits and Systems I: Fundamental Theory and Applications, 2001, 48(9):1151-1156.

[46] CHEN G R, YANG L, LIU Z R. Anticontrol of chaos for continuous-time system[J]. IEICE Transactions Fundamental of Electronics, Communications and Computer Sciences, 2002, 85(6):1333-1335.

[47] 李俊, 陈基和, 邹国棠. 永磁直流电机的混沌反控制[J]. 中国电机工程学报, 2006, 26(8):77-81.

[48] CHAU K T, YE S, GAO Y, et al. Application of chaotic motion motor to industrial mixing processes[C]. Conference Record of the 2004 IEEE Industry Application Conference, 2004. 39th IAS Annual Meeting, Seattle, 2004: 1874-1880.

[49] GE Z M, ZHANG A R. Anticontrol of chaos of the fractional order modified van der Pol systems[J]. Applied Mathematics and Computation, 2007, 187(2):1161-1172.

[50] 冯秀琴, 沈柯. 简并光学参量振荡器混沌反控制[J]. 物理学报, 2006, 55(9):4455-4460.

[51] YAMAMOTO S, HINO T, USHIO T. Dynamic delay feedback controllers for chaotic discrete-time systems[J]. IEEE Transactions on Circuits and Systems I: Fundamental Theory and Applications, 2001, 48(6):785-789.

[52] 任海鹏, 刘丁, 李洁. 永磁同步电动机中混沌运动的延迟反馈控制[J]. 中国电机工程学报, 2003, 23(6): 175-178.

[53] 闵富红, 王执铨. 混沌 Lorenz 系统延迟反馈控制的机理分析[J]. 控制理论与应用, 2004, 21(2): 205-210.

[54] BALANOV A G, JANSON N B, SCHÖLL E. Delayed feedback control of chaos: Bifurcation analysis[J]. Physical Review E, Statistical, Nonlinear, and Soft Matter Physic, 2005, 71(1-2):016222.

[55] LOSPICHL B V, KLAPP S H L. Time delayed feedback control of shear-driven micellar systems[J]. Physical Review E, Statistical, Nonlinear, and Soft Matter Physics, 2018, 98: 042605.

[56] JIANG Z C, MA W B. Delayed feedback control and bifurcation analysis in a chaotic chemostat system[J]. International Journal of Bifurcation and Chaos, 2015, 25(6): 1550087.

[57] HUANG Q L, SHI Y M, ZHANG L J. Chaotification of nonautonomous discrete dynamical systems[J]. International Journal of Bifurcation and Chaos, 2011, 21(11):3359-3371.

[58] PYRAGAS K, TAMASEVICIUS A. Experiment control of chaos by delayed self-controlling feedback[J]. Physics Letters A, 1993, 180(1-2):99-102.

[59] BIELAWSKI S, DEROZIER D, GLORIEUX P. Controlling unstable period orbit by a delay continuous feedback[J]. Physical Review E, Statistical Physics, Plasmas, Fluids, and Related Interdisciplinary Topics, 1994, 49(2):971-974.

[60] HIKIHARA T, KAWAGOSHI T. An experimental study on stabilization of unstable periodic motion in magneto elastic chaos[J]. Physics Letters A, 1996, 211(1):29-36.

[61] WANG N, LU G N, PENG X Z, et al. A research on time delay feedback control performance in chaotic system of DC-DC inverter[C]. Proceeding of 2013 IEEE International Conference on Vehicular Electronics and Safety, Dongguan, 2013:215-218.

[62] 张强, 张宝华. 应用延时反馈控制电力系统混沌振荡[J]. 电网技术, 2004, 28(7):23-26.

[63] TANG K S, MAN K F, ZHONG G Q, et al. Generating chaos via x|x|[J]. IEEE Transactions on Circuits and Systems I: Fundamental Theory and Applications, 2000, 48(5):636-641.

[64] ZHONG G Q, MAN K F, CHEN G R. Generating chaos via a dynamical controller[J]. International Journal of Bifurcation and Chaos, 2001, 11(3):865-869.

[65] GE Z M, CHANG C M, CHEN Y S. Anticontrol of chaos of single time scale brushless DC motor and chaos synchronization of different order systems[J]. Chaos, Solutions & Fractals, 2006, 27(5):1298-1315.

[66] GE Z M, CHEN J W, CHEN Y S. Chaos anticontrol and synchronization of three time scales brushless DC motor system[J]. Chaos, Solutions & Fractals, 2004, 22(5):1165-1182.

[67] WANG Z, CHAU K T. Anti-control of chaos of a permanent magnet DC motor system for vibratory compactors[J]. Chaos, Solitons & Fractals, 2008, 36(3):694-708.

[68] LÜ J H, ZHOU T S, CHEN G R, et al. Generating chaos with a switching piecewise-linear controller[J]. Chaos: An Interdisciplinary Journal of Nonlinear Science, 2002, 12(2), 344-349.

[69] ZHENG Z H, LÜ J H, CHEN G R, et al. Generating two simultaneously chaotic attractors with a switching piecewise-linear controller[J]. Chaos, Solutions & Fractals, 2004, 20(2): 277-288.

[70] LÜ J H, CHEN G R, YU X H, et al. Design and analysis of multiscroll chaotic attractors from saturated function series[J]. IEEE Transactions on Circuits and Systems I: Regular Papers, 2004, 51(12): 2476-2490.

[71] LÜ J H, HAN F L, YU X H, et al. Generating 3-D multi-scroll chaotic attractors: A hysteresis series switching method[J]. Automatica, 2004, 40(10):1677-1687.

[72] YU S M, LÜ J H, LEUNG H, et al. Design and implementation of n-scroll chaotic attractor from a general jerk circuit[J]. IEEE Transactions on Circuits and Systems I: Regular Papers, 2005, 52(7):1459-1476.

[73] LÜ J H, YU S, LEUNG H, et al. Experimental verification of multi-directional multi-scroll chaotic attractors[J]. IEEE Transactions on Circuits and Systems I: Regular Papers, 2006,53(1):149-165.

[74] ZHANG L M. A novel 4-D butterfly hyperchaotic system[J]. Optik-International Journal for Light and Electron Optics, 2017,131:215-220.

[75] PHAM V T, JAFARI S, VOLOS C. A novel chaotic system with heart-shaped equilibrium and its circuital implementation[J]. Optik-International Journal for Light and Electron Optics, 2017, 131: 343-349.

[76] 郭鲁肃, 陈基和. 基于逻辑斯蒂映射的电机混沌反控制[J]. 电工电能新技术, 2008, 27(1): 44-46, 62.

[77] ZHANG L, TANG J S, OUYANG K J. Anti-control of period doubling bifurcation for a variable substitution model of logistic map[J]. Optik - International Journal for Light and Electron Optics, 2017, 130:1327-1332.

[78] CHEN A, LU J, LÜ J H, et al. Generating hyperchaotic Lü attractor via state feedback[J]. Physica A: Statistical Mechanics and its Applications, 2006, 364:103-110.

[79] 关新平，范正平，张群亮，等. 连续时间稳定线性系统的混沌反控制研究[J]. 物理学报，2002, 51(10): 2216-2220.

[80] 张波, 李忠, 毛宗源. 永磁同步电动机的混沌特性及其反混沌控制[J]. 控制理论与应用, 2002, 19(4): 545-548.

[81] 朱海磊, 陈基和, 王赞基. 利用延迟反馈进行异步电动机的混沌反控制[J]. 中国电机工程学报, 2004, 24(12):156-159.

[82] 陶建武, 石要武, 常文秀. 端口受控哈密顿系统的混沌反控制研究[J]. 物理学报, 2004, 53(6):1682-1686.

[83] CHEN G R, LAI D J. Making a dynamical system chaotic: Feedback control of Lyapunov exponents for discrete-time dynamical systems[J]. IEEE Transactions on Circuits and System I: Fundamental Theory and Applications, 1997, 44(3):250-253.

[84] SHEN C W, YU S M, LÜ J H, et al. A systematic methodology for constructing hyperchaotic systems with multiple positive Lyapunov exponents and circuit implementation[J]. IEEE Transactions on Circuits and Systems I: Regular Papers, 2013, 61(3): 854-864.

[85] 陈旭, 晋建秀, 丘水生. 离散动力系统混沌化——配置若干个 Lyapunov 指数[J]. 控制理论与应用, 2010, 27(10): 1287-1292.

[86] SOONG C Y, HUANG W T. Triggering and enhancing chaos with a prescribed target Lyapunov exponent using optimized perturbations of minimum power[J]. Physical Review E, Statistical, Nonlinear and Soft Matter Physics, 2007, 75(2): 036206.

[87] REN H P, LIU D. Identification and chaotifying control of a class of system without mathematical model[J]. Control Theory & Applications, 2003, 20(5): 768-771.

[88] REN H P, LIU D. Chaos synthesis via nonlinear tracking control[J]. Journal of System Simulation, 2005, 17(2): 432-434.

[89] 任海鹏, 刘丁, 韩崇昭. 基于直接延迟反馈的混沌反控制[J]. 物理学报, 2006, 55(6): 2691-2701.

第2章　利用线性延迟反馈产生混沌

混沌的反控制是指在一个稳定系统中，通过外部输入或内部参数调整等方法使原系统具有多个或更大的正 Lyapunov 指数，导致受控系统产生或增强混沌现象。混沌反控制的研究使人们对混沌行为有了新的认识，开辟了混沌研究的一个新领域。OGY 方法是美国学者 Ott 等[1]于 1990 年提出的混沌控制方法，该方法开辟了混沌控制的先河。OGY 方法在不改变原系统性质的基础上，使用微小扰动实现混沌控制。尽管它只适用于离散系统或可以构造庞加莱映射的连续系统，有参数变化范围小、易受干扰等缺点，但是 OGY 方法仍是混沌控制和利用研究工作的里程碑之一。Wang 等[2,3]提出一种具有小幅正弦函数形式的延迟反馈控制，可以在稳定系统中产生混沌。文献[4]～[6]提出一种二次型绝对值状态反馈产生混沌的方法。分段线性函数也被证明可以在稳定系统中产生混沌[7,8]。文献[9]证明系统在简单的反馈控制下，不仅能够产生 Devaney 意义下的混沌，而且能够产生 Li-Yorke 意义下的混沌。文献[10]指出利用任意小的反馈控制量实现非混沌自治系统的混沌化。作者提出利用线性延迟反馈产生混沌[11]，并在后续研究中通过仿真和实验，利用线性延迟反馈在 Chen 系统产生了双涡卷混沌吸引子[12]。文献[13]在此基础上发现线性延迟反馈 Chen 系统中存在单涡卷混沌吸引子。下面详细介绍线性延迟反馈在非混沌系统中产生混沌的方法。

2.1　基于线性延迟反馈的混沌反控制

现有如下形式的反馈控制系统：

$$\dot{x} = f(x) + u \tag{2-1}$$

其中，$x \in \mathrm{R}^n$ 为系统状态；$f(x)$ 为关于 x 的非线性函数；u 为控制量。假设在 $u = 0$ 时，系统处于非混沌状态。

Wang 等[2]提出具有小幅正弦函数形式的延迟反馈控制，如式（2-2）所示：

$$u(t) = w(x(t-\tau)) = \varepsilon \sin(\sigma x(t-\tau)) \tag{2-2}$$

其中，w 为连续函数；τ 为延迟时间；x 为系统状态。

任海鹏等[11]在 2006 年提出线性延迟反馈控制，并对其有效性进行了详细分析。线性延迟反馈控制形式如下：

$$u(t) = K\left(x(t-\tau) - x(t)\right) \tag{2-3}$$

其中，K为$n\times n$的对角方阵，在非混沌系统中加入式（2-3）所示控制可以使系统产生混沌，实现混沌反控制。

线性延迟反馈控制系统结构如图2-1所示。

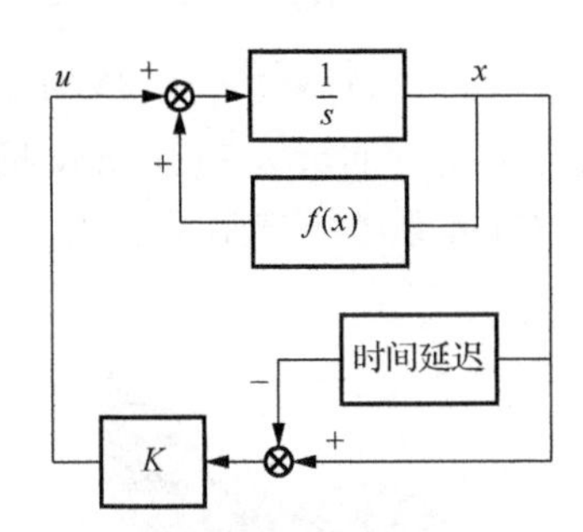

图2-1 线性延迟反馈控制系统结构框图

下面将以线性延迟反馈 Chen 系统为例说明适当选择线性延迟反馈控制参数可以在非混沌系统中产生混沌。

2.2 线性延迟反馈Chen系统的数学模型

Chen系统可以用如下方程描述[14]：

$$\begin{cases}\dot{x}(t)=a\big(y(t)-x(t)\big)\\ \dot{y}(t)=(c-a)x(t)-x(t)z(t)+cy(t)\\ \dot{z}(t)=x(t)y(t)-bz(t)\end{cases} \tag{2-4}$$

当$a=35$，$b=3$，$c=18$时，其平衡点$(0,0,0)$为不稳定平衡点，另外两个平衡点$(\sqrt{3},\sqrt{3},1)$, $(-\sqrt{3},-\sqrt{3},1)$都为稳定平衡点，对应稳定平衡点的线性化方程特征值分别为$-17.6108,-1.1946-3.24\mathrm{i},-1.1946+3.24\mathrm{i}$。从任意初始条件出发，系统状态将稳定到两个稳定平衡点之一，此时，Chen系统为稳定的。在Chen系统中引入线性延迟反馈控制，得到线性延迟反馈控制系统。先将延迟反馈控制项加在系统（2-4）的第一个状态方程上，即令

$$K=\begin{bmatrix}k_{11} & 0 & 0\\ 0 & 0 & 0\\ 0 & 0 & 0\end{bmatrix} \tag{2-5}$$

其中，$k_{11}\neq 0$。此时，线性延迟反馈控制项为$\boldsymbol{u}(t)=K\big(x(t)-x(t-\boldsymbol{\tau})\big)$，加入Chen系统得

$$\begin{cases} \dot{x}(t) = a\big(y(t) - x(t)\big) + k_{11}\big(x(t) - x(t - \tau_1)\big) \\ \dot{y}(t) = (c - a)x(t) - x(t)z(t) + cy(t) \\ \dot{z}(t) = x(t)y(t) - bz(t) \end{cases} \tag{2-6}$$

当参数 $k_{11} = -50$，$\tau_1 = 1.2$ 时，线性延迟反馈控制 Chen 系统（2-6）产生混沌现象，如图 2-2 所示。此奇异吸引子的最大 Lyapunov 指数为 0.1938。可见，利用延迟反馈控制方法在非混沌 Chen 系统中产生了混沌。

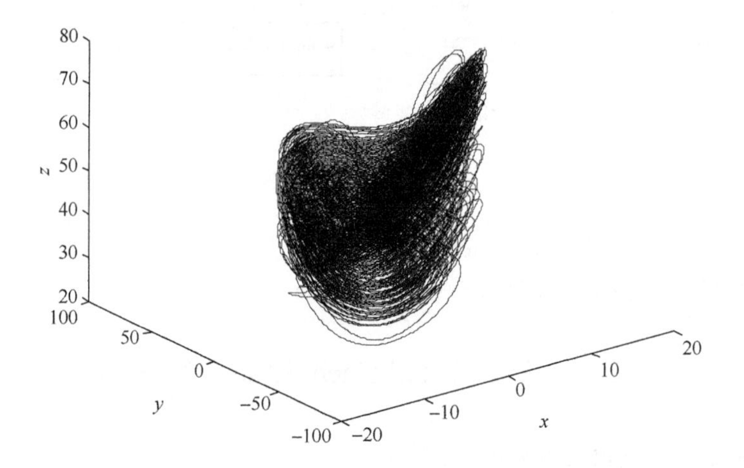

图 2-2　线性延迟反馈控制 Chen 系统的混沌吸引子

绘制图 2-2 混沌吸引子的程序如例程 2-1 所示。

例程 2-1　Chap2-1.m

```
01. ppp=odeset('MaxStep', 1e-2);%定义最大仿真步长为0.01
02. sol=dde23(@OdeP_1, 1.2, [-0.1 -1 -0.1], [0 50], ppp);%在初始条
    件为(-0.1,-1,-0.1)，延迟时间为 1.2s 的情况下用 dde23 求解线性延迟反馈
    Chen 系统方程
03. plot3(sol.y(1,:), sol.y(2,:), sol.y(3,:));
04. xlabel(['\fontsize{12}\fontname{Times new roman}\it{x}']);
05. ylabel(['\fontsize{12}\fontname{Times new roman}\it{y}']);
06. zlabel(['\fontsize{12}\fontname{Times new roman}\it{z}']);
```

其中，状态方程子程序 OdeP_1 如例程 2-2 所示。

例程 2-2　OdeP_1.m

```
01. function dydt=OdeP_1(t,y,Z)
02. ylag=Z(1);                    %设置第一个方程中加延迟项，符号为ylag
03. a=35; b=3; c=18; k=-50;       %设置系统参数
```

```
04.  dydt=[a*(y(2)-y(1))+k*(y(1)-ylag);
05.       (c-a)*y(1)+c*y(2)-y(1)*y(3);
06.       y(1)*y(2)-b*y(3)];
07.  end
```

上述例程中，odeset 用来设置仿真参数，本例中用来设置最大仿真步长“MaxStep”为 0.01。dde23 为 MATLAB 中求解延迟微分方程的函数，其第一个输入（形式参数）为求解的延迟微分方程定义（如例程 2-2 给出）；第二个参数为方程延迟时间；第三个参数为方程初始条件；第四个参数为仿真的起始时间和终止时间；第五个参数为用 odeset 得到的最大仿真步长。例程 2-2 为一个延迟微分方程定义，其中 OdeP_1 为方程名，a,b,c,k 为方程参数，dydt 为方程定义返回变量，a*(y(2)−y(1))+ k*(y(1)−ylag); (c−a)*y(1)+c*y(2)−y(1)*y(3); y(1)*y(2)−b*y(3)为对应三个状态的方程表达式，其中 ylag 为延迟项。

若选择延迟反馈矩阵如下：

$$K=\begin{bmatrix}0 & 0 & 0\\ 0 & 0 & 0\\ 0 & 0 & k_{33}\end{bmatrix} \tag{2-7}$$

其中，$k_{33}\neq 0$。则线性延迟反馈 Chen 系统方程变为

$$\begin{cases}\dot{x}(t)=a\left(y(t)-x(t)\right)\\ \dot{y}(t)=(c-a)x(t)-x(t)z(t)+cy(t)\\ \dot{z}(t)=x(t)y(t)-bz(t)+k_{33}\left(z(t)-z(t-\tau_3)\right)\end{cases} \tag{2-8}$$

若线性延迟反馈 Chen 系统参数为 $a=35,b=3,c=18.35978,k_{33}=2.85,\tau_3=0.3$，初始值为 $(2.271277,2.271277,1.71956)$，则系统（2-8）产生的单涡卷混沌吸引子相图如图 2-3 所示。

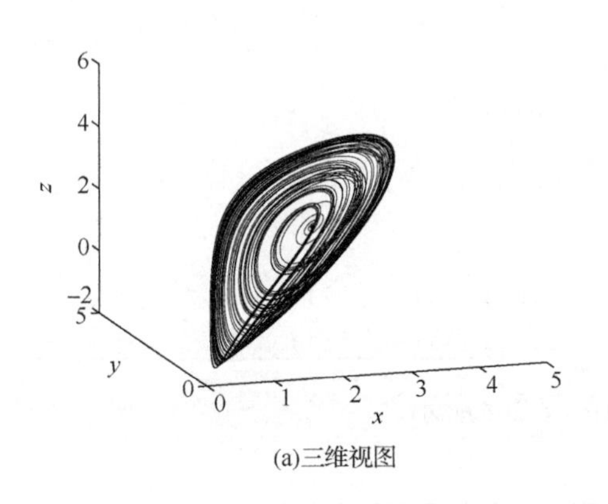

(a)三维视图

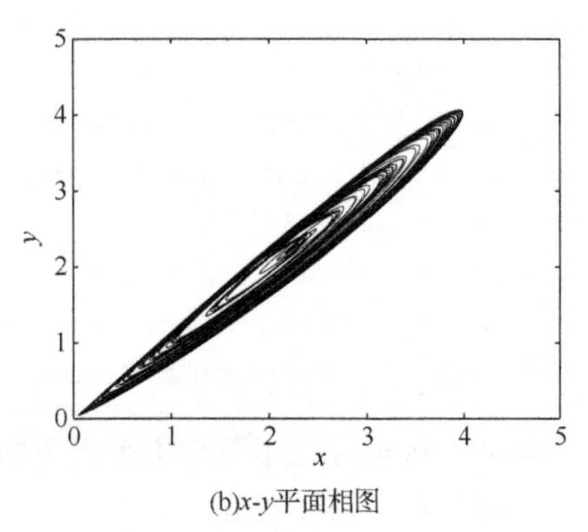

(b)x-y平面相图

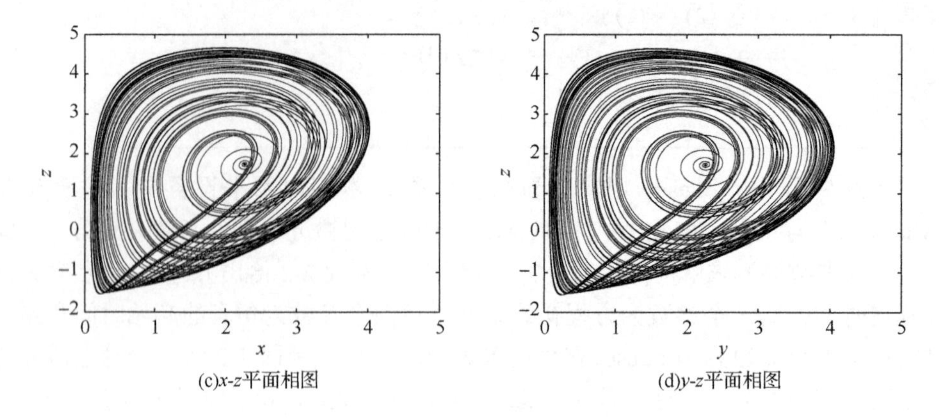

图 2-3　单涡卷混沌吸引子相图

绘制图 2-3 单涡卷混沌吸引子的程序如例程 2-3 所示。

例程 2-3　Chap2-3.m

```
01.  ppp=odeset('MaxStep',1e-3);
02.  sol=dde23(@OdeP_2, 0.3, [2.271277 2.271277 1.71956], [0 100], ppp);
03.  figure(1)
04.  plot3(sol.y(1,:), sol.y(2,:), sol.y(3,:));
05.  xlabel(['\fontname{Times new roman}\it{x}']);
06.  ylabel(['\fontname{Times new roman}\it{y}']);
07.  zlabel(['\fontname{Times new roman}\it{z}']);
08.  figure(2)
09.  plot(sol.y(1,:), sol.y(2,:));
10.  xlabel(['\fontname{Times new roman}\it{x}']);
11.  ylabel(['\fontname{Times new roman}\it{y}']);
12.  figure(3)
13.  plot(sol.y(1,:), sol.y(3,:));
14.  xlabel(['\fontname{Times new roman}\it{x}']);
15.  ylabel(['\fontname{Times new roman}\it{z}']);
16.  figure(4)
17.  plot(sol.y(2,:), sol.y(3,:));
18.  xlabel(['\fontname{Times new roman}\it{y}']);
19.  ylabel(['\fontname{Times new roman}\it{z}']);
```

其中，状态方程子程序 OdeP_2 如例程 2-4 所示。

例程 2-4　OdeP_2.m

```
01.  function dydt=OdeP_2(t,y,Z)
```

```
02.  ylag=Z(3);
03.  a=35; b=3; c=18.35978; k=2.85;
04.  dydt=[ a*(y(2)-y(1));
05.       (c-a)*y(1)+c*y(2)-y(1)*y(3);
06.       y(1)*y(2)-b*y(3)+k*(y(3)-ylag)];
07.  end
```

若线性延迟反馈 Chen 系统参数为 $a=35, b=3, c=18.5,\ k_{33}=2.85, \tau_3=0.3$，则产生的双涡卷混沌吸引子相图如图 2-4 所示。

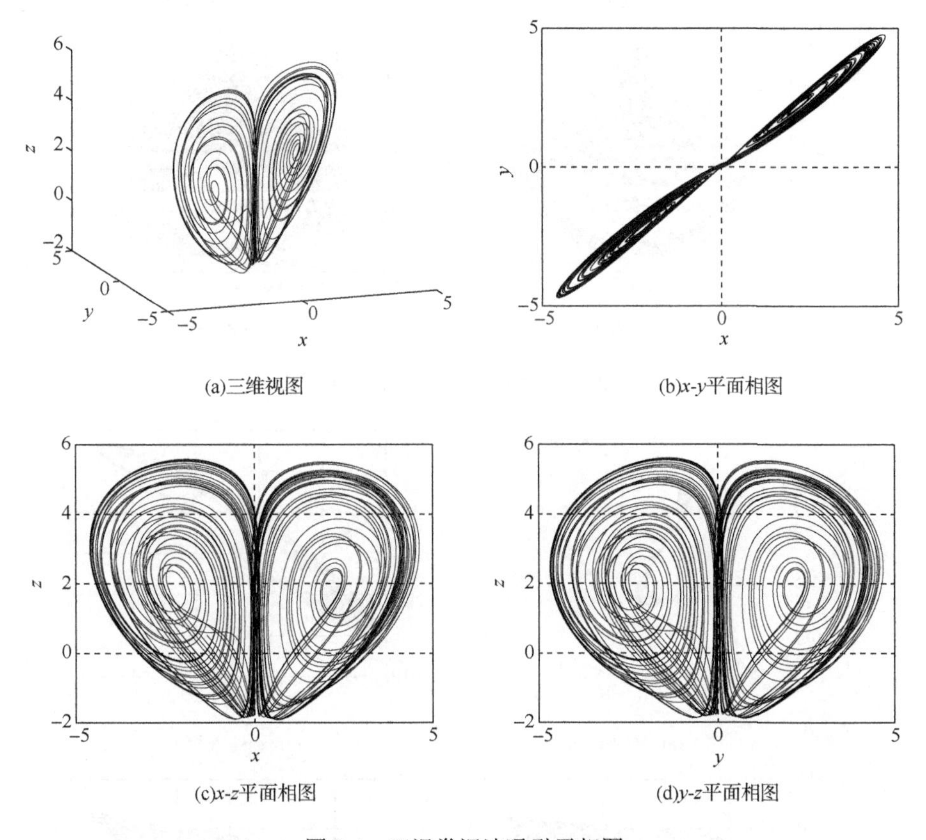

(a)三维视图　(b)x-y平面相图

(c)x-z平面相图　(d)y-z平面相图

图 2-4　双涡卷混沌吸引子相图

若参数为 $a=35, b=3, c=18.5, k_{33}=3.8, \tau_3=0.3$，则系统（2-8）产生的多涡卷混沌吸引子相图如图 2-5 所示。

若参数为 $a=34.9, b=3, c=18.5, k_{33}=2.95, \tau_3=0.336$，则系统（2-8）产生的 D 型混沌吸引子相图如图 2-6 所示。

图 2-3（b）～（d）、图 2-4（b）～（d）、图 2-5（b）～（d）、图 2-6（b）～（d）分别是四种吸引子在三个平面上的投影。

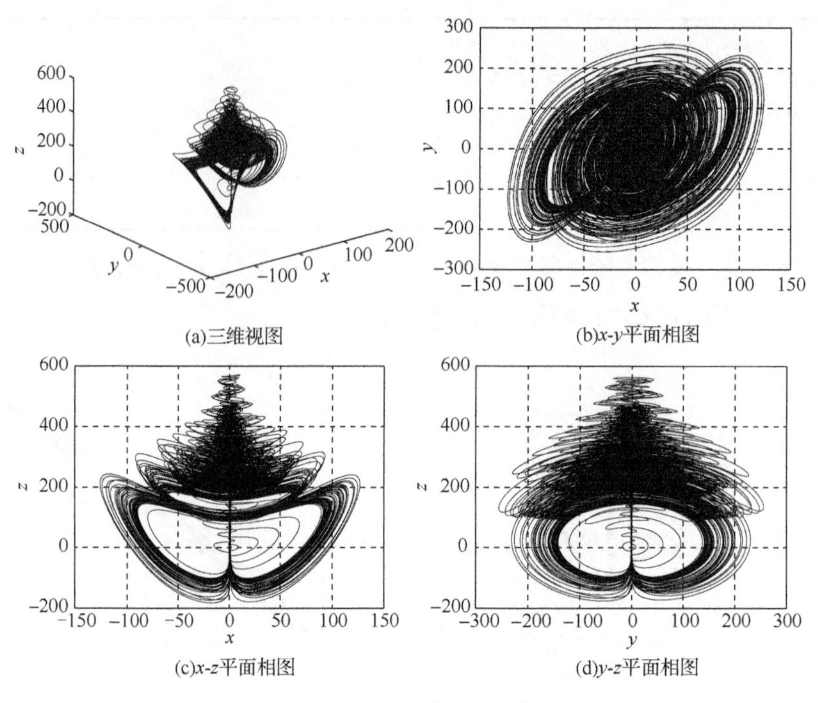

图 2-5　多涡卷混沌吸引子相图

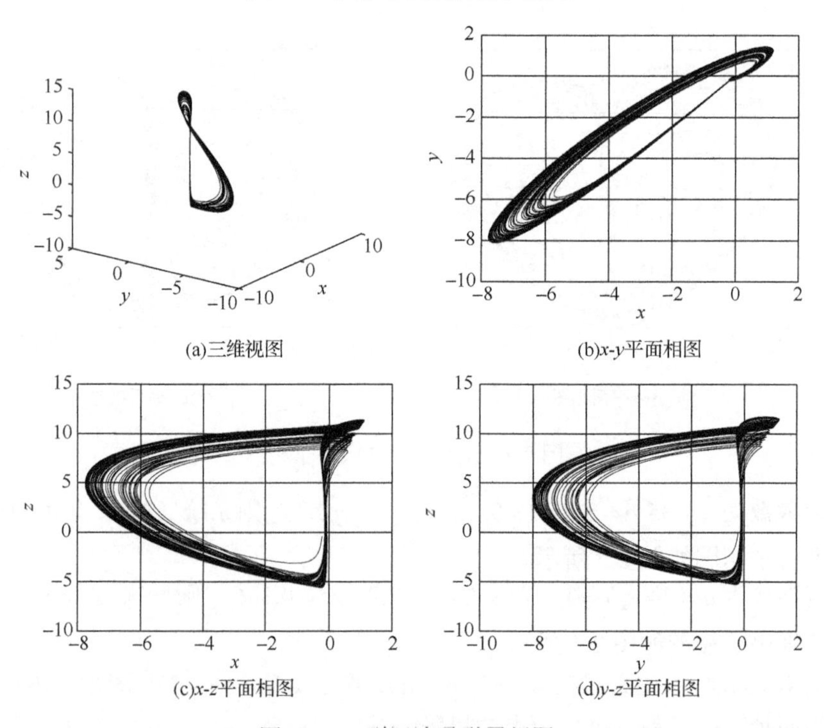

图 2-6　D 型混沌吸引子相图

以上四种情况，说明混沌系统对参数具有高度敏感性，对于同一个系统，只要改变参数，会出现不同拓扑结构的混沌吸引子。直观来看，吸引子内部运动是沿不稳定的周期轨道运动，相邻轨道呈指数分离。系统中存在奇异吸引子是混沌的主要特征之一。上述吸引子的绘制程序与例程 2-1～例程 2-4 类似，此处不再赘述。

2.3　线性延迟反馈 Chen 系统的特性分析

混沌具有对系统参数和初始值的敏感依赖性和类随机性。2.2 节已经看到，通过改变微分方程的参数，可以产生具有不同拓扑结构的混沌吸引子。相图只能描述系统状态在全部时间内的变化，反映混沌吸引子的空间结构。通过观察可以看到，混沌系统的相轨迹通常表现为互不相交的非周期运动，可以初步判定系统的动态行为是混沌运动。这是判断混沌运动的直观方法，但是并没有理论支撑。判断系统是否存在混沌的方法一般分为定性分析和定量分析。定性分析方法主要是观测系统时间序列在时域或频域的性质，常用功率谱、庞加莱截面和分岔图等；定量分析方法通常采用 Lyapunov 指数。如果所研究的系统具有至少一个正 Lyapunov 指数和宽频谱，一般认为，该系统是混沌的。下面从定性和定量两个方面分析上述线性延迟反馈 Chen 系统的特性。

2.3.1　平衡点的稳定性

1. Chen 系统的平衡点

令 Chen 系统（2-4）右边状态变量的导数为 0，解得方程三个平衡点为 $O_0:(0,0,0)$; $O_+:(x_0,y_0,z_0)$; $O_-:(-x_0,-y_0,z_0)$，其中 $x_0=\sqrt{b(2c-a)}$，$y_0=\sqrt{b(2c-a)}$，$z_0=2c-a$。以参数为 $a=35,\ b=3,\ c=18.35978$ 为例，计算可得 $x_0=y_0=\sqrt{b(2c-a)}=2.2713$；$z_0=2c-a=1.7196$。

Chen 系统在平衡点 O_0 处的雅可比（Jacobi）矩阵为

$$J=\begin{bmatrix}-a & a & 0\\ c-a & c & 0\\ 0 & 0 & -b\end{bmatrix} \tag{2-9}$$

其特征多项式为

$$\lambda^3+(a+b-c)\lambda^2+(a^2+ab-bc-2ac)\lambda-2abc+a^2b=0 \tag{2-10}$$

解得平衡点的特征值为

$$\lambda_1=-3,\ \lambda_2=-19.6959,\ \lambda_3=3.0557$$

可见 O_0 为系统（2-4）的不稳定平衡点（鞍点）。

Chen 系统在平衡点 O_+ 处的雅可比矩阵为

$$J=\begin{bmatrix} -a & a & 0 \\ c-a-z & c & -x \\ y & x & -b \end{bmatrix} \tag{2-11}$$

其特征多项式为

$$\lambda^3+(a+b-c)\lambda^2+bc\lambda+4abc-2a^2b=0 \tag{2-12}$$

解式（2-12）得其特征值为

$$\lambda=-17.6801,\quad \sigma_{1,2}\pm\omega_{1,2}\mathrm{i}=-0.9801\pm4.4118\mathrm{i}$$

由平衡点 O_- 和 O_+ 的对称性可知，系统（2-4）的 O_+ 和 O_- 均为稳定平衡点（焦点）。系统从不同初始状态出发，将根据初始条件所在的收敛域不同，稳定到相应的稳定平衡点处。当系统初始状态分别为 $(x(0),y(0),z(0))=(0.1,0.1,0.1)$ 、$(x(0),y(0),z(0))=(-0.1,-0.1,-0.1)$ 时，系统状态分别稳定到稳定平衡点 O_+ 和 O_-，如图 2-7 所示。

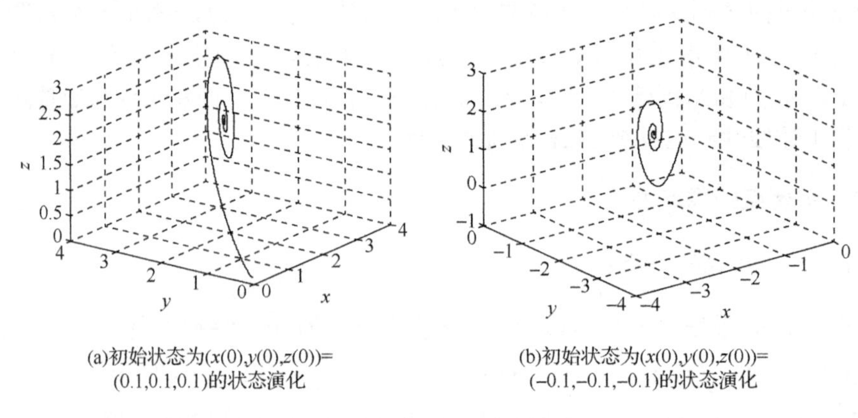

(a)初始状态为 $(x(0),y(0),z(0))=(0.1,0.1,0.1)$ 的状态演化

(b)初始状态为 $(x(0),y(0),z(0))=(-0.1,-0.1,-0.1)$ 的状态演化

图 2-7　稳定 Chen 系统相图

初始条件由 $[-3,3]^3$ 中所有任意点出发，收敛到不同稳定平衡点 O_+、O_- 的示意图如图 2-8 所示。当系统状态从灰色区域中的任意点出发，轨迹将稳定到稳定平衡点 $O_+(x_0,y_0,z_0)$；从其他区域为初值出发的系统轨迹将稳定到另一稳定平衡点 $O_-(-x_0,-y_0,-z_0)$。

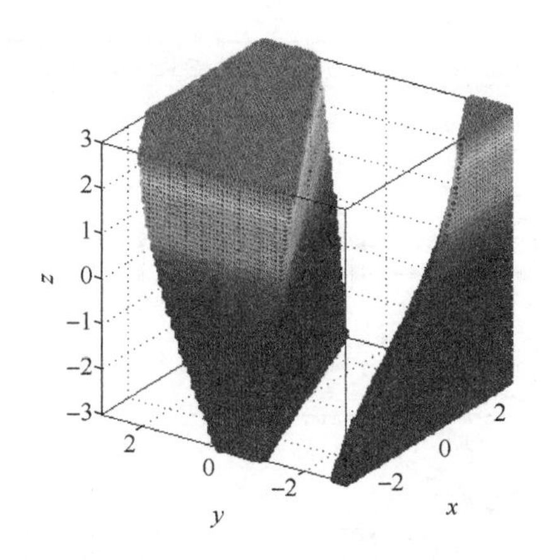

图 2-8 收敛到不同稳定平衡点的初始值域（不同稳定平衡点的收敛域）

绘制图 2-8 不同初值稳定到不同稳定平衡点的程序如例程 2-5 所示。

例程 2-5 Chap2-5.m

```
01. clear all
02. clc
03. global a b c                          %将初值参数(a,b,c)设为全局变量
04. i=1; error=0; x0=2.271277;
05. for a=-3:0.1:3
06.   for b=-3:0.1:3
07.     for c=-3:0.1:3
08.     [t,Y]=sim('delay_Chen', [0 100]);
                                          %调用 Simulink 文件运行时间为 0-100
                                          %Chen 系统的状态方程
09.     n=length(Y);
10.     ss=x1.signals.values(n-100:n);
11.       for j=1:length(ss)
12.          error(j)=ss(j)-x0;           %对稳定到 O-/O+的初值求误差
13.       end
14.       meanerror=sum(abs(error))/length(ss); %求误差均值
15.       if meanerror<0.5
16.         sbbca(i)=a; sbbcb(i)=b; sbbcc(i)=c;
                                          %误差均值小于 0.5 时，保存此时初值
17.         i=i+1;
18.       end
19.     end
20.   end
21. end
22. plot3(sbbca, sbbcb,sbbcc,'b'); %绘出稳定到正的所有初值状态
23. xlabel(['\fontsize{12}\fontname{Times new roman}\it{x}']);
24. ylabel(['\fontsize{12}\fontname{Times new roman}\it{y}']);
```

```
25.  zlabel(['\fontsize{12}\fontname{Times new roman}\it{z}']);
```

状态方程 Simulink 子程序“delay_Chen.mdl”见图 2-9 中的例程 2-6。

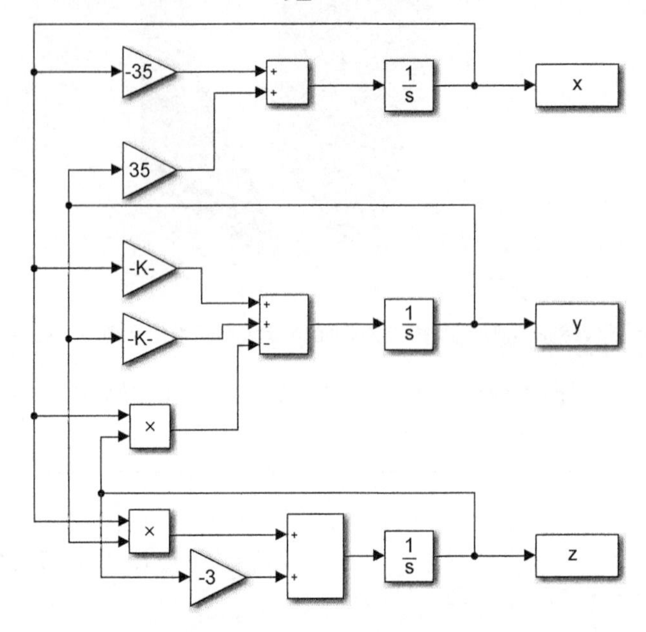

图 2-9　例程 2-6“delay_Chen.mdl”

2. 线性延迟反馈 Chen 系统的平衡点

对于线性延迟反馈 Chen 系统(2-8)，当参数为 $a=35, b=3, c=18.35978$, $k_{33}=2.85$, $\tau_3=0.3$ 时，平衡点 $O_+=(2.271277,2.271277,1.71956)$ 处的特征方程为

$$\det \Delta(\lambda)=0 \tag{2-13}$$

其中

$$\Delta(\lambda)=\lambda I-\begin{bmatrix}-a & a & 0\\ c-a-z & c & -x\\ y & x & -b+k_{33}\end{bmatrix}-\begin{bmatrix}0 & 0 & 0\\ 0 & 0 & 0\\ 0 & 0 & -k_{33}\end{bmatrix}\mathrm{e}^{-\lambda\tau_3} \tag{2-14}$$

因此可得

$$\begin{aligned}&\lambda^3+(a+b-c-k_{33})\lambda^2+(bc-ak_{33}+ck_{33})\lambda+4abc\\&-2a^2b+(\lambda^2+(a-c)\lambda)k_{33}\mathrm{e}^{-\lambda\tau_3}=0\end{aligned} \tag{2-15}$$

式（2-15）具有无穷多个解，式（2-15）中无穷多个解中的最大实数特征根为 $\gamma=-4.3578$，具有正实部的复数特征根为 $\sigma\pm\omega\mathrm{i}=0.6517\pm\mathrm{i}5.7533$，因此 O_+ 为鞍点。其他特征根均落在复平面坐标系纵轴的左侧，如图 2-10 所示。

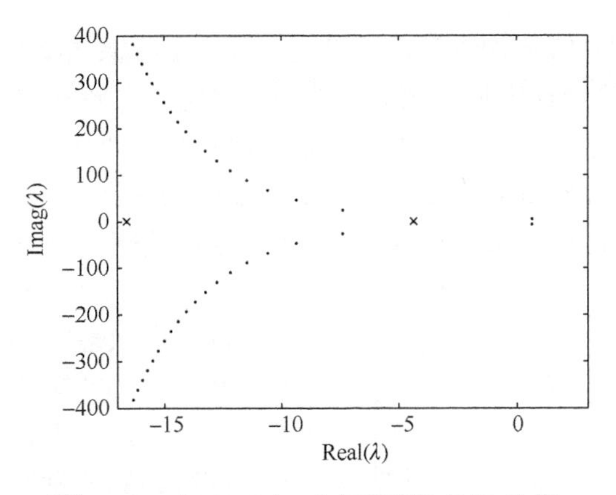

图 2-10　式（2-15）对应于平衡点 O_+ 的解

对于线性延迟反馈 Chen 系统（2-8）的另一个平衡点 O_0，其特征方程为

$$\lambda^3+(a+b-c-k_{33})\lambda^2+(a^2+ab-ak_{33}-bc+ck_{33}-2ac)\lambda$$

$$+(a^2-2ac+a-c)(b-k_{33})+[\lambda^2+(a-c)\lambda+a^2-2ac+a-c]k_{33}\mathrm{e}^{-\lambda\tau_3}=0 \quad (2\text{-}16)$$

式（2-16）的特征方程存在一个正实数解为 $\gamma'=2.8128$。因此，O_0 为不稳定平衡点。其特征根均落在复平面坐标系纵轴的左侧，如图 2-11 所示。

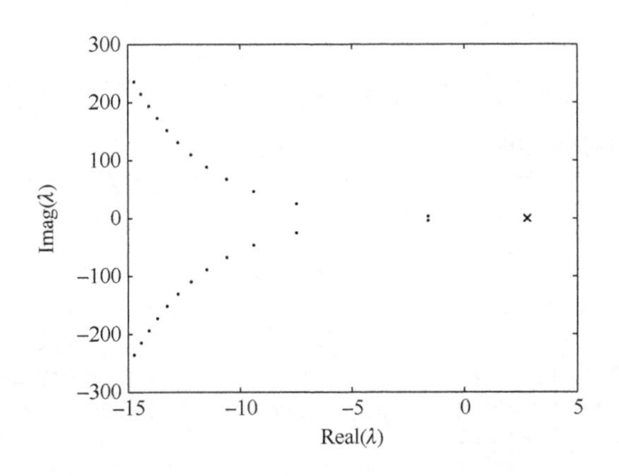

图 2-11　式（2-16）对应于平衡点 O_0 的解

2.3.2　线性延迟反馈系统混沌分岔图

动力学系统的分岔是指系统参数在某一值附近的微小变化而引起运动解的性质（相空间解轨线的拓扑结构）发生突变。混沌分岔图描述的是系统的参数发生连续变化时，系统的稳态解的变化情况。离散系统的分岔图可以以参数为横坐标，以该参数下稳态时的解作为纵坐标绘制。而连续系统的混沌分岔图的绘制涉及庞加莱截面。

对于 n 维连续系统运动轨迹，可以用一个 n-1 维截面横截，该截面称为庞加莱截面。系统状态轨迹在庞加莱截面上的前后穿越点之间的关系称为庞加莱映射，通过庞加莱截面上穿越点的情况可以简单地判断其运动状态。

（1）周期解，N 周期解在庞加莱截面上表现为 N 个孤立点。

（2）混沌状态，在庞加莱截面上分布连续的密集点且具有层次结构时，系统可能存在混沌。

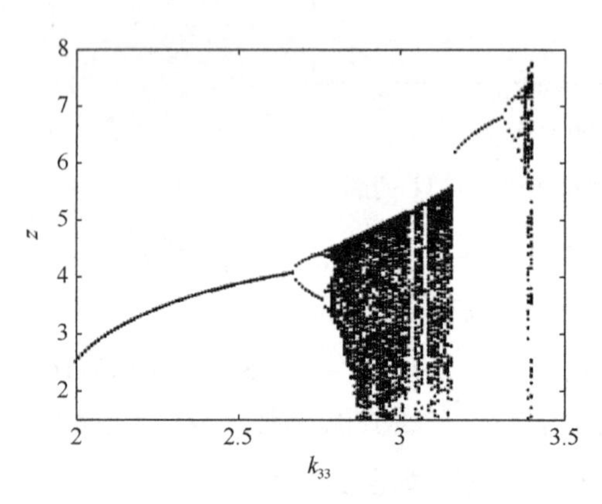

图 2-12　参数 k_{33} 的分岔图

也可用状态空间中的一些特征点作为分岔图中的状态点，如局部极大值点或极小值点。下面以状态变量的局部极大值点得到的分岔图画法为例，介绍单涡卷混沌吸引子的分岔图——以分岔参数作为横坐标，每个参数对应的系统稳态轨迹的 z 坐标的局部极大值点为纵坐标得到的图形。

当线性延迟反馈 Chen 系统（2-8）参数为 $a=35, b=3, c=18.35978, \tau_3=0.3$ 时，其关于 k_{33} 的 z 轴局部极大值的分岔图如图 2-12 所示。

绘制图 2-12 线性延迟反馈 Chen 系统分岔图的程序如例程 2-7 所示。

例程 2-7　Chap2-7.m

```
01. clear all
02. clc
03. global k;
04. for k=2:0.005:3.4
05. tau=0.3;                                          %延迟时间
06.   init=[0.1,1,0.1];                               %初始值
07.   sol=dde23('OdeP_2', tau, init, [0 700]);        %求解延迟微分方程
08.   State=sol.y(3,:);                               %取 z 状态
09.   data=State((length(State)-4000):end);           %取一段稳态轨迹点
10.   IndMax=find(diff(sign(diff(data)))<0)+1;        %找到稳态轨迹局部极大
                                                       值点
11.   if (isempty(IndMax)~=1)
12.     plot(k,data(IndMax), 'k.')
13.     hold on
14.   end
15. end
16. xlabel(['\fontname{Times new roman}\it{k{_{\rm33}}}']);
17. ylabel(['\fontname{Times new roman}\it{z}']);
18. axis([2 3.4 0 8]);                              %限定坐标范围
```

程序说明：假设时间序列 z 中的极大值点为第 P 个点，其中第 P−1 个点与 P 个点之间的差值 I(P−1)=diff(z(P−1)−z(P))应该是正值，那么 sign(I(P−1))=1，第 P 个点与第 P+1 个点的差值 I(P)=diff(z(P)−z(P+1))的符号是 sign(I(P))=−1，因此第 I(P−1)与第 I(P)个点之间的差值 Q(P−1)=diff(sign(I(P−1)),sign(I(P)))=−2<0，那么极大值点的序号 P 应该是对应第 find(Q<0)+1 个点；同理可得，diff(sign(I(P−1)), sign(I(P)))>0 的点代表时间序列 z 的极小值；假设第 P 个点既不为极大值又不为极小值，那么 Q(P−1)=diff(sign(I(P−1)),sign(I(P)))=0。通过上述原理可获得局部极值。

2.3.3 Lyapunov 指数

由于混沌对初值的敏感性，在同一系统中，从相邻两点出发的两个运动轨迹按指数分离，这种随时间变化的指数分离程度称为 Lyapunov 指数（LE）。Lyapunov 指数是定量描述混沌系统特性的指标之一。它的物理意义是表示相近两个初始点经过系统演化后的平均分离程度。如果系统中至少有一个 Lyapunov 指数大于零，说明系统具备混沌特性，即使两个相轨迹的初始状态相差无几，随着时间演化，它们的轨迹最终将按指数形式出现分离，这就是对初值的敏感性。下面将介绍延迟混沌吸引子的 Lyapunov 指数谱的求取方法[15]。

将延迟项用 15 阶惯性环节级联代替[13,15]，线性延迟反馈 Chen 系统（2-8）可写成式（2-17）所示系统：

$$\begin{cases} \dot{x} = a(y(t) - x(t)) \\ \dot{y} = (c-a)x(t) - x(t)z(t) + cy(t) \\ \dot{z} = x(t)y(t) - bz(t) + A(z(t) - u_m(t)) \\ \dot{u}_1(t) = \dfrac{z - u_1}{T} \\ \dot{u}_2(t) = \dfrac{u_1 - u_2}{T} \\ \qquad \vdots \\ \dot{u}_m(t) = \dfrac{u_{m-1} - u_m}{T} \end{cases} \tag{2-17}$$

其中，$T = \dfrac{\tau}{m}$，$m = 15$。

1. 单涡卷混沌吸引子的 Lyapunov 指数谱

当参数为 $a = 35, b = 3, c = 18.35978, k_{33} = 2.85, \tau_3 = 0.3$ 时，利用式（2-17）计算的 Lyapunov 指数谱如图 2-13 所示，小窗图为 Lyapunov 指数谱的稳态局部放大图。

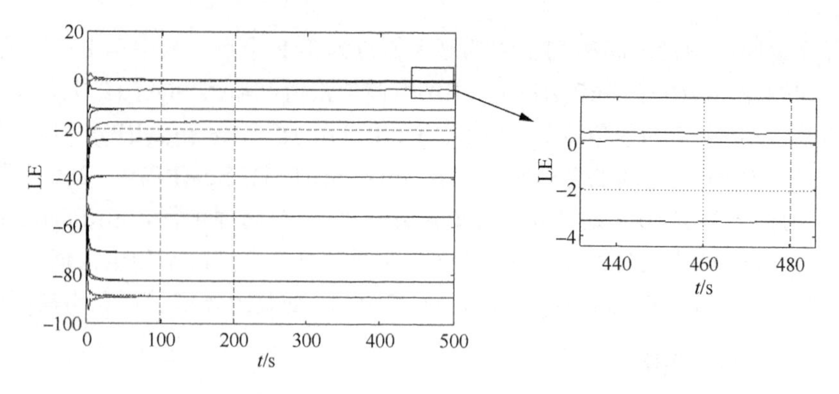

图 2-13 单涡卷混沌吸引子的 Lyapunov 指数谱

由图 2-13 可见，单涡卷混沌吸引子的 Lyapunov 指数谱具有两个正 Lyapunov 指数，分别为 0.4812 和 0.0921。其具有两个以上大于 0 的 Lyapunov 指数，说明单涡卷混沌吸引子具有超混沌特性。

绘制图 2-13 线性延迟反馈 Chen 系统中单涡卷混沌吸引子的 Lyapunov 指数谱的程序如例程 2-8 所示。

例程 2-8 Chap2-8.m

```
01.  clc
02.  clear all
03.  yinit=[2.271277,2.271277,1.71956,1.71956,1.71956,1.71956,
04.          1.71956,1.71956,1.71956,1.71956,…
             1.71956,1.71956,1.71956,1.71956,1.71956,1.71956,1.719
             56,1.71956];                         % 设置状态初值
05.  orthmatrix=eye(18);                          % 初始化输入
06.  y=zeros(342,1);
07.  y(1:18)=yinit; y(19:342)=orthmatrix;
08.  tstart=0;                                    % 时间初始值
09.  tstep=0.01;                                  % 时间步长
10.  wholetimes=5e4;                              % 总的循环次数
11.  steps=10;                                    % 每次演化的步数
12.  iteratetimes=wholetimes/steps;               % 演化的次数
13.  lp=zeros(18,1);
14.  % 初始化 18 个 Lyapunov 指数
15.  Lyapunov1=zeros(iteratetimes,1);
16.  Lyapunov2=zeros(iteratetimes,1);
17.  Lyapunov3=zeros(iteratetimes,1);
18.  Lyapunov4=zeros(iteratetimes,1);
19.  Lyapunov5=zeros(iteratetimes,1);
```

```
20.  Lyapunov6=zeros(iteratetimes,1);
21.  Lyapunov7=zeros(iteratetimes,1);
22.  Lyapunov8=zeros(iteratetimes,1);
23.  Lyapunov9=zeros(iteratetimes,1);
24.  Lyapunov10=zeros(iteratetimes,1);
25.  Lyapunov11=zeros(iteratetimes,1);
26.  Lyapunov12=zeros(iteratetimes,1);
27.  Lyapunov13=zeros(iteratetimes,1);
28.  Lyapunov14=zeros(iteratetimes,1);
29.  Lyapunov15=zeros(iteratetimes,1);
30.  Lyapunov16=zeros(iteratetimes,1);
31.  Lyapunov17=zeros(iteratetimes,1);
32.  Lyapunov18=zeros(iteratetimes,1);
33.  YY=[]; k=0; y0=[]; T=0;
34.  for i=1:iteratetimes
35.      tspan=tstart:tstep:(tstart + tstep*steps);
                                  %初始化每次计算的时间范围
36.      [t,Y]=ode45('Chen_withdelay',tspan,y);
                                  %以 y 为初值，tspan 为时间范围计算 ode45
37.      y=Y(size(Y,1),:);        %取出 Y 的最后一行,size(Y,1)返回矩阵的行数
38.      tstart=tstart+tstep*steps;  % 重新定义起始时刻
39.      y0=reshape(y(19:342),18,18);
                                  %将子程序输出的最后一行按照 18×18 矩阵排列
40.      [Q,R]=qr(y0);            %对 y0 进行 QR 分解，
41.      y(19:342)=Q;             %将 Q 作为初值重新代入 ode45 中进行计算
42.      k=k+1;
43.      lp=lp+log(abs(diag(R)));           %计算这次的 Lyapunov 指数
44.      Lyapunov1(k)=lp(1)/(k*tstep*steps);
                                  %计算第一维的 Lyapunov 指数
45.      Lyapunov2(k)=lp(2)/(k*tstep*steps);
46.      Lyapunov3(k)=lp(3)/(k*tstep*steps);
47.      Lyapunov4(k)=lp(4)/(k*tstep*steps);
48.      Lyapunov5(k)=lp(5)/(k*tstep*steps);
49.      Lyapunov6(k)=lp(6)/(k*tstep*steps);
50.      Lyapunov7(k)=lp(7)/(k*tstep*steps);
51.      Lyapunov8(k)=lp(8)/(k*tstep*steps);
52.      Lyapunov9(k)=lp(9)/(k*tstep*steps);
53.      Lyapunov10(k)=lp(10)/(k*tstep*steps);
54.      Lyapunov11(k)=lp(11)/(k*tstep*steps);
55.      Lyapunov12(k)=lp(12)/(k*tstep*steps);
```

```
56.     Lyapunov13(k)=lp(13)/(k*tstep*steps);
57.     Lyapunov14(k)=lp(14)/(k*tstep*steps);
58.     Lyapunov15(k)=lp(15)/(k*tstep*steps);
59.     Lyapunov16(k)=lp(16)/(k*tstep*steps);
60.     Lyapunov17(k)=lp(17)/(k*tstep*steps);
61.     Lyapunov18(k)=lp(18)/(k*tstep*steps);
62.  end
63.  figure
64.  i=1:k; %画出 Lyapunov 指数谱
65.  plot(i, Lyapunov1(i), i, Lyapunov2(i), i, Lyapunov3(i), i,
     Lyapunov4(i), i, Lyapunov5(i),...
66.   i, Lyapunov6(i), I,Lyapunov7(i), i, Lyapunov8(i), i, Lyapunov9(i),
     i, Lyapunov10(i),...
67.   i, Lyapunov11(i), i, Lyapunov12(i),i, Lyapunov13(i), Lyapunov14(i),
     i, Lyapunov15(i), ...
68.   i, Lyapunov16(i), i, Lyapunov17(i), i, Lyapunov18(i));
69.  grid on
70.  xlabel(['\fontsize{12}\fontname{Times new roman}\it{t}\rm/s']);
71.  ylabel('LE');
```

例程 2-8 中 Chen_withdelay 子程序如例程 2-9 所示。

例程 2-9 Chen_withdelay.m

```
01.  function OUT=Chen_withdelay (t,X)
02.  a=35; b=3; c=18.35978; k=2.85;
03.  T=0.02; TAO=1/T; A=1.0541;  %初始化系统参数
04.  Q=zeros(18,18);               %初始化输入
05.  x=X(1); y=X(2); z=X(3);
06.  u1=X(4); u2=X(5); u3=X(6); u4=X(7); u5=X(8);
07.  u6=X(9); u7=X(10); u8=X(11); u9=X(12); u10=X(13);
08.  u11=X(14); u12=X(15); u13=X(16);
09.  u14=X(17); u15=X(18);
10.  Q=reshape(X(19:342), 18, 18);
11.  dx=a*(y-x);                   %无限维线性延迟降维到 18 维延迟系统
12.  dy=(c-a)*x-x*z+c*y;
13.  dz=x*y-b*z+k*(z-u15);
14.  du1=(A*z-u1)/T;
15.  du2=(u1-u2)/T;
16.  du3=(u2-u3)/T;
17.  du4=(u3-u4)/T;
18.  du5=(u4-u5)/T;
```

```
19.  du6=(u5-u6)/T;
20.  du7=(u6-u7)/T;
21.  du8=(u7-u8)/T;
22.  du9=(u8-u9)/T;
23.  du10=(u9-u10)/T;
24.  du11=(u10-u11)/T;
25.  du12=(u11-u12)/T;
26.  du13=(u12-u13)/T;
27.  du14=(u13-u14)/T;
28.  du15=(u14-u15)/T;
29.  DX1=[dx;dy;dz;du1;du2;du3;du4;du5;du6;du7;du8;du9;du10;du11;
     du12;du13;du14;du15];
30.  %Chen 系统的 Jacobi 矩阵
31.  Jaco=[-a,a,0,0,0,0,0,0,0,0,0,0,0,0,0,0,0,0;
32.        c-a-z,c,-x,0,0,0,0,0,0,0,0,0,0,0,0,0,0,0;
33.        y,x,-b+k,0,0,0,0,0,0,0,0,0,0,0,0,0,0,-k;
34.        0,0,A*TAO,-TAO,0,0,0,0,0,0,0,0,0,0,0,0,0,0;
35.        0,0,0,TAO,-TAO,0,0,0,0,0,0,0,0,0,0,0,0,0;
36.        0,0,0,0,TAO,-TAO,0,0,0,0,0,0,0,0,0,0,0,0;
37.        0,0,0,0,0,TAO,-TAO,0,0,0,0,0,0,0,0,0,0,0;
38.        0,0,0,0,0,0,TAO,-TAO,0,0,0,0,0,0,0,0,0,0;
39.        0,0,0,0,0,0,0,TAO,-TAO,0,0,0,0,0,0,0,0,0;
40.        0,0,0,0,0,0,0,0,TAO,-TAO,0,0,0,0,0,0,0,0;
41.        0,0,0,0,0,0,0,0,0,TAO,-TAO,0,0,0,0,0,0,0;
42.        0,0,0,0,0,0,0,0,0,0,TAO,-TAO,0,0,0,0,0,0;
43.        0,0,0,0,0,0,0,0,0,0,0,TAO,-TAO,0,0,0,0,0;
44.        0,0,0,0,0,0,0,0,0,0,0,0,TAO,-TAO,0,0,0,0;
45.        0,0,0,0,0,0,0,0,0,0,0,0,0,TAO,-TAO,0,0,0;
46.        0,0,0,0,0,0,0,0,0,0,0,0,0,0,TAO,-TAO,0,0;
47.        0,0,0,0,0,0,0,0,0,0,0,0,0,0,0,TAO,-TAO,0;
48.        0,0,0,0,0,0,0,0,0,0,0,0,0,0,0,0,TAO,-TAO];
49.  F=Jaco*Q;
50.  OUT=[DX1; F(:)];
```

2. 双涡卷混沌吸引子的 Lyapunov 指数谱

当参数为 $a=35,b=3,c=18.5,k_{33}=2.85,\tau_3=0.3$ 时，绘制双涡卷混沌吸引子的 Lyapunov 指数谱如图 2-14 所示，小窗图为 Lyapunov 指数谱的稳态局部放大图。

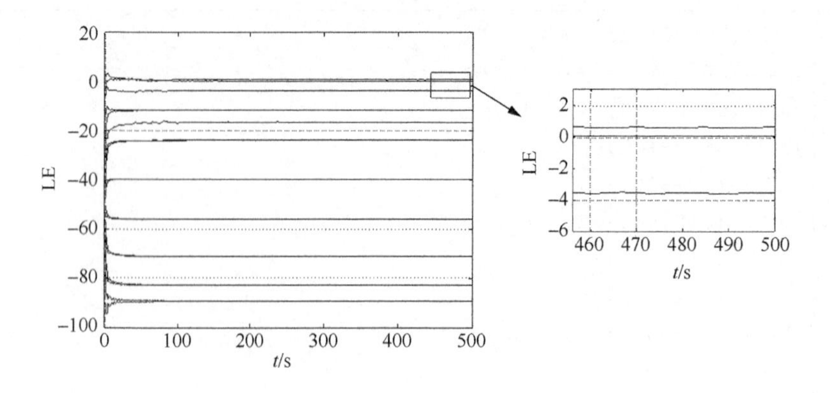

图 2-14　双涡卷混沌吸引子的 Lyapunov 指数谱

计算可得双涡卷混沌吸引子的正 Lyapunov 指数为 0.6617 和 0.071。

3. 复合多涡卷混沌吸引子的 Lyapunov 指数谱

当参数为 $a = 35, b = 3, c = 18.5, k_{33} = 3.8, \tau_3 = 0.3$ 时，绘制复合多涡卷混沌吸引子的 Lyapunov 指数谱如图 2-15 所示，小窗图为 Lyapunov 指数谱的稳态局部放大图。

复合多涡卷混沌吸引子的正 Lyapunov 指数为 1.8507 和 0.1628。

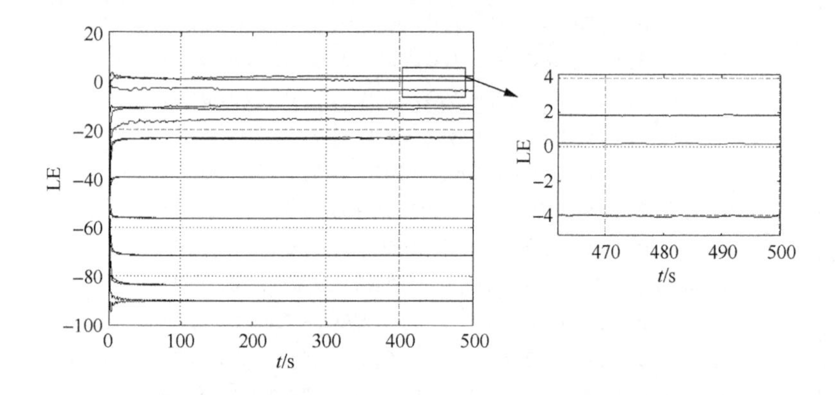

图 2-15　复合多涡卷混沌吸引子的 Lyapunov 指数谱

4. D 型混沌吸引子的 Lyapunov 指数谱

当参数为 $a = 34.9, b = 3, c = 18.5, k_{33} = 2.95, \tau_3 = 0.336$ 时，绘制 D 型混沌吸引子的 Lyapunov 指数谱如图 2-16 所示，小窗图为 Lyapunov 指数谱的稳态局部放大图。

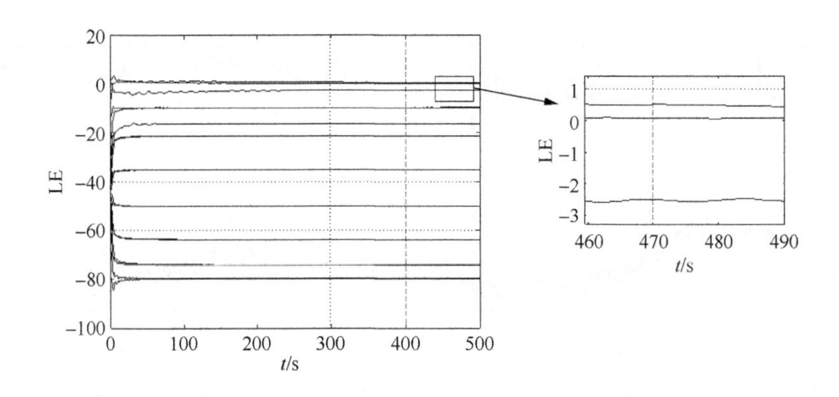

图 2-16　D 型混沌吸引子的 Lyapunov 指数谱

从图 2-16 中可以看出，D 型混沌吸引子中有两个正 Lyapunov 指数，分别为 0.4915 和 0.0817，因此该 D 型混沌吸引子也为超混沌吸引子。

以上求取 Lyapunov 指数的程序与单涡卷混沌吸引子求取程序相同，在此不再赘述。

2.3.4　功率谱和时间序列

时间序列都可以分为时域描述和频域描述。功率谱也称为功率谱密度（power spectral density，PSD），功率谱描述信号中各频域分量的能量（或称功率）分布。对于周期信号，它的频谱通常表现为具有单峰值（对应单周期时间序列）或几个峰值（对应多周期时间序列）；对于非周期信号或随机信号，其频谱通常为无明显峰，对于混沌信号亦是如此。混沌信号具有宽频谱特性，对混沌信号的频率成分进行分析，是除 Lyapunov 指数外，研究混沌的定性描述方法之一。下面绘出各个混沌吸引子的时间序列和功率谱，如图 2-17～图 2-20 所示。

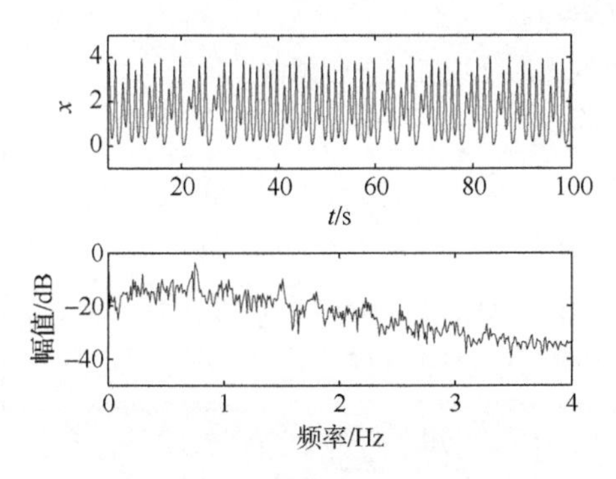

图 2-17　单涡卷混沌吸引子的时间序列 $x(t)$ 和功率谱

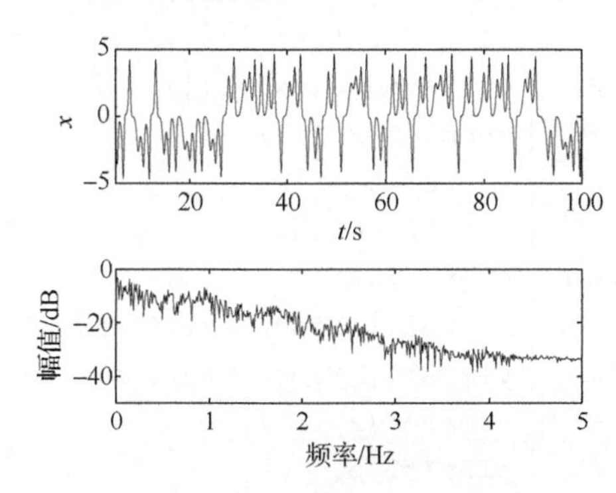

图 2-18　双涡卷混沌吸引子的时间序列 $x(t)$ 和功率谱

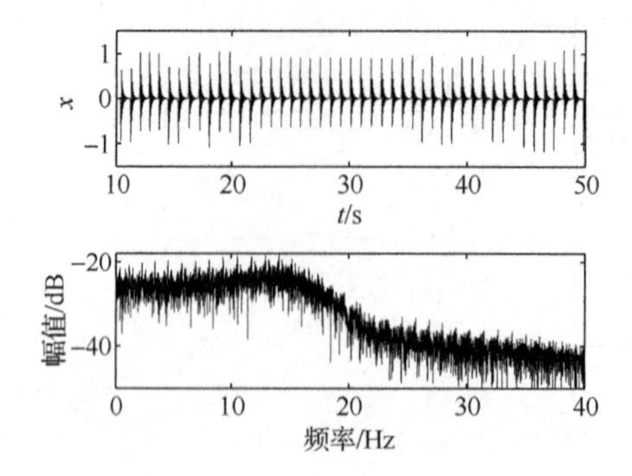

图 2-19　复合多涡卷混沌吸引子的时间序列 $x(t)$ 和功率谱

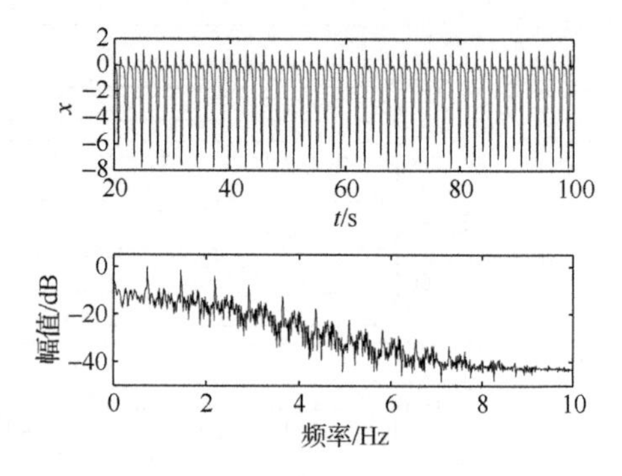

图 2-20　D 型混沌吸引子的时间序列 $x(t)$ 和功率谱

绘制功率谱的程序如例程 2-10 所示。

例程 2-10　Chap2-10.m

```
01. clc
02. clear all
03. load x.mat                         %读取 x 为混沌系统的时间序列(可以存储文件
                                        得到，也可以是 Simulink 仿真得到)
04. x=x(50000:end);                    %截取混沌系统的时间序列较稳态部分
05. fs=1/0.0001;                       %fs 为采样频率，即单位时间内采样点数
06. nfft=length(x);                    %时域上点的个数
07. window=hanning(length(x));         %解决频谱泄露问题
08. xin=window.*x;
09. pxx=fft(x,nfft);                   %对原始数据进行傅里叶变换
10. pxx=(abs(pxx))/length(pxx);        %计算功率谱
11. t=0:round(nfft/2-1);               %横坐标最大值
12. f1=t*fs/nfft;                      %计算频率
13. p=10*log10(pxx(t+1));              %数据化为分贝值，进行频移
14. subplot(2,1,1)                     %作图
15. t=0:0.0001:100;
16. t=t(50000:end);
17. plot(t,x)
18. xlabel(['\fontname{Times new roman}\it{t}\rm/s']);
19. ylabel(['\fontname{Times new roman}\it{x}']);
20. subplot(2,1,2)
21. plot(f1,p)
22. ylabel('幅值/dB');
23. xlabel('频率/Hz');
```

由图 2-17～图 2-20 可知，每种混沌吸引子在时域上的波形都含有非常丰富的频率成分。由上述功率谱分析亦可知，在一个混沌系统中，混沌吸引子的功率谱越宽，其混沌行为表现得越复杂。

2.3.5　耗散性分析

耗散性是从能量的角度描述系统的特性，它与 Lyapunov 函数稳定性分析相似，但是比 Lyapunov 函数的适用性更广，在实际系统中，构造 Lyapunov 函数并不容易。耗散系统定义如下。

定义 2.1[耗散系统][16]　如果存在一个储能函数 $V(x)>0$，并且满足下面的耗散不等式：

$$V(x(t))\leqslant V(x(0))+\int_0^t E(u(s),y(s))\mathrm{d}s,\quad \forall x(0),\forall t\geqslant 0 \tag{2-18}$$

则称系统为耗散系统。其中 $E(s)=E(u(s),y(s))$ 为供给率，对于 $\forall t\geqslant 0$，存在 $u(s)$ 和 $x(0)$ 使 $E(s)$ 满足 $\int_0^t\left|E(u(s),y(s))\right|\mathrm{d}s<\infty$。$x(t)\in \mathrm{R}^n$ 为状态变量，$u(t)\in \mathrm{R}^m$ 为输入变量，$y(t)\in \mathrm{R}^p$ 为输出变量。

系统方程式一般可以表示为

$$\frac{\mathrm{d}x_i}{\mathrm{d}t}=f_i(x_1,x_2,\cdots,x_n),\quad i=1,2,\cdots,n \tag{2-19}$$

耗散系统的储能函数变化率应满足

$$\Delta V=\sum_{i=1}^{n}\frac{\partial f_i}{\partial x_i}<0 \tag{2-20}$$

对于线性延迟反馈 Chen 系统（2-8），已知其延迟项可以展开为 15 阶小惯性环节，如式（2-17）所示，则 ΔV 定义如下：

$$\Delta V=\frac{\partial\dot{x}}{\partial x}+\frac{\partial\dot{y}}{\partial y}+\frac{\partial\dot{z}}{\partial z}+\frac{\partial\dot{u}_1}{\partial u_1}+\frac{\partial\dot{u}_2}{\partial u_2}+\cdots+\frac{\partial\dot{u}_{15}}{\partial u_{15}}=-a+c-b+k_{33}-\frac{15}{T} \tag{2-21}$$

其中，T 为惯性环节时间常数。将参数代入式（2-21）可得，当 $t\to\pm\infty$ 时，有单涡卷混沌吸引子的耗散系数为 $\Delta V_1=-766.79$，双涡卷混沌吸引子的耗散系数为 $\Delta V_2=-766.65$，复合多涡卷混沌吸引子的耗散系数为 $\Delta V_3=-765.7$，D 型混沌吸引子的耗散系数为 $\Delta V_4=-766.45$。ΔV_1、ΔV_2、ΔV_3、ΔV_4 均为小于零的数，说明在使用以上 4 种参数时，系统为耗散系统。系统轨迹不发散，同时由平衡点的稳定性分析可知，系统不会趋向于任何平衡点（三个不稳定平衡点），这时系统既不收敛到任何平衡点，也不发散，将表现出混沌吸引子，这是混沌系统的重要特征。

2.4 线性延迟反馈 Lorenz 系统的动力学特性分析

Lorenz 系统方程为

$$\begin{cases} \dot{x}_1 = a(x_2 - x_1) \\ \dot{x}_2 = -x_2 - x_1 x_3 + r x_1 \\ \dot{x}_3 = -b x_3 + x_1 x_2 \end{cases} \tag{2-22}$$

系统有三个平衡点，分别为 $C_0 = (0,0,0)$， $C_+ = \left(\sqrt{b(r-1)}, \sqrt{b(r-1)}, r-1\right)$， $C_- = \left(-\sqrt{b(r-1)}, -\sqrt{b(r-1)}, r-1\right)$。取 $a=10$， $b=8/3$，当 $0<r<1$ 时，坐标原点为全局渐近稳定平衡点， C_+ 和 C_- 为不稳定平衡点；当 $1<r<r_{\mathrm{H}} \approx 24.74$ 时，系统有两个局部稳定平衡点 C_+ 和 C_-， C_0 变为不稳定平衡点（鞍点）。

当 $r>r_{\mathrm{H}}$ 时，系统（2-22）出现混沌运动[17]。取 $r=5$，系统有两个局部稳定平衡点：$(3.27,3.27,4)$、$(-3.27,-3.27,4)$。系统将根据初始状态的不同，稳定到两个平衡点之一。

对上述参数处于非混沌区的 Lorenz 系统采用线性延迟反馈控制，取延迟反馈控制矩阵：

$$K = \begin{bmatrix} 0 & 0 & 0 \\ 0 & k_{22} & 0 \\ 0 & 0 & 0 \end{bmatrix} \tag{2-23}$$

其中， $k_{22} \neq 0$。则线性延迟反馈 Lorenz 系统可以表示如下：

$$\begin{cases} \dot{x}_1 = a\left(x_2 - x_1\right) \\ \dot{x}_2 = -x_2 - x_1 x_3 + r x_1 + k_{22}\left(x_2(t) - x_2(t-\tau_2)\right) \\ \dot{x}_3 = -b x_3 + x_1 x_2 \end{cases} \tag{2-24}$$

系统（2-24）中，当参数 $\tau_2 = 0.5$ 时，参数 k_{22} 的分岔图如图 2-21 所示。当参数 $k_{22}=2$ 时，参数 τ_2 的分岔图如图 2-22 所示。

绘制图 2-21 和图 2-22 的程序与例程 2-7 相似，只需将 Chen 系统方程换成 Lorenz 系统方程。

取控制参数为 $k_{22}=6.5$， $\tau_2=0.5$，系统呈现出的混沌吸引子如图 2-23 所示，其系统状态 $x_1(t)$ 的混沌时间序列和功率谱如图 2-24 所示。计算可得系统的最大 Lyapunov 指数为 0.1257。

对 Lorenz 系统来说，当参数为 $a=10$， $b=3$， $r=3$ 时，此时系统从任意初始条件出发的相轨迹将稳定到两个稳定平衡点 $C_{2+} = (\sqrt{b(r-1)}, \sqrt{b(r-1)}, r-1)$ 或 $C_{2-} = (-\sqrt{b(r-1)}, -\sqrt{b(r-1)}, r-1)$ 之一。若取延迟反馈控制矩阵：

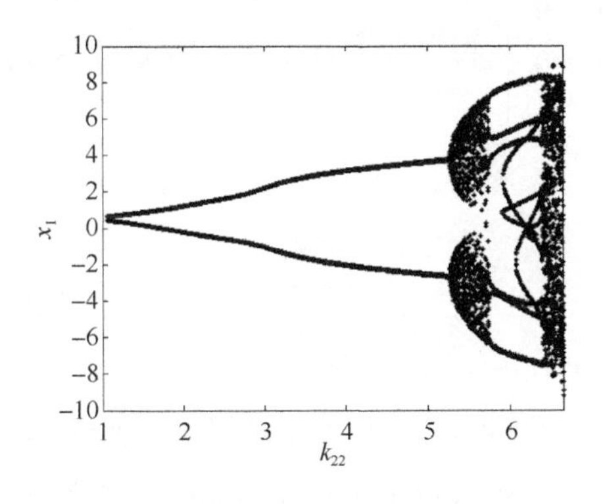

图 2-21　参数 k_{22} 的分岔图

图 2-22　参数 τ_2 的分岔图

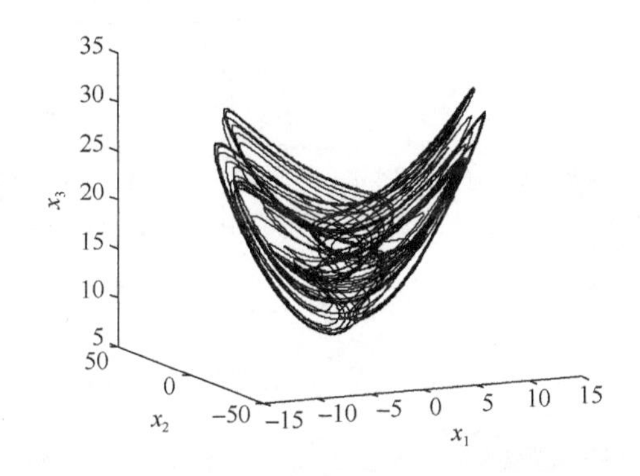

图 2-23　线性延迟反馈 Lorenz 系统呈现的混沌吸引子

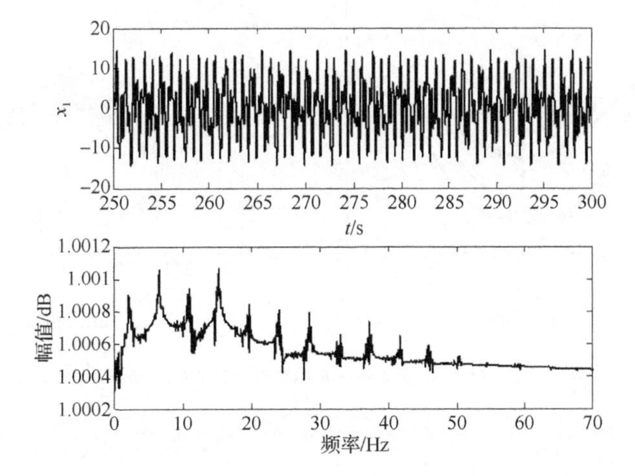

图 2-24　线性延迟反馈 Lorenz 系统对应的混沌时间序列和功率谱

$$K=\begin{bmatrix}0 & 0 & 0\\ 0 & 0 & 0\\ 0 & 0 & k_{33}\end{bmatrix} \tag{2-25}$$

线性延迟反馈 Lorenz 系统可以表示如下：

$$\begin{cases}\dot{x}_1 = a\left(x_2 - x_1\right)\\ \dot{x}_2 = -x_2 - x_1x_3 + rx_1\\ \dot{x}_3 = -bx_3 + x_1x_2 + k_{33}\left(x_3\left(t\right) - x_3\left(t-\tau_3\right)\right)\end{cases} \tag{2-26}$$

取 $k_{33}=3.8$，$\tau_3=0.45$ 时，Lorenz 系统呈现出的复合多涡卷混沌吸引子如图 2-25 所示。计算可得系统的正 Lyapunov 指数为 1.1292 和 0.0507，Lyapunov 指数谱如图 2-26 所示。此时系统的状态 $x_1(t)$ 的功率谱如图 2-27 所示。

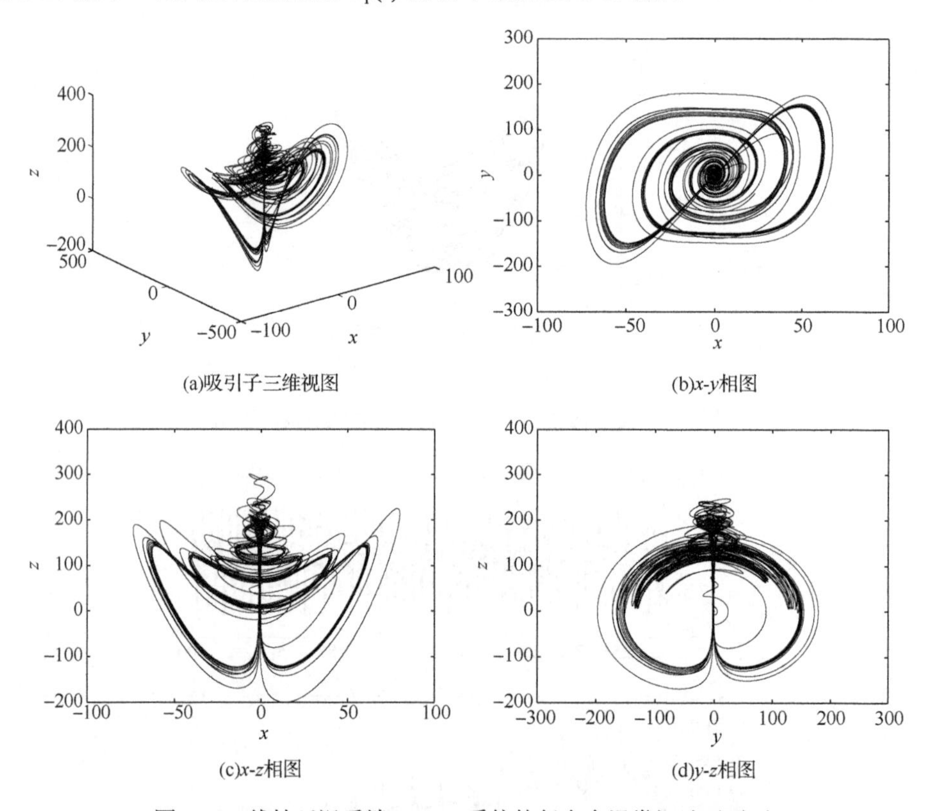

图 2-25　线性延迟反馈 Lorenz 系统的复合多涡卷混沌吸引子

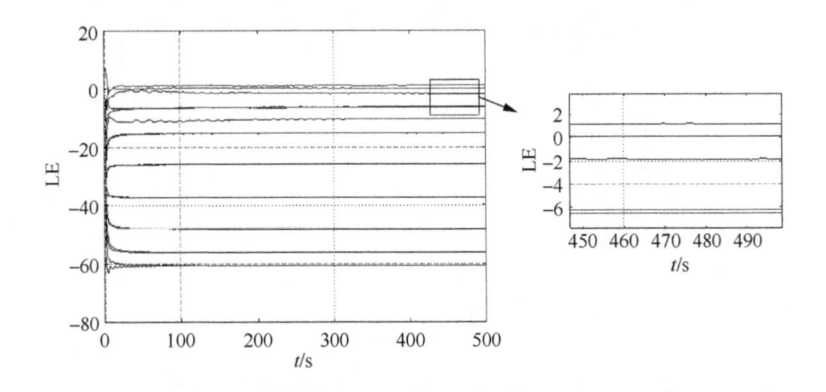

图 2-26　线性延迟反馈 Lorenz 系统的 Lyapunov 指数谱

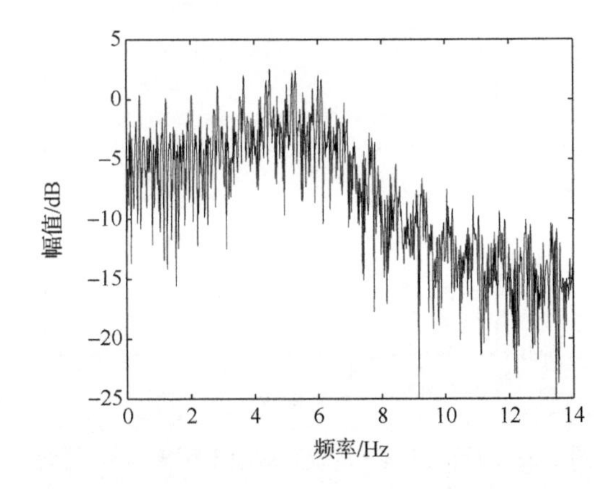

图 2-27　线性延迟反馈 Lorenz 系统 $x_1(t)$ 的功率谱

对于平衡点 $C_{2+}=(\sqrt{b(r-1)},\sqrt{b(r-1)},r-1)$，其特征方程为

$$\Delta(\lambda)=\lambda I-\begin{bmatrix}-a & a & 0\\ -z+r & -1 & -x\\ y & x & -b+k_{33}\end{bmatrix}-\begin{bmatrix}0 & 0 & 0\\ 0 & 0 & 0\\ 0 & 0 & -k_{33}\end{bmatrix}\mathrm{e}^{-\lambda\tau_3} \tag{2-27}$$

解得特征方程（2-27）具有正实部的特征根为 $\tilde{\sigma}\pm\tilde{\omega}\mathrm{i}=0.8784\pm 2.156\mathrm{i}$，负实数特征根为 $\tilde{\gamma}=-11$，其余的解均落在纵轴的左半平面，如图 2-28 所示。因此，平衡点 C_{2+} 和 C_{2-} 都是鞍点。

系统（2-26）的另一个平衡点 $C_0=(0,0,0)$ 的最大实数特征根和两个具有正实部的复数特征根分别为 1.589 和 $0.3676\pm 3.191\mathrm{i}$，如图 2-29 所示。因此 C_0 也是不稳定的平衡点。

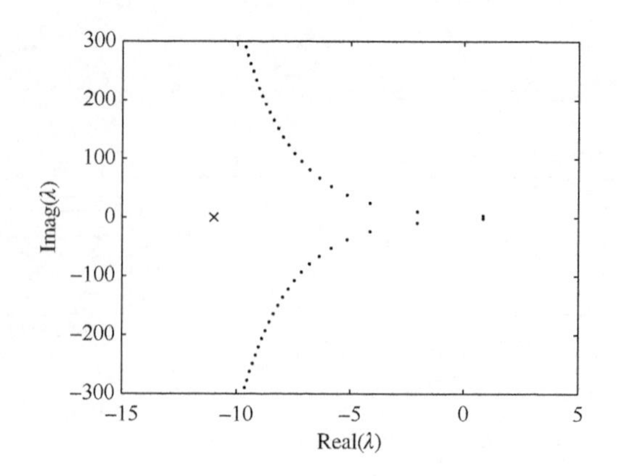

图 2-28　特征方程（2-27）对应于平衡点 C_{2+} 特征根

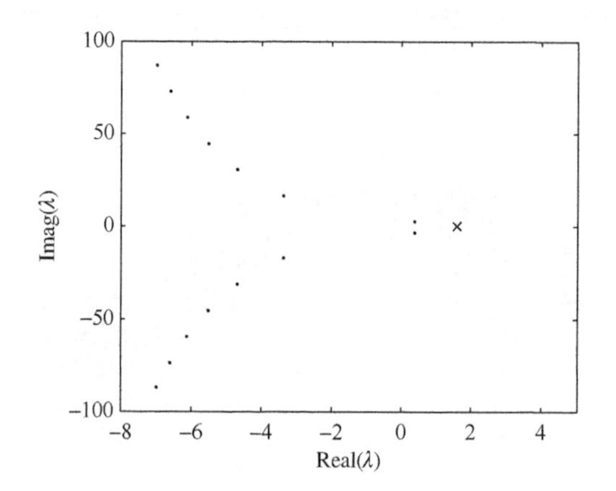

图 2-29　特征方程（2-27）对应于平衡点 C_0 的解

线性延迟反馈 Lorenz 系统耗散性系数为

$$\Delta V = \frac{\partial \dot{x}_1}{\partial x_1} + \frac{\partial \dot{x}_2}{\partial x_2} + \frac{\partial \dot{x}_3}{\partial x_3} + \cdots + \frac{\partial \dot{x}_{18}}{\partial x_{18}} = -a - 1 - b + k_{33} - \frac{15}{T'} \tag{2-28}$$

其中，$T' = 0.03$，$\Delta V = -510.2 < 0$，因此该系统为耗散系统。相轨迹不可能趋向无穷远，同时也不收敛到任何（不稳定）平衡点。

通过上面的分析可知，采用线性延迟反馈控制时，选择合适的控制参数可以使稳定的 Lorenz 系统出现混沌运动。功率谱、Lyapunov 指数以及耗散性和不稳定平衡点等分析说明了受控系统的混沌状态。

2.5　线性延迟反馈 Sprott 系统的动力学特性分析

1994 年，Sprott 在 *Physical Review E* 上发表的文章 *Some simple chaotic flows* 中提出了 19 个比 Rössler 更简洁的三阶常微分方程，发现了其内蕴含丰富的混沌现

象[18]。Sprott 系统由于结构简单，且具有混沌特性，而被广泛研究。本书以 Sprott-O 系统为例实现了线性延迟反馈混沌反控制，说明线性延迟反馈控制产生混沌方法的普适性。

Sprott-O 系统模型如下：

$$\begin{cases}\dot{x}=y\\ \dot{y}=x-z\\ \dot{z}=x+xz+cy\end{cases}\tag{2-29}$$

取 $c=3$，系统平衡点分别为 $O_1=(0,0,0)$ 和 $O_2=(-1,0,-1)$，当初值为 $(-0.1,-0.1,-0.1)$ 时，该系统表现为稳定的周期运动，其相轨迹如图 2-30 所示。

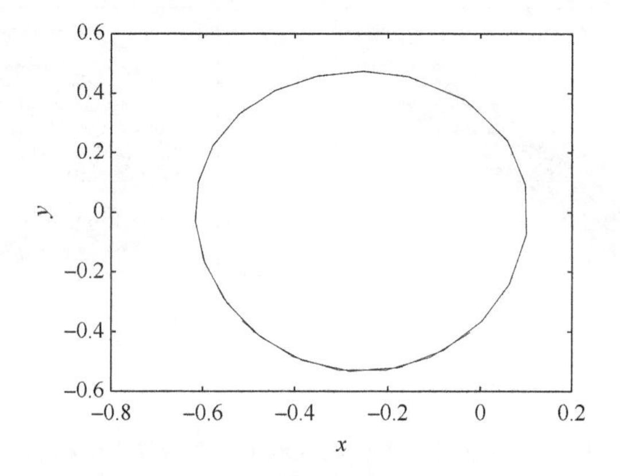

图 2-30　Sprott-O 系统的周期运动相轨迹

对上述参数处于非混沌区的 Sprott-O 系统采用线性延迟反馈控制，取延迟反馈控制矩阵：

$$K=\begin{bmatrix}0&0&0\\0&0&0\\0&0&k_{33}\end{bmatrix}\tag{2-30}$$

则线性延迟反馈 Sprott-O 系统可表示如下：

$$\begin{cases}\dot{x}=y\\ \dot{y}=x-z\\ \dot{z}=x+xz+cy+k_{33}(z(t-\tau)-z(t))\end{cases}\tag{2-31}$$

当参数 $c=3,k_{33}=0.38,\tau=5$ 时，系统呈现混沌状态，其相轨迹如图 2-31 所示。

系统（2-31）线性延迟反馈控制的 Simulink 仿真模型如图 2-32 中的例程 2-11 所示。

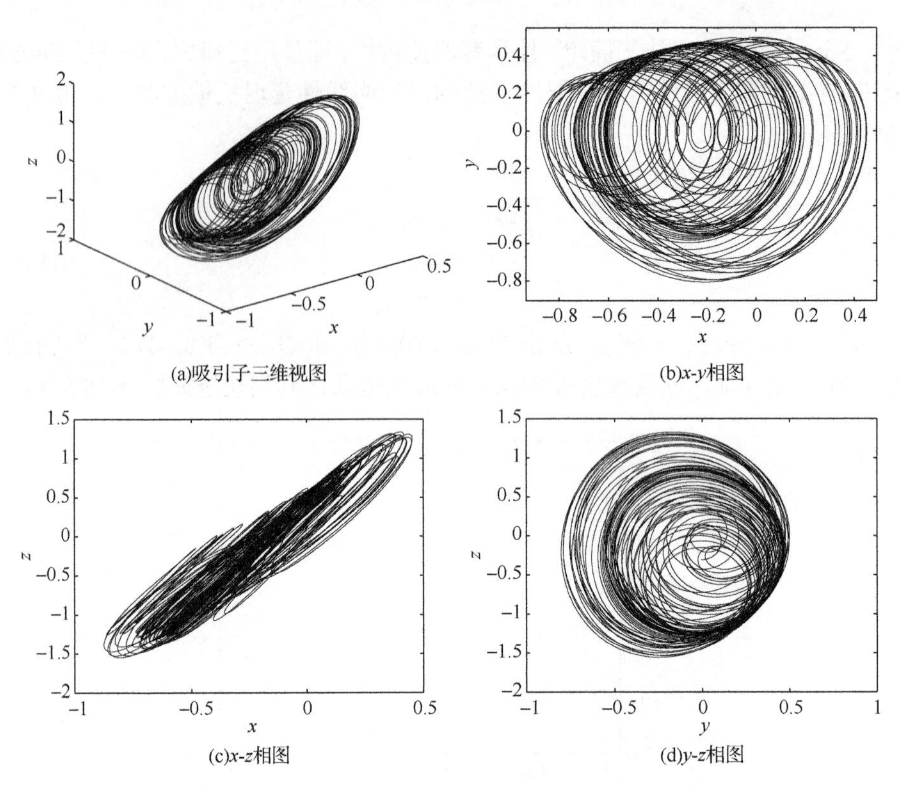

图 2-31　线性延迟反馈 Sprott-O 系统吸引子相图

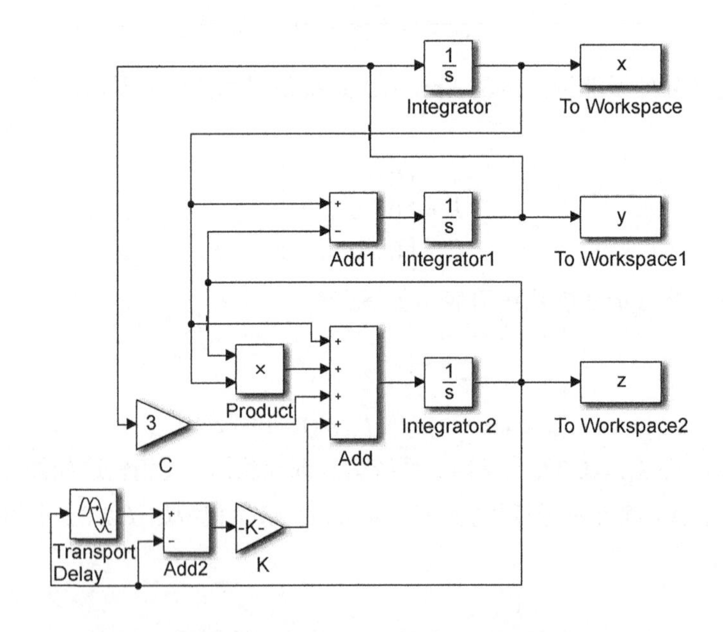

图 2-32　例程 2-11“Chap2-11.mdl”

处于周期状态下的 Sprott-O 系统时间序列含有直流分量、基波分量和谐波分量。由功率谱图 2-33 可见，直流分量在 0 时表现出第一个尖峰，其基波分量在 0.038Hz 处表现出第二个尖峰，其二次谐波分量在 0.076Hz 处表现出第三个尖峰。通过线性延迟反馈 Sprott-O 系统呈现混沌时的功率谱如图 2-34 所示。可见系统处于周期状态时，功率谱中有明显峰值；而处于混沌状态时，功率谱成分丰富。

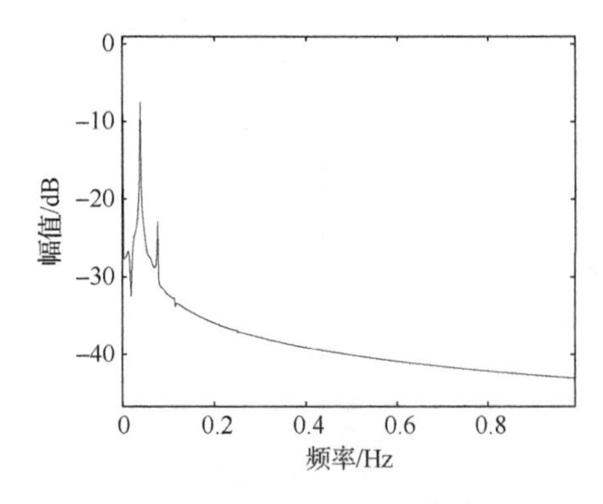

图 2-33　Sprott-O 系统功率谱

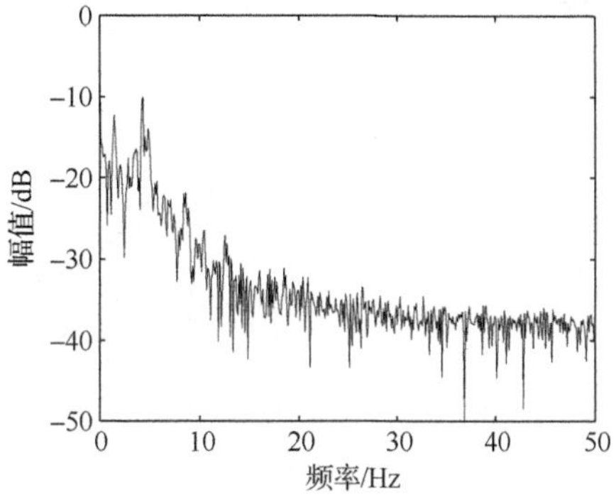

图 2-34　线性延迟反馈 Sprott-O 系统功率谱

线性延迟反馈 Sprott-O 系统的 Lyapunov 指数谱如图 2-35 所示，从局部放大图中可以看出，受控系统的正 Lyapunov 指数为 0.4566、0.5123 和 0.1553。

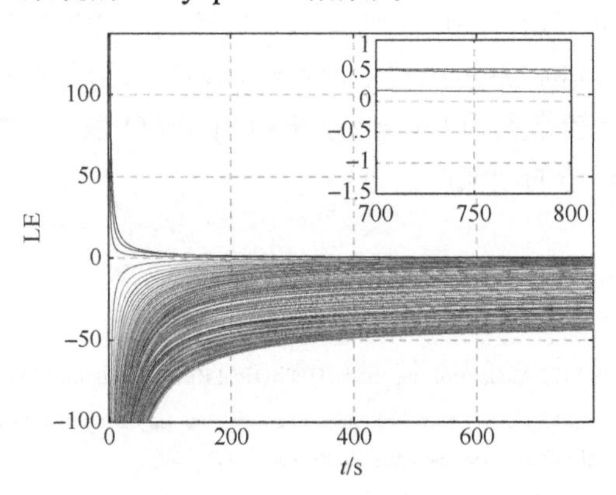

图 2-35　线性延迟反馈 Sprott-O 系统的 Lyapunov 指数谱

受控系统耗散系数如下：

$$\Delta V = \frac{\partial \dot{x}_1}{\partial x_1} + \frac{\partial \dot{x}_2}{\partial x_2} + \frac{\partial \dot{x}_3}{\partial x_3} + \cdots + \frac{\partial \dot{x}_{103}}{\partial x_{103}} = -k_{33} - \frac{103}{T''} \tag{2-32}$$

其中，$T'' = 0.05$，则 $\Delta V = -2060.38 < 0$，因此该系统为耗散系统。

不加线性延迟反馈控制时，平衡点 O_2 处的特征方程为

$$\lambda^3 + \lambda^2 + 2\lambda = 0 \tag{2-33}$$

其特征根为 $\lambda = 0, -\frac{1}{2} \pm \frac{\sqrt{7}}{2}\mathrm{i}$ 。

在线性延迟反馈控制下，平衡点 O_2 处的特征方程为

$$\lambda^3 + 1.38\lambda^2 + 2\lambda - 0.38 + (\lambda^2 - 1)k_{33}\mathrm{e}^{-\lambda\tau} = 0 \tag{2-34}$$

其正的特征根为 $\lambda = 0.215$，其余的特征根均落在纵轴的左半平面，如图 2-36 所示。

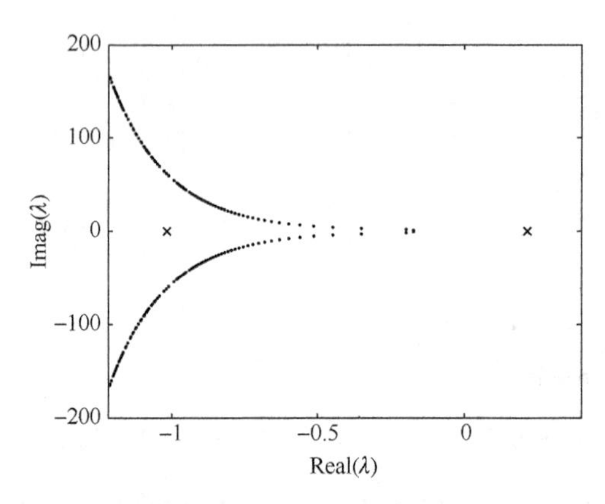

图 2-36　系统（2-31）平衡点 O_2 处的特征方程的解（特征根）

通过上面的分析可知，采用线性延迟反馈控制，适当选择控制参数可以使非混沌（稳定或周期运动的）系统出现混沌运动。线性延迟反馈项不仅可以用在 Chen 系统中，还可用于比较常见的 Lorenz 系统和 Sprott-O 系统等典型系统，使其产生混沌现象，是一种普适的混沌产生方法。

参 考 文 献

[1] OTT E, GREBOGI C, YORKE J A. Controlling chaos[J]. Physical Review Letters, 1990, 64(11): 1196-1199.

[2] WANG X F, CHEN G R, YU X H. Anticontrol of chaos in continuous-time system via time-delay feedback[J]. Chaos: An Interdisciplinary Journal of Nonlinear Science, 2000, 10(4): 771-779.

[3] WANG X F, ZHONG G Q, TANG K S, et al. Generating chaos in Chua’s circuit via time delay feedback[J]. IEEE Transactions Circuits Systems I: Fundamental Theory and Applications, 2001,48(9):1151-1156.

[4] TANG K S, MAN K F, ZHONG G Q, et al. Generating chaos viax|x|[J]. IEEE Transactions on Circuits and Systems I: Fundamental Theory and Applications, 2000, 48(5):636-641.

[5] ZHONG G Q, MAN K F, CHEN G R. Generating chaos via a dynamical controller[J]. International Journal of Bifurcation and Chaos, 2001, 11(3): 865-869.

[6] GE Z M, CHENG J W, CHEN Y S. Chaos anticontrol and synchronization of three time scales brushless DC motor system[J]. Chaos, Solitons & Fractals, 2004, 22(5):1165-1182.

[7] LV J H, ZHOU T S, CHEN G R, et al. Generating chaos with a switching piecewise-linear controller[J]. Chaos: An Interdisciplinary Journal of Nonlinear Science, 2002, 12(2):344-349.

[8] LÜ J H, YU X H, CHEN G R. Generating chaotic attractors with multiple merged basins of attraction: A switching piecewise-linear control approach[J]. IEEE Transactions on Circuits and Systems I: Fundamental Theory and Applications, 2003, 50(2):198-207.

[9] WANG X F, CHEN G R. On feedback anticontrol of discrete chaos[J]. International Journal of Bifurcation and Chaos, 1999, 9(7): 1435-1441.

[10] WANG X F, CHEN G R. Chaotification via arbitrarily small feedback controls: Theory, method, and applications[J]. International Journal of Bifurcation and Chaos, 2000, 10(3): 549-570.

[11] 任海鹏, 刘丁, 韩崇昭. 基于直接延迟反馈的混沌反控制[J]. 物理学报, 2006, 55(6): 2694-2701.

[12] REN H P, LI W C. Heteroclinic orbits in Chen circuit with time delay[J]. Communications in Nonlinear Science and Numerical Simulation, 2010, 15(10):3058-3066.

[13] REN H P, BAI C, TIAN K, et al. Dynamics of delay induced composite multi-scroll attractor and its application in encryption[J]. International Journal of Non-Linear Mechanics, 2017, 94:334-342.

[14] CHEN G R, UETA T. Yet another chaotic attractor[J]. International Journal of Bifurcation and Chaos, 1999, 9(7): 1465-1466.

[15] SPROTT J C. Numerical calculation of largest Lyapunov exponent[OL]. [1997-10-15].http://sprott.physics.wisc.edu/chaos/lyapexp.htm.

[16] BROGLIATO B, LOZANO R, MASCHKE B, et al. Dissipative Systems Analysis and Control: Theory and Applications[M].2nd ed. London: Springer-Verlag, 2007.

[17] STEWART I. Mathematics: The Lorenz attractor exists[J]. Nature, 2000, 406(6799): 948-949.

[18] SPROTT J C. Some simple chaotic flows[J]. Physical Review E(Statistical Physics, Plasmas, Fluids, and Related Interdisciplinary Topics), 1994, 50(2): R647-R650.

第 3 章　线性延迟反馈控制的电路实现

1984 年，Chua 提出著名的“蔡氏电路”，成为混沌系统研究的电路典范[1]。混沌的电路在实现上已经取得了一些研究成果，但大都遵循蔡氏电路模式，即用电容、电感、蔡氏二极管、加减比例电路、积分电路和反向电路等产生电路混沌。为了在电路实验中观察线性延迟反馈产生的奇异吸引子，首先要构造延迟电路。现有的实现延迟的电路包括：①延迟线方法，利用延迟线方法可以在高频段或者超高频段产生具有宽频带的超混沌信号[2]；②LCL 网络方法，Namajunas 等[3]利用 T 形 LCL 网络实现电路延迟；③模拟信号采样存储延迟回放方法，Wang 等利用信号采样存储后延迟回放的方法实现模拟信号延迟[4,5]；④滞后网络方法，Hu[6]利用滞后网络实现延迟；⑤惯性环节级联方法，采用简单的阻容惯性网络级联也可实现纯滞后[7]，这种方法结构简单，易于实现。

本章针对 Chen 系统介绍了三种延迟实现电路，并在电路中实现了线性延迟反馈 Chen 系统，在电路实验中观察混沌现象。

3.1　Chen 电路设计

Chen 系统部分的电路设计，采用运算放大器（LF347）、模拟乘法器（AD633）来实现。由于 AD633 的输出是乘积结果的 1/10，为与原系统一致，在不改变吸引子形态的条件下，将系统改为

$$\begin{cases}\dot{x}(t)=a\left(y(t)-x(t)\right)\\ \dot{y}(t)=(c-a)x(t)-10x(t)z(t)+cy(t)\\ \dot{z}(t)=10x(t)y(t)-bz(t)\end{cases}\qquad(3\text{-}1)$$

Chen 电路原理图如图 3-1 所示，电路中各元器件参数如表 3-1 所示。

由图 3-1 可见，R_{26} 决定线性延迟反馈 Chen 系统的延迟反馈增益 k 的值。

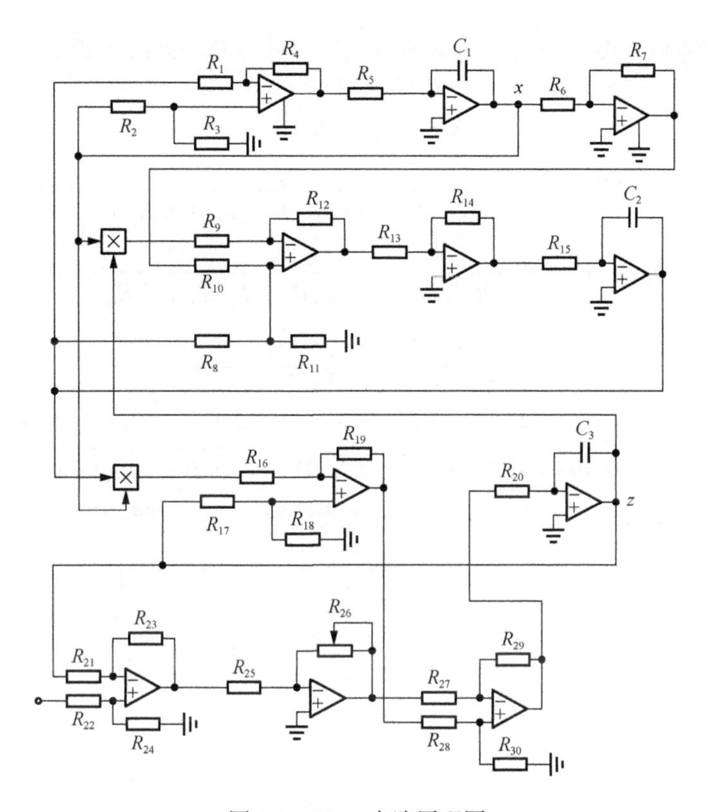

图 3-1　Chen 电路原理图

表 3-1　Chen 电路各元器件参数

元器件	阻值
R_1、R_2、R_3、R_4、R_6、R_7、R_{13}、R_{14}、R_{16}、R_{17}、R_{19}、R_{21}、R_{22}、R_{23}、R_{24}、R_{27}、R_{28}、R_{29}、R_{30}	10kΩ
R_5	2.86MΩ
R_8	16.5kΩ
R_9	3kΩ
R_{10}	18215Ω
R_{11}	60kΩ
R_{12}、R_{25}	1kΩ
R_{15}	3.33MΩ
R_{18}	1765Ω
R_{20}	10MΩ
R_{26}	285Ω
C_1、C_2、C_3	10000pF

根据电路原理图，可得系统参数与电路元件参数的对应关系如下：

$$\frac{R_3(R_1+R_4)}{R_1R_5C_1(R_2+R_3)}=a$$

$$R_{11}R_{14}(R_9+R_{12})\frac{-R_7R_8}{R_6R_9R_{13}R_{15}C_2(R_8R_{11}+R_{10}R_{11}+R_8R_{10})}=c-a$$

$$R_{11}R_{14}(R_9+R_{12})\frac{R_6R_{10}}{R_6R_9R_{13}R_{15}C_2(R_8R_{11}+R_{10}R_{11}+R_8R_{10})}=c$$

$$\frac{R_{30}(R_{27}+R_{29})}{R_{20}R_{27}C_3(R_{30}+R_{28})}\frac{R_{18}(R_{16}+R_{19})}{R_{16}(R_{17}+R_{18})}=b$$

根据电路元件参数得此时 $a=35,b=3,c=18.35978$，电路处于稳定状态，从任意初始条件出发将稳定到两个稳定平衡点 $(\sqrt{b(2c-a)},\sqrt{b(2c-a)},2c-a)$ 和 $(-\sqrt{b(2c-a)},-\sqrt{b(2c-a)},2c-a)$ 之一，实验结果（x、z 两维相图）如图 3-2 所示。

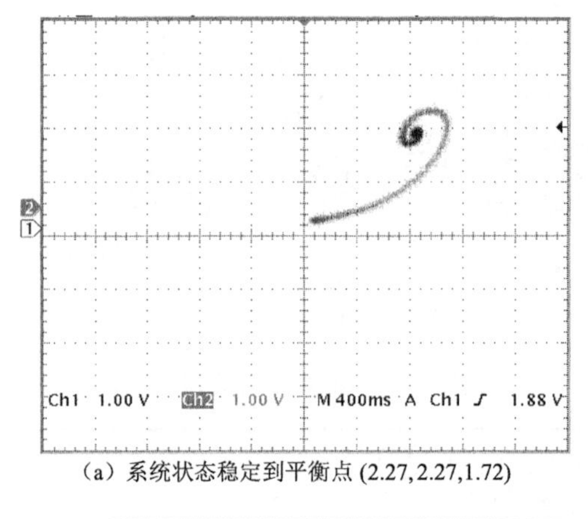

（a）系统状态稳定到平衡点 $(2.27,2.27,1.72)$

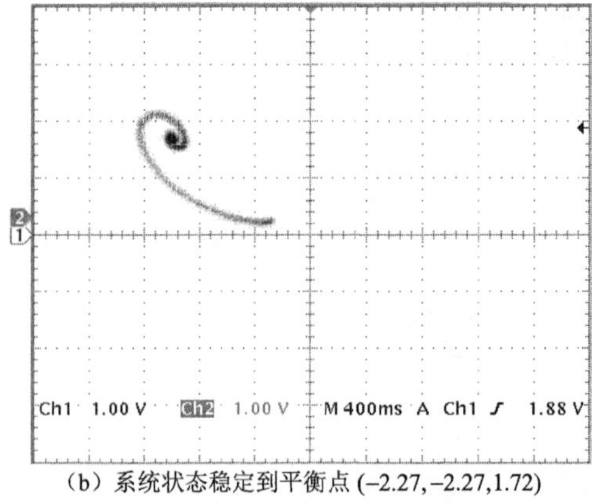

（b）系统状态稳定到平衡点 $(-2.27,-2.27,1.72)$

图 3-2　未控制的 Chen 电路状态稳定到两个平衡点之一

3.2　延迟电路设计

本节给出了延迟电路的三种设计方法，分别是信号采样存储延迟回放方法、滞后网络级联方法和惯性环节级联方法。

3.2.1　信号采样存储延迟回放方法

信号采样存储延迟回放方法原理图如图 3-3 所示。将要延迟的信号进行高速采样并存储采样值，然后根据延迟时间确定延迟回放的延迟节拍个数，逐一将存储的条件值通过数/模转换器（DAC）回放，图 3-3 为延迟一拍回放并采用零阶保持的回放波形。若采样速率足够高，则回放波形接近连续。该电路中采用的模/数转换器（ADC）和 DAC 的型号是 AD7569，其特点是采样速率快。延迟电路以 AD7569 为核心，结合 SDRAM 和 CD4040 进行采样，然后将信号转换为模拟信号后延迟输出的方法实现延时目的，具体电路如图 3-4 所示。

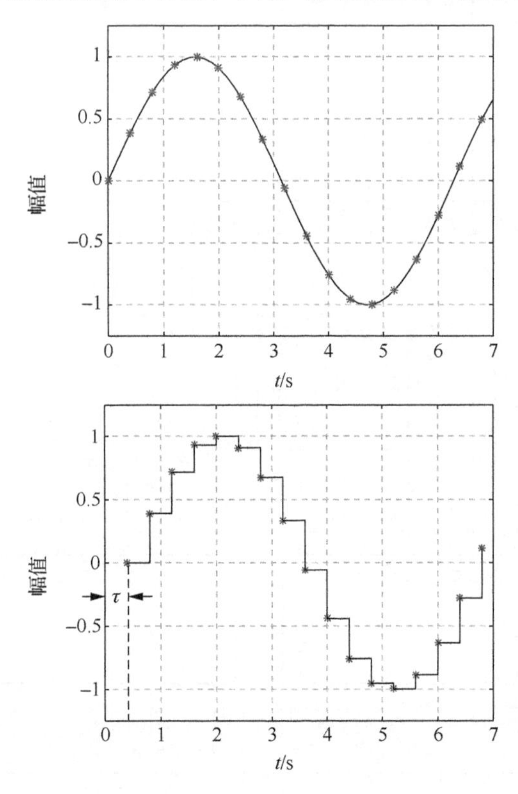

图 3-3　信号采样存储延迟回放方法原理图

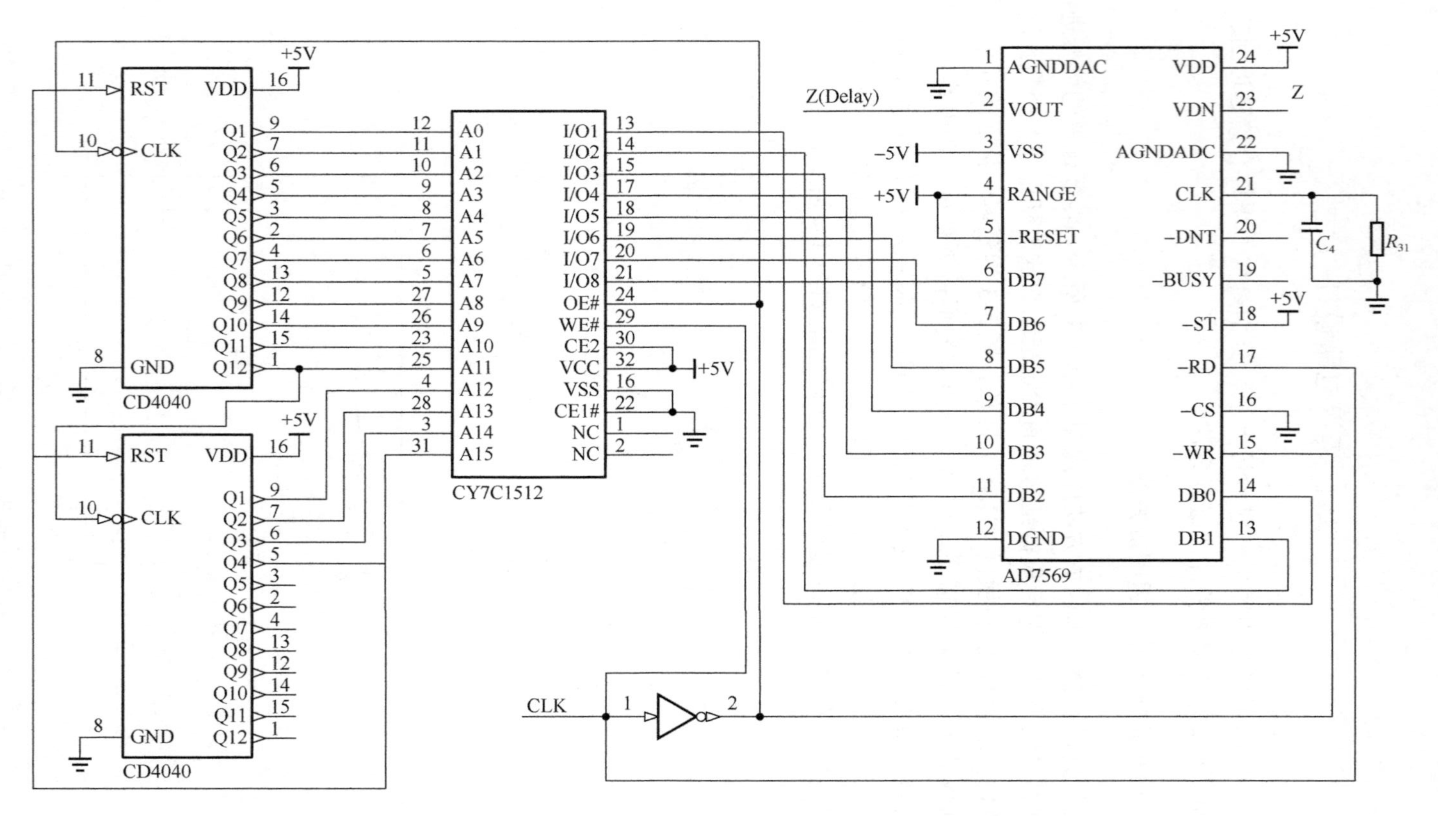

图 3-4　信号采样存储延迟回放方法实现延迟的电路原理图

3.2.2　滞后网络级联方法

滞后网络模型的结构图[8]如图 3-5 所示。

滞后网络模型的传递函数为

$$G(s)=\frac{1-(T/2)s}{1+(T/2)s} \tag{3-2}$$

其中，T 为延迟时间，$T=2R_{D2}C_D$。因此，可以通过改变电阻 R_{D2} 和电容 C_D 来改变滞后电路参数 T。

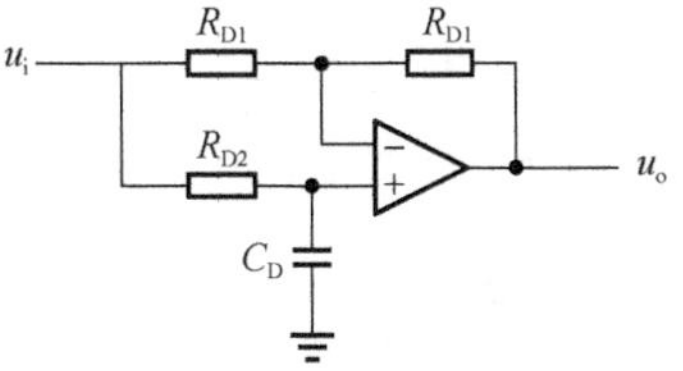

图 3-5　滞后网络模型结构图

经过 n 阶级联后，其传递函数为

$$G'(s)=\left(\frac{1-(T/2)s}{1+(T/2)s}\right)^n,\quad T=\tau/n \tag{3-3}$$

其幅频特性和相频特性如下：

$$\left|G'(\mathrm{j}\omega)\right|=\left(\frac{\sqrt{1+(\tau/2n)\omega}}{\sqrt{1+(\tau/2n)\omega}}\right)^n=1 \tag{3-4}$$

$$\angle G'(\mathrm{j}\omega)=-2n\arctan((\tau/2n)\omega)$$

因此，对于特定延迟时间 τ，当 n 足够大时，T 很小，从而得到 $G'(s)\big|_{n\to\infty}=\mathrm{e}^{-\tau s}$，即等效为纯滞后系统。以 $n=15$ 阶为例，若 $R_{D1}=10\mathrm{k}\Omega, R_{D2}=100\mathrm{k}\Omega, C_D=10^{-7}\mathrm{pF}$，此时 15 阶滞后环节实现的延迟时间为 0.3s。其电路原理图如图 3-6 所示。

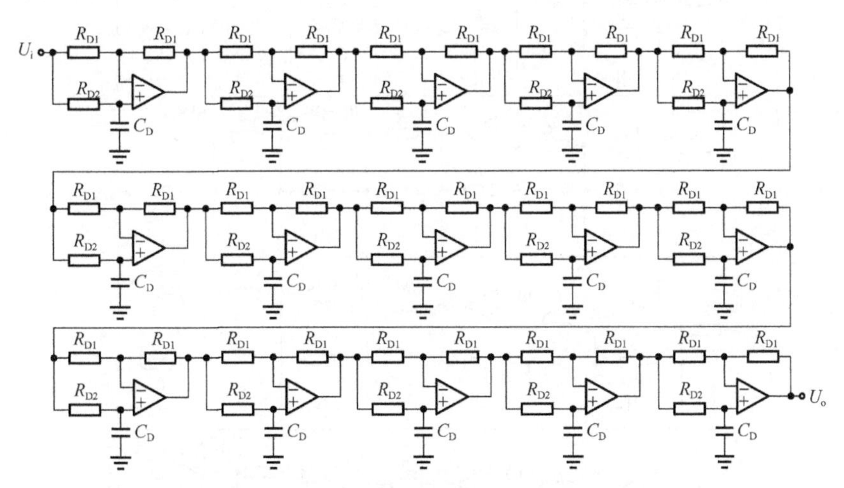

图 3-6　15 阶滞后网络级联电路原理图

3.2.3　惯性环节级联方法

3.2.2 小节中的滞后网络设计元件较多，为进一步简化电路，可采用惯性环节

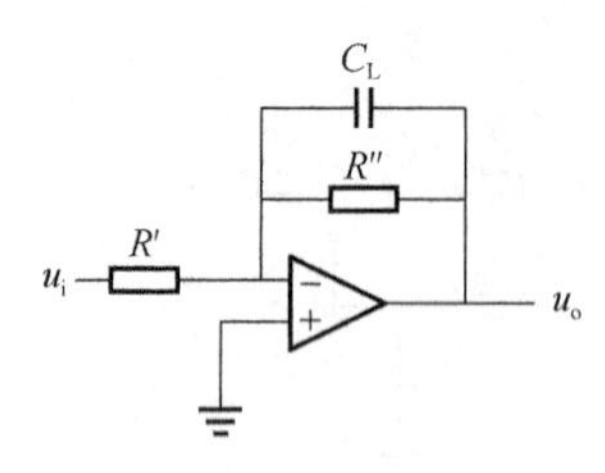

图 3-7　惯性环节电路

级联实现延迟[9]，所采用的惯性环节电路如图 3-7 所示。

惯性环节的传递函数为

$$G(s)=\frac{k}{Ts+1}=\frac{-R''}{R'(1+R''C_{\mathrm{L}}s)} \tag{3-5}$$

其中，$T=R'C_{\mathrm{L}}$ 为延迟时间；$k=-\frac{R''}{R'}$ 为惯性环节比例系数。其幅频特性和相频特性分别为

$$\left|G(\mathrm{j}\omega)\right|=\frac{k}{\sqrt{1+(T\omega)^2}},\quad \angle G(\mathrm{j}\omega)=-\arctan(T\omega) \tag{3-6}$$

经过 n 阶级联后幅频特性和相频特性分别为

$$\left|G'(\mathrm{j}\omega)\right|=\left(\frac{k}{\sqrt{1+(T\omega)^2}}\right)^n,\quad \angle G'(\mathrm{j}\omega)=-n\arctan(T\omega) \tag{3-7}$$

其中，$T=\frac{\tau}{n}$。故当 n 足够大时，T 足够小，单元惯性环节级联可以近似实现纯滞后延迟 $\left|G'(\mathrm{j}\omega)\right|\approx k^n$，$\angle G'(\mathrm{j}\omega)\approx-\tau\omega$。由于惯性环节有幅值衰减，因此需要对惯性环节级联网络输出幅值进行放大，即在惯性环节输出端串联一个幅值放大电路。图 3-8 为采用 15 阶惯性环节级联实现 0.3s 延时的电路原理图，图 3-8 中右

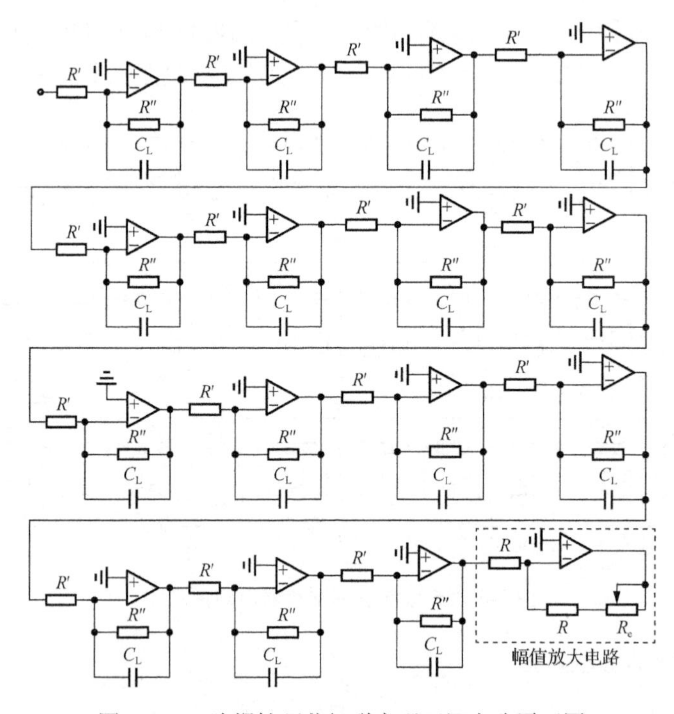

图 3-8　15 阶惯性环节级联实现延迟电路原理图

下角电路为上述幅值放大电路。图 3-8 中惯性环节级联实现延迟与图 3-6 中滞后网络级联实现延迟相比，电路元件更少。

3.3　电路实验结果

线性延迟反馈 Chen 系统的控制电路实验采用上述 Chen 电路与惯性环节级联相结合的方法实现，电路图如图 3-9 所示。

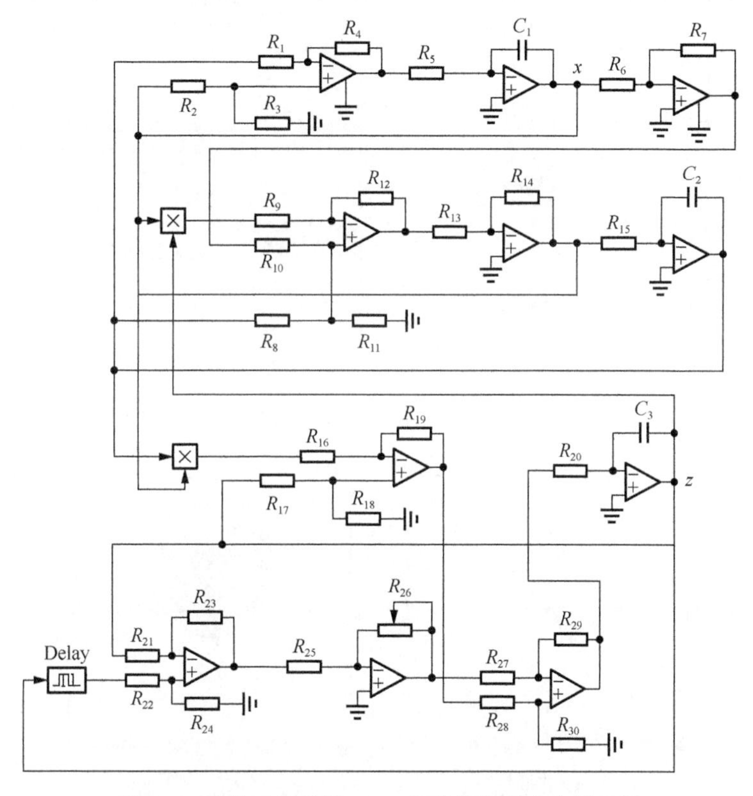

图 3-9　线性延迟反馈 Chen 系统的控制电路原理图

由图 3-9 可见，$\dfrac{R_{29}}{R_{20}R_{27}C_3}\dfrac{R_{24}R_{26}(R_{21}+R_{23})}{R_{21}R_{25}(R_{24}+R_{22})}=\dfrac{R_{23}R_{26}}{R_{21}R_{25}}=k_{33}$，$\tau$ 由级联的级数和每个小惯性环节的时间常数决定。当电路参数 $a=35$，$b=3$，$c=18.35978$，$k=2.85$，$\tau=0.3$ 时，系统产生单涡卷混沌吸引子，如图 3-10 所示。当电路参数 $a=35$，$b=3$，$c=18.5$，$k=2.85$，$\tau=0.3$ 时，系统产生双涡卷混沌吸引子，如图 3-11 所示。当电路参数 $a=35$，$b=3$，$c=18.5$，$k=3.8$，$\tau=0.3$ 时，系统产生复合多涡卷混沌吸引子，如图 3-12 所示。当电路参数 $a=34.9$，$b=3$，$c=18.5$，$k=2.95$，$\tau=0.336$ 时，系统产生 D 型混沌吸引子，如图 3-13 所示。

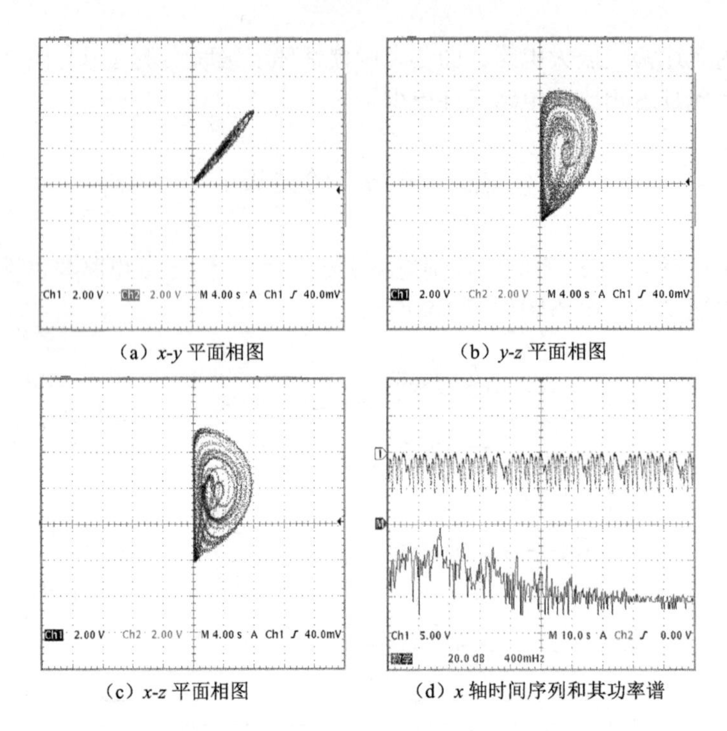

（a）x-y 平面相图　（b）y-z 平面相图

（c）x-z 平面相图　（d）x 轴时间序列和其功率谱

图 3-10　线性延迟反馈 Chen 系统的控制电路产生的单涡卷混沌吸引子

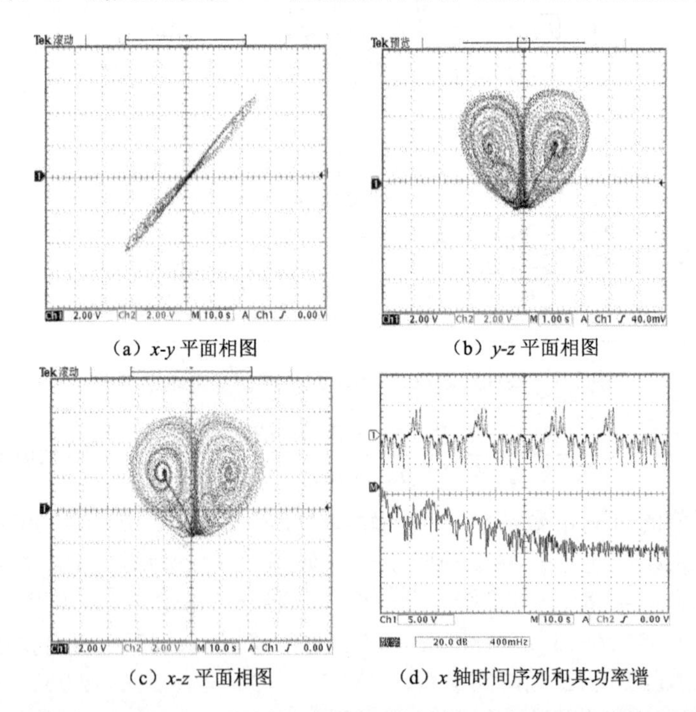

（a）x-y 平面相图　（b）y-z 平面相图

（c）x-z 平面相图　（d）x 轴时间序列和其功率谱

图 3-11　线性延迟反馈 Chen 系统的控制电路产生的双涡卷混沌吸引子（后附彩图）

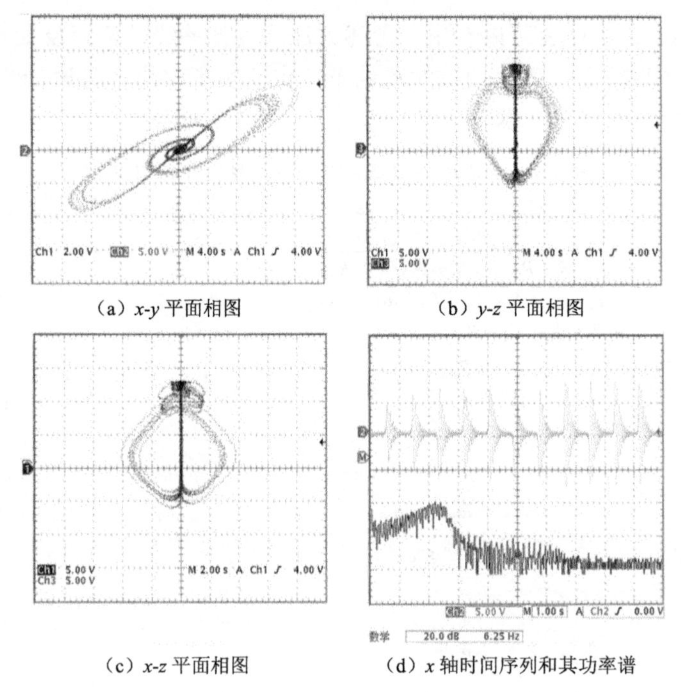

（a）x-y 平面相图　（b）y-z 平面相图

（c）x-z 平面相图　（d）x 轴时间序列和其功率谱

图 3-12　线性延迟反馈 Chen 系统的控制电路产生的复合多涡卷混沌吸引子（后附彩图）

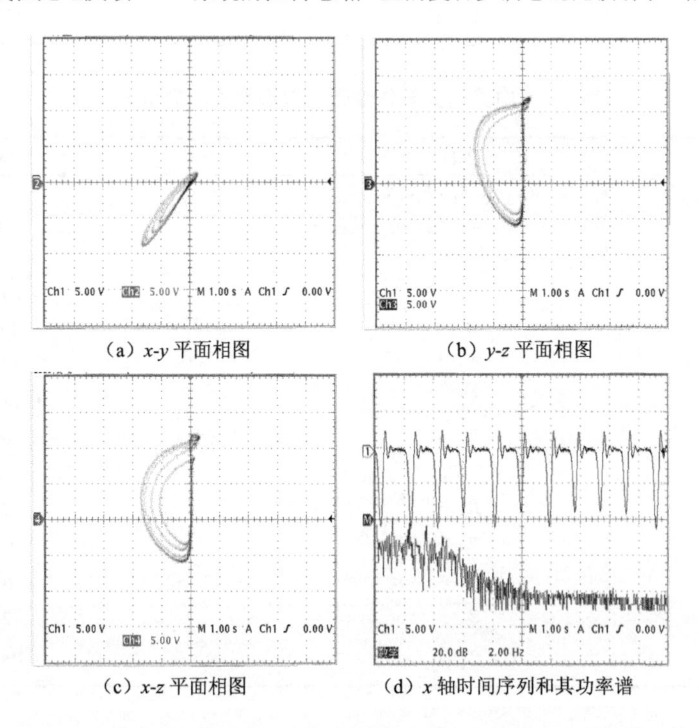

（a）x-y 平面相图　（b）y-z 平面相图

（c）x-z 平面相图　（d）x 轴时间序列和其功率谱

图 3-13　线性延迟反馈 Chen 系统的控制电路产生的 D 型混沌吸引子

由图 3-10～图 3-13 可以看出，上述方法所设计的线性延迟反馈 Chen 系统的实验结果与仿真结果一致，通过实验结果，也证实了混沌电路设计的正确性。实现上述不同参数的电路元器件参数如表 3-2～表 3-5 所示。

表 3-2　电路各元器件参数（单涡卷混沌吸引子）

元器件	阻值
R_1、R_2、R_3、R_4、R_6、R_7、R_{13}、R_{14}、R_{16}、R_{17}、R_{19}、R_{21}、R_{22}、R_{23}、R_{24}、R_{27}、R_{28}、R_{29}、R_{30}	10kΩ
R_5	2.86MΩ
R_8	16.5kΩ
R_9	3kΩ
R_{10}	18250Ω
R_{11}	60kΩ
R_{12}、R_{25}	1kΩ
R_{15}	3.33MΩ
R_{18}	1765Ω
R_{20}	10MΩ
R_{26}	285Ω
C_1、C_2、C_3	10000pF

表 3-3　电路各元器件参数（双涡卷混沌吸引子）

元器件	阻值
R_1、R_2、R_3、R_4、R_6、R_7、R_{13}、R_{14}、R_{16}、R_{17}、R_{19}、R_{21}、R_{22}、R_{23}、R_{24}、R_{27}、R_{28}、R_{29}、R_{30}	10kΩ
R_5	2.86MΩ
R_8	16.5kΩ
R_9	3kΩ
R_{10}	18500Ω
R_{11}	60kΩ
R_{12}、R_{25}	1kΩ
R_{15}	3.33MΩ
R_{18}	1765Ω
R_{20}	10MΩ
R_{26}	285Ω
C_1、C_2、C_3	10000pF

因为复合多涡卷混沌吸引子的仿真幅值超出运算放大器的限值，所以改变了复合多涡卷的线性延迟反馈 Chen 系统的控制电路系数，只影响幅值，不影响改变混沌吸引子的形态。复合多涡卷混沌吸引子的电路图如图 3-14 所示，其电路参数如表 3-4 所示。

$$
\begin{cases}
\dot{x}(t)=a\big(y(t)-x(t)\big)\\
\dot{y}(t)=(c-a)x(t)-100x(t)z(t)+cy(t)\\
\dot{z}(t)=100x(t)y(t)-bz(t)+k\big(z(t)-z(t-\tau)\big)
\end{cases}
\tag{3-8}
$$

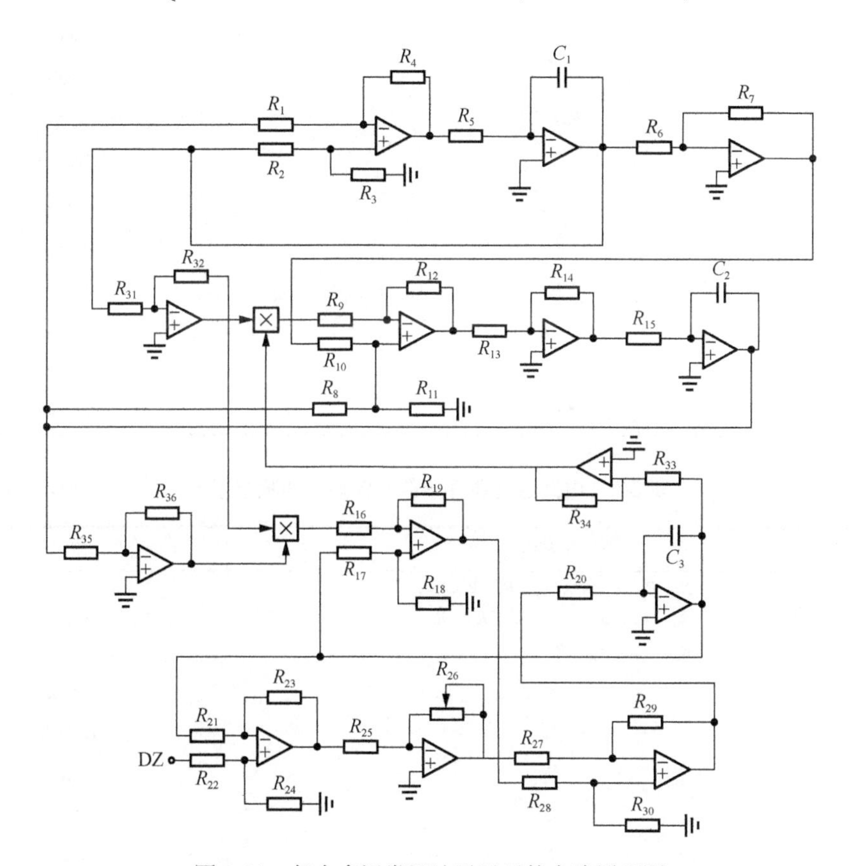

图 3-14　复合多涡卷混沌吸引子的电路原理图

表 3-4　电路各元器件参数（复合多涡卷混沌吸引子）

元器件	阻值
R_1、R_2、R_3、R_4、R_6、R_7、R_{13}、R_{14}、R_{16}、R_{17}、R_{19}、R_{21}、R_{22}、R_{23}、R_{24}、R_{27}、R_{28}、R_{29}、R_{30}	10kΩ
R_5	2.86MΩ
R_8	16.5kΩ
R_9	3kΩ
R_{10}	18500Ω
R_{11}	60kΩ
R_{12}、R_{25}	1kΩ
R_{15}	3.33MΩ
R_{18}	1765Ω
R_{20}	10MΩ
R_{26}	380Ω
R_{31}, R_{33}, R_{35}	10kΩ
R_{32}, R_{34}, R_{36}	31.62kΩ
C_1、C_2、C_3	10000pF

表 3-5　电路各元器件参数（D 型混沌吸引子）

元器件	阻值
R_1、R_2、R_3、R_4、R_6、R_7、R_{13}、R_{14}、R_{16}、R_{17}、R_{19}、R_{21}、R_{22}、R_{23}、R_{24}、R_{27}、R_{28}、R_{29}、R_{30}	10kΩ
R_5	2.86MΩ
R_8	16.5kΩ
R_9	3kΩ
R_{10}	18215Ω
R_{11}	60kΩ
R_{12}、R_{25}	1kΩ
R_{15}	3.33MΩ
R_{18}	1765Ω
R_{20}	10MΩ
R_{26}	295Ω
C_1、C_2、C_3	10000pF

单涡卷混沌吸引子、双涡卷混沌吸引子及复合多涡卷混沌吸引子的延迟时间均为 0.3s，惯性环节级联个数为 15 级。D 型混沌吸引子的延迟时间为 0.336s，惯性环节的级联个数为 17 级。惯性环节级联电路元器件参数如表 3-6 所示。

表 3-6 惯性环节级联电路元器件参数

元器件	阻值
R''	2MΩ
C_L	10000pF

参 考 文 献

[1] MATSUMOTO T. A chaotic attractor from Chua's circuit[J]. IEEE Transactions on Circuits and Systems, 1984, 31(12): 1055-1058.

[2] MYKOLAITIS G, TAMAŠEVIČIUS A, ČENYS A, et al. Very high and ultrahigh frequency hyper chaotic oscillators with delay line[J].Chaos, Solitons & Fractals, 2003, 17(2-3): 343-347.

[3] NAMAJUNAS A, PYRAGAS K, TAMAŠEVIČIUŠ A. An electronic analog of the Mackey-Glass system[J]. Physics Letters A,1995, 201(1): 42-46.

[4] WANG X F, ZHONG G Q, TANG K S, et al. Generating chaos in Chua's circuit via time-delay feedback[J]. IEEE Transactions on Circuits and Systems I: Fundamental Theory and Applications, 2001, 48(9): 1151-1156.

[5] REN H P, LI W C. Heteroclinic orbits in Chen circuit with time delay[J]. Communications in Nonlinear Science and Numerical Simulation, 2010, 15(10): 3058-3066.

[6] HU G S. Hyperchaos of higher order and its circuit implementation[J]. International Journal of Circuit Theory and Applications, 2011, 39(1): 79-89.

[7] REN H P, BAI C, TIAN K, et al. Dynamics of delay induced composite multi-scroll attractor and its application in encryption[J]. International Journal of Non-Linear Mechanics, 2017, 94:334-342.

[8] 蒋式勤, 胡国四, 董家鸣, 等. 时滞反馈 Lorenz 系统的混沌特性及其电路实现[J]. 控制理论与应用, 2009, 26(8): 911-914.

[9] 许洁. 延迟混沌系统的实现方法和应用研究[D]. 西安: 西安理工大学, 2012.

第4章 线性延迟反馈系统中的局部分岔分析

1976年美国数学家May[1]在*Nature*杂志上发表的*Simple mathenmatical models with very complicated dynamics*一文中指出，虫口模型可以很好地描述倍周期分岔，并且通过描述该系统的分岔图、周期窗口和叉型分岔，仔细地分析了系统的动力学特性。虫口模型是一个离散迭代模型，如下：

$$x_{n+1} = ax_n(1 - x_n)$$

这一迭代又可称为Feigenbaum迭代。该模型又可写为如下形式：

$$f(x) = \mu x(1 - x)$$

称为Logistic映射。后来Feigenbaum的研究指出，一个系统一旦发生连续倍周期分岔，那么其必然导致混沌。分岔理论是指随参数变化，系统的平衡点稳定性和周期解等随之变化，这种变化可用分岔图体现。

分岔是重要的非线性现象。常见的分岔分为局部分岔与全局分岔。局部分岔是指平衡点附近发生分岔，包括音叉式分岔[2]、Hopf分岔[3-6]、鞍结分岔[7]等。全局分岔是相空间拓扑发生变化，一般包括同宿分岔和异宿分岔。

离散系统的分岔研究中以Logistic映射的使用最为广泛，一般认为，μ大于3.57以后，映射迭代开始出现混沌。$\mu \in [2.8, 4]$时，Logistic映射的分岔图如图4-1所示。

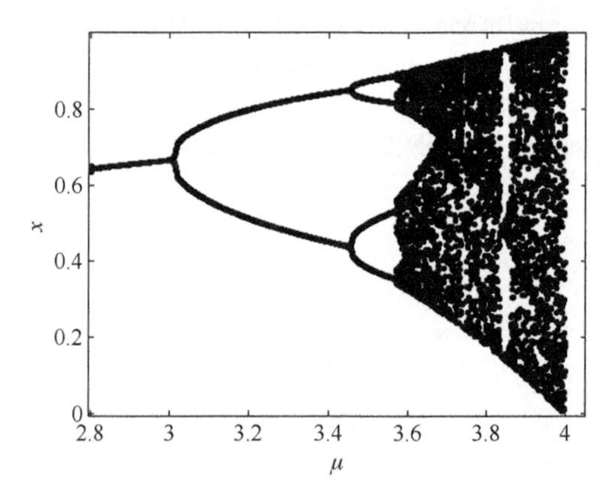

图4-1 Logistic映射分岔图

对于离散系统Logistic映射$f(x) = \mu x(1 - x)$，当$\mu \in [2.8, 4]$时，绘制Logistic映射的分岔图的程序如例程4-1所示。

例程 4-1　Chap 4-1.m

```
01.  clear all
02.  x=0.2;                 %迭代的初值
03.  for u=2.8:0.0001:4;    %参数 u 从 2.8 开始每次增加 0.0001，绘制该参数对应
                            稳态迭代值
04.      for i=1:50;        %每个参数迭代长度取 50
05.        x1=u*x*(1-x);    %迭代新值(从初值开始)
06.        x=x1;            %新值取代旧值
07.        if i>20;         %绘制每个参数对应的稳态值(第 20 次到第 50 次)迭代结果
08.          plot(u, x);    %横坐标参数，纵坐标迭代值
09.          hold on;       %保留绘制的点
10.        end
11.      end
12.  End
13.  xlabel('\mu');         %横坐标定义为μ
14.  ylabel(['\fontname{Times new roman}\it{x}'])    %纵坐标定义为 x
```

对于例程4-1，也可以用x(i+1)=u*x(i)*(1−x(i))取代x1=u*x*(1−x)，以便保存每个参数对应的所有解。

在 n 维混沌系统中选取一个与运动轨线相交的 n−1 维截面（不与轨线相切且不包含轨线），这个超平面称为庞加莱截面。

当轨道按照演化的方向不断穿过庞加莱截面时，在截面上按顺序形成相应的交点记为 $P_0, P_1, P_2, \cdots$，第 k+1 次交点与第 k 次交点之间的关系可用庞加莱映射描述：

$$P_{k+1} = T(P_k) = T(T(P_{k-1})) = T^2(P_{k-1}) = \cdots \tag{4-1}$$

当庞加莱截面上分散着少数不动点或离散点时，系统是周期运动的；当庞加莱截面上有一些连续的具有分形结构的密集点时，系统运动可能是混沌的。

例程 4-1 给出了离散动力学系统分岔图的绘制方法。连续系统的分岔图可以通过庞加莱截面得到。下面以 Rössler 系统方程为例说明连续系统庞加莱截面上的点的计算方式和利用庞加莱截面交点坐标绘制连续系统混沌分岔图的方法。

Rössler 系统方程如下：

$$\begin{cases} \dot{x} = -(y+z) \\ \dot{y} = x + ay \\ \dot{z} = b + (x-c)z \end{cases} \tag{4-2}$$

取参数 $a = b = 0.1, c = 18$ 时，系统处于混沌状态。先绘制其相平面图，再设计庞加莱截面，得到参数 c 的分岔图。

绘制 Rössler 系统的庞加莱截面和参数分岔图的程序如例程 4-2 所示。

例程 4-2　Chap4-2.m

```
01.  clc;
02.  clear all;
03.  global c;                          %设参数 c 为全局变量
04.  x0=[1, 0, 1];                      %系统初值
05.  h=[1, -1, 0];                      %截面 x=y 的法向量
06.  X0=[1,1,0]';                       %庞加莱截面上的点
07.  c=18;                              %给参数 c 赋值
08.  [t,x]=ode45('rossler', [0 500], x0);
09.  figure(1)                          %作 Rössler 系统三维相图
10.  plot3(x(1000:end,1), x(1000:end,2), x(1000:end,3));
11.  grid on
12.  xlabel('x');
13.  ylabel('y');
14.  zlabel('z');
15.  N=1000;                            %取后面 1000 个稳定点
16.  for c=0.5:0.1:20;                  %参数 c 从 0.5 开始以 0.1 为步长变到 20
17.      [t,x]=ode45('rossler', [0 500], x0);
                                        %求解 Rössler 系统方程时间 0~500 初值[1 0 1]
18.      signa=h*(x(size(x,1)-N-1,:)'-X0);
                                        %计算相轨迹上的点到平面的向量与平面法向量
                                        %的向量积
19.      for i=size(x,1)-N: size(x,1)
20.          signb=h*(x(i,:)'-X0);%计算两向量的向量积
21.          if signa*signb<0           %如果两向量积符号相反，说明相轨迹相邻两点分布
                                        %于庞加莱截面的两侧
22.            if abs(signa)<abs(signb)
23.              figure(2)
24.              plot(c, (x(i-1,1)+x(i,1))/2, 'k.');  %画出分岔图
25.              hold on
26.            pause(0.1)
27.            end
28.          end
29.        signa=signb;                 %更新向量积
30.      end
31.  end
32.  xlabel(['\fontname{Times new roman}\it{c}']);
33.  ylabel(['\fontname{Times new roman}\it{x}']);
```

上面程序中的 Rössler 系统子程序如例程 4-3 所示。

例程 4-3　rossler.m

```
01.  function dydt=rossler (t,x)
02.      a=0.1;
```

```
03.     b=0.1;
04.     global c;                          %定义外部变量 c 以便传递分岔参数
05.     dydt=[-1*(x(2)+x(3))
06.           x(1) +a*x(2)
07.           b+(x(1)-c)*x(3)];
08. end
```

图 4-2 为 Rössler 系统状态空间相图，图 4-3 为通过例程 4-2 和例程 4-3 得到参数 c 的混沌分岔图。

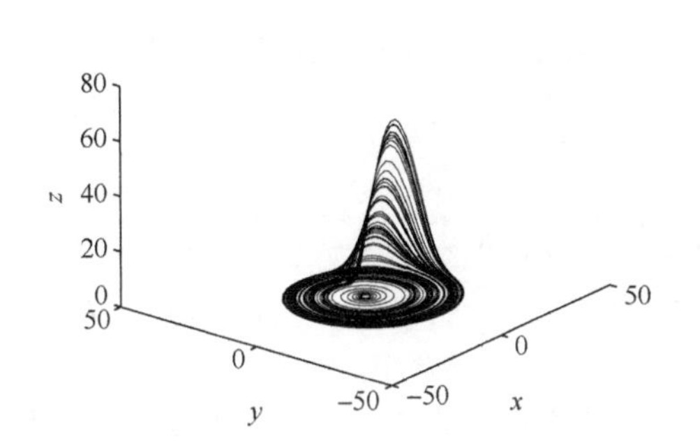

图 4-2 当参数为 $a=b=0.1, c=18$ 时，Rössler 系统状态空间相图

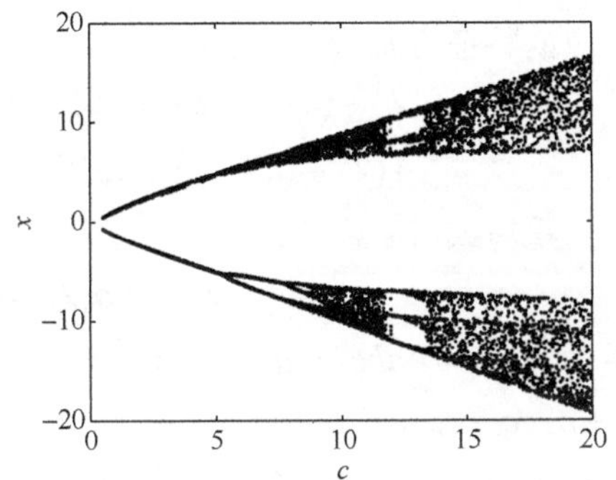

图 4-3 $a=b=0.1$ 时，Rössler 系统参数 c 的混沌分岔图

4.1 Hopf 分岔分析

Hopf 分岔是一类重要的动态分岔，是指当参数经历某一临界值时，系统状态由平衡点到出现周期运动的现象。

Hopf 分岔研究的问题归结为以下三点[8]。

（1）分岔的存在性，即是否存在周期轨。

（2）分岔的方向，即在参数的什么取值范围内出现分岔。

（3）分岔的稳定性，即如果存在周期轨，其稳定性如何。

本节以线性延迟反馈 Chen 系统为例，分析线性延迟反馈系统中的 Hopf 分岔。

线性延迟反馈 Chen 系统如式（2-8）所示，已知系统有三个平衡点：

$$O_0=(0,0,0),\quad O_+=(x_0,y_0,z_0),\quad O_-=(-x_0,-y_0,z_0)$$

因为 O_+ 和 O_- 具有对称性，所以本章仅研究系统（2-8）在 O_+ 处发生分岔的情况。

引入线性变换：

$$\begin{cases}\tilde{x}(t)=x(t)-x_0\\ \tilde{y}(t)=y(t)-y_0\\ \tilde{z}(t)=z(t)-z_0\end{cases} \tag{4-3}$$

得到原系统的线性化方程为

$$\begin{cases}\dot{\tilde{x}}(t)=a(\tilde{y}(t)-\tilde{x}(t))\\ \dot{\tilde{y}}(t)=(c-a)\tilde{x}(t)+c\tilde{y}(t)-x_0\tilde{z}(t)-z_0\tilde{x}(t)\\ \dot{\tilde{z}}(t)=y_0\tilde{x}(t)+x_0\tilde{y}(t)-b\tilde{z}(t)+k_{33}[\tilde{z}(t)-\tilde{z}(t-\tau_3)]\end{cases} \tag{4-4}$$

对应的特征方程为

$$\begin{aligned}&\lambda^3+(a+b-c-k_{33})\lambda^2+(bc-ak_{33}+ck_{33})\lambda+4abc-2a^2b\\ &+(\lambda^2+(a-c)\lambda)k_{33}\mathrm{e}^{-\lambda\tau_3}=0\end{aligned} \tag{4-5}$$

重写式（4-5）为

$$\lambda^3+\alpha_2\lambda^2+\alpha_1\lambda+\alpha_0+(\beta_2\lambda^2+\beta_1\lambda)\mathrm{e}^{-\lambda\tau_3}=0 \tag{4-6}$$

其中，$\alpha_0=4abc-2a^2b$；$\beta_1=k_{33}(a-c)$；$\beta_2=k_{33}$；$\alpha_1=bc-ak_{33}+k_{33}c$；$\alpha_2=a+b-c-k_{33}$。

Hopf 分岔必要条件：系统特征根为一对纯虚根。设系统的一个根为$\mathrm{i}\omega$，并将其代入式（4-6）得

$$-\omega^3\mathrm{i}-\alpha_2\omega^2+\alpha_1\omega\mathrm{i}+\alpha_0+(-\beta_2\omega^2+\beta_1\omega\mathrm{i})(\cos\omega\tau_3-\mathrm{i}\sin\omega\tau_3)=0 \tag{4-7}$$

分离式（4-7）的实部和虚部，有

$$\begin{cases}\alpha_2\omega^2-\alpha_0=\beta_1\omega\sin\omega\tau_3-\beta_2\omega^2\cos\omega\tau_3\\ \omega^3-\alpha_1\omega=\beta_1\omega\cos\omega\tau_3+\beta_2\omega^2\sin\omega\tau_3\end{cases} \tag{4-8}$$

将式（4-8）两边平方相加，得

$$\omega^6+(\alpha_2^2-\beta_2^2-2\alpha_1)\omega^4+(\alpha_1^2-2\alpha_0\alpha_2-\beta_1^2)\omega^2+\alpha_0^2=0 \tag{4-9}$$

设$\omega=\sqrt{u},p=\alpha_2^2-\beta_2^2-2\alpha_1,q=\alpha_1^2-2\alpha_0\alpha_2-\beta_1^2,r=\alpha_0^2$，则式（4-9）变为

$$u^3+pu^2+qu+r=0 \tag{4-10}$$

下面寻找使式（4-10）至少有一个正根的条件。

设

$$f(u)=u^3+pu^2+qu+r \tag{4-11}$$

因为$\lim\limits_{u\to+\infty}f(u)=+\infty$，所以当$r<0$时，式（4-10）在$u\in(0,+\infty)$时至少有一个正根。

对式（4-11）求导，得

$$\frac{\mathrm{d}f(u)}{\mathrm{d}x}=3u^2+2pu+q \tag{4-12}$$

记$\varDelta=p^2-3q$。如果$\varDelta\leqslant 0$，$f(u)$在$u\in[0,+\infty]$上是单调递增的。同时，如

果$r \geqslant 0$并且$\varDelta \leqslant 0$，式（4-10）无正根。另外，如果$r \geqslant 0$并且$\varDelta > 0$，方程

$$3u^2 + 2pu + q = 0 \tag{4-13}$$

有两个实根，即

$$\tilde{u}_1 = \frac{-p + \sqrt{\varDelta}}{3}, \quad \tilde{u}_2 = \frac{-p - \sqrt{\varDelta}}{3} \tag{4-14}$$

因为$f''(\tilde{u}_1) = 2\sqrt{\varDelta} > 0$和$f''(\tilde{u}_2) = -2\sqrt{\varDelta} < 0$，所以$\tilde{u}_1$为局部最小，$\tilde{u}_2$为局部最大。因此，不难得出以下结论。

引理 4.1[9]

（1）当$r < 0$时，式（4-10）有至少一个正根。

（2）当$r \geqslant 0$并且$\varDelta \leqslant 0$时，式（4-10）无正根。

（3）如果$r \geqslant 0$并且$\varDelta > 0$，当且仅当$\tilde{u}_1 > 0$和$f(\tilde{u}_1) \leqslant 0$时，式（4-10）有正根。

不失一般性地，设式（4-10）有三个正根，为u_1、u_2和u_3。因此，式（4-9）的根为$\omega_1 = \sqrt{u_1}$、$\omega_2 = \sqrt{u_2}$和$\omega_3 = \sqrt{u_3}$。

由式（4-8）可得

$$\tau_{3j}^{(k)} = \frac{1}{\omega_j}\left\{\arccos\left(\frac{\beta_1\omega_j^2 - \alpha_1\beta_1 - \alpha_2\beta_2\omega_j^2 + \alpha_0\beta_2}{\beta_2^2\omega_j^2 + \beta_1^2}\right) + 2k\pi\right\} \tag{4-15}$$

其中，$j = 1,2,3$；$k = 0,1,\cdots$。

综上所述，可得出如下结论。

（1）由于$r = \alpha_0^2 = (4abc - 2a^2b)^2 > 0$，如果$\varDelta > 0$，$\tilde{u}_1 > 0$并且$f(\tilde{u}_1) \leqslant 0$，当$\tau_3 = \tau_{3j}^{(k)}$时，式（4-6）有两个纯虚根。

（2）当满足条件（1），并且满足$f'(\tilde{u}_1) \neq 0$，$\tau_3 = \tau_{3j}^{(k)}$时，系统（2-8）将在O_+（或O_-）处出现 Hopf 分岔。

同样地，平衡点O_0处发生分岔的条件分析与上述相同。系统（2-8）在O_0处线性化如下：

$$\begin{cases} \dot{\tilde{x}}_1(t) = a(\tilde{y}_1(t) - \tilde{x}_1(t)) \\ \dot{\tilde{y}}_1(t) = (c-a)\tilde{x}_1(t) + c\tilde{y}_1(t) \\ \dot{\tilde{z}}_1(t) = -b\tilde{z}_1(t) + k_{33}(\tilde{z}_1(t) - \tilde{z}_1(t-\tau)) \end{cases} \tag{4-16}$$

对应的特征方程为

$$\begin{aligned} &\lambda^3 + (a+b-c-k_{33})\lambda^2 + (a^2 + ab - ak_{33} - bc + ck_{33} - 2ac)\lambda \\ &+(a^2b - a^2k_{33} - 2abc + 2ack_{33}) + [\lambda^2 + (a-c)\lambda + a^2 - 2ac]k_{33}\mathrm{e}^{-\lambda\tau_3} = 0 \end{aligned} \tag{4-17}$$

重写式（4-17）得

$$\lambda^3 + \alpha_2\lambda^2 + \alpha_1\lambda + \alpha_0 + (\beta_2\lambda^2 + \beta_1\lambda + \beta_0)\mathrm{e}^{-\lambda\tau} = 0 \tag{4-18}$$

其中，$\alpha_0 = a^2b - a^2k_{33} - 2abc + 2ack_{33}$；$\alpha_1 = a^2 - 2ac + ab - bc - ak_{33} + k_{33}c$；$\alpha_2 = a - c + b - k_{33}$；$\beta_0 = k_{33}(a^2 - 2ac)$；$\beta_1 = k_{33}(a-c)$ $\beta_2 = k_{33}$。

通过与平衡点O_+相似的讨论，可以得到如下结论。

（1）当$k_{33} \leqslant \frac{b}{2}, \varDelta \leqslant 0$时，式（4-17）在$\tau = \tau_j^{(k)}$时有两个纯虚根。

（2）当$\tilde{u}_1 > 0, f(u_1) \leqslant 0, \varDelta > 0$时，式（4-17）在$\tau = \tau_j^{(k)}$时有两个纯虚根。

（3）当条件（2）满足且$f'(u_1) \neq 0, \tau = \tau_j^{(k)}$时，系统（2-8）将在$O_0$处发生 Hopf 分岔。

4.2 Hopf 分岔的方向和稳定性

假设系统（4-16）在平衡点$(\tilde{x}, \tilde{y}, \tilde{z})$处，当$\tau = \tau_j$时始终发生分岔。设$x_1 = x - \tilde{x}$，$y_1 = y - \tilde{y}$，$z_1 = z - \tilde{z}$和$\tau = \tau_j + \mu$。

因此，系统（4-16）可写成：

$$\dot{x}_t = L_\mu(x_t) + f(\mu, x_t) \tag{4-19}$$

其中，$x_t = (x_{1t}, x_{2t}, x_{3t})^{\mathrm{T}} \in \mathrm{R}^3$；$f: \mathrm{R} \times \mathrm{C} \to \mathrm{R}$；$L_\mu: \mathrm{C} \to \mathrm{R}$；

$$L_\mu(\phi) = (\tau_j + \mu)\begin{bmatrix} -a & a & 0 \\ c - a - \tilde{z} & c & -\tilde{x} \\ \tilde{x} & \tilde{x} & -b + k_{33} \end{bmatrix}\begin{bmatrix} \phi_1(0) \\ \phi_2(0) \\ \phi_3(0) \end{bmatrix} + (\tau_j + \mu)\begin{bmatrix} 0 & 0 & 0 \\ 0 & 0 & 0 \\ 0 & 0 & -k_{33} \end{bmatrix}\begin{bmatrix} \phi_1(-1) \\ \phi_2(-1) \\ \phi_3(-1) \end{bmatrix};$$

$$f(\tau, \phi) = (\tau_j + \mu)\begin{bmatrix} 0 \\ -\phi_1(0)\phi_3(0) \\ \phi_1(0)\phi_2(0) \end{bmatrix}。$$

根据里斯表示定理[10]，存在一个有界变差函数$\eta(\theta, \mu), \theta \in [-1, 0]$，有如下关系：

$$L_\mu(\phi) = \int_{-1}^{0} \mathrm{d}\eta(\theta, \mu)\phi(\theta), \quad \phi \in \mathrm{C} \tag{4-20}$$

其中，$\eta(\theta, \mu)$可以写成

$$\eta(\theta, \mu) = (\tau_j + \mu)\begin{bmatrix} -a & a & 0 \\ c - a - \tilde{z} & c & -\tilde{x} \\ \tilde{x} & \tilde{x} & -b + k_{33} \end{bmatrix}\delta(\theta) - (\tau_j + \mu)\begin{bmatrix} 0 & 0 & 0 \\ 0 & 0 & 0 \\ 0 & 0 & -k_{33} \end{bmatrix}\delta(\theta + 1) \tag{4-21}$$

其中，$\delta(\bullet)$是狄拉克函数。

对于$\phi \in \mathrm{C}^1([-1, 0], \mathrm{R}^3)$表示连续函数的实数 Banach 空间，定义

$$A(\mu)\phi=\begin{cases}\dfrac{\mathrm{d}\phi(\theta)}{\mathrm{d}\theta}, & \theta\in[-1,0)\\ \int_{-1}^{0}\mathrm{d}\eta(\mu,s)\phi(s), & \theta=0\end{cases} \quad 和\ R(\mu)\phi=\begin{cases}0, & \theta\in[-1,0)\\ f(\mu,\phi), & \theta=0\end{cases}$$

式（4-19）重写成

$$\dot{x}_t=A(\mu)x_t+R(\mu)x_t \tag{4-22}$$

对于$\psi\in \mathrm{C}^1([-1,0],(\mathrm{R}^3)^*)$，定义

$$A^*\psi(s)=\begin{cases}-\dfrac{\mathrm{d}\psi(s)}{\mathrm{d}s}, & s\in[-1,0)\\ \int_{-1}^{0}\mathrm{d}\eta^{\mathrm{T}}(t,0)\psi(-t), & s=0\end{cases}$$

另外，定义内积为$\langle\psi,\phi\rangle=\bar{\psi}(0)\phi(0)-\int_{-1}^{0}\int_{\xi=0}^{\theta}\bar{\psi}(\xi-\theta)\mathrm{d}\eta(\theta)\phi(\xi)\mathrm{d}\xi$。其中，$\eta(\theta)=\eta(\theta,0)$；$A(0)$和$A^*$是伴随算子，需要计算$A(0)$和$A^*$对于$\mathrm{i}\omega_j\tau_j$和$-\mathrm{i}\omega_j\tau_j$的特征值。

设$q(\theta)=(1,\gamma,\delta)^{\mathrm{T}}\mathrm{e}^{\mathrm{i}\theta\omega_j\tau_j}$是$A(0)$的特征值。$A(0)q(\theta)=\mathrm{i}\tau_j\omega_j q(\theta)$，然后有

$$\begin{bmatrix}\mathrm{i}\omega_j+a & -a & 0\\ a+\tilde{z}-c & \mathrm{i}\omega_j-c & \tilde{x}\\ -\tilde{y} & -\tilde{x} & \mathrm{i}\omega_j+b-k_{33}+k_{33}\mathrm{e}^{-\mathrm{i}\tau_j\omega_j}\end{bmatrix}q(\theta)=\begin{bmatrix}0\\0\\0\end{bmatrix} \tag{4-23}$$

可以得到

$$q(\theta)=(1,\gamma,\delta)^{\mathrm{T}}=\left(1,\frac{a+\mathrm{i}\omega_j}{a},\frac{-a(a+\tilde{z}-c)-(-c+\mathrm{i}\omega_j)(a+\mathrm{i}\omega_j)}{a\tilde{x}}\right)^{\mathrm{T}} \tag{4-24}$$

类似地，还可以得到A^*对应于$-\mathrm{i}\tau_j\omega_j$的$q^*(s)=D(1,\gamma^*,\delta^*)\mathrm{e}^{\mathrm{i}s\omega_j\tau_j}$。由$A^*$的定义有

$$q^*(s)=D\left(1,\frac{\tilde{x}(a-\mathrm{i}\omega_j)+a\tilde{y}}{-\tilde{x}(a+\tilde{z}-c)-\tilde{y}(c+\mathrm{i}\omega_j)},\mathrm{tv3}\right)\mathrm{e}^{\mathrm{i}s\omega_j\tau_j}$$

$$\mathrm{tv3}=\frac{a[-\tilde{x}(a+\tilde{z}-c)-\tilde{y}(c+\mathrm{i}\omega_j)]}{\tilde{x}[\tilde{x}(a+\tilde{z}-c)+\tilde{y}(c+\mathrm{i}\omega_j)]}+\frac{(c+\mathrm{i}\omega_j)[\tilde{x}(a-\mathrm{i}\omega_j)+a\tilde{y}]}{\tilde{x}[\tilde{x}(a+\tilde{z}-c)+\tilde{y}(c+\mathrm{i}\omega_j)]}$$

注意到$\langle q^*(s),q(\theta)\rangle=1$，可得

$$\begin{aligned}\langle q^*(s),q(\theta)\rangle&=\bar{D}(1,\bar{\gamma}^*,\bar{\delta}^*)(1,\gamma,\delta)^{\mathrm{T}}-\int_{-1}^{0}\int_{\xi=0}^{\theta}\bar{D}(1,\bar{\gamma}^*,\bar{\delta}^*)\mathrm{e}^{-\mathrm{i}(\xi-\theta)\omega_j\tau_j}\mathrm{d}\eta(\theta)(1,\gamma,\delta)^{\mathrm{T}}\mathrm{e}^{-\mathrm{i}\xi\omega_j\tau_j}\mathrm{d}\xi\\&=\bar{D}\left\{1+\gamma\bar{\gamma}^*+\delta\bar{\delta}^*-k\tau_j\delta\bar{\delta}^*\mathrm{e}^{-\mathrm{i}\omega_j\tau_j}\right\}\end{aligned}$$

选 $D=\dfrac{1}{\left\{1+\overline{\gamma}\gamma^{*}+\overline{\delta}\delta^{*}-k\tau_{j}\overline{\delta}\delta^{*}\mathrm{e}^{\mathrm{i}\omega_{j}\tau_{j}}\right\}}$，假设当 $\mu=0$ 时，x_t 是式（4-19）的解，并且定义

$$z(t)=\left\langle q^{*},x_{t}\right\rangle,\quad W(t,\theta)=x_{t}(\theta)-z(t)q(\theta)-\overline{z}(t)\overline{q}(\theta) \tag{4-25}$$

其中，$z(t)$ 和 $\overline{z}(t)$ 是中心流 C_0 在 q^* 和 $\overline{q}^*$ 方向上的局部坐标系，在中心流 C_0 上有

$$W(t,\theta)=W(z(t),\overline{z}(t),\theta)=W_{20}(\theta)\frac{z^{2}(t)}{2}+W_{11}(\theta)z(t)\overline{z}(t)+W_{02}\frac{\overline{z}^{2}(t)}{2}+W_{30}(\theta)\frac{z^{3}(t)}{6}+\cdots$$

同时有

$$\begin{aligned}\dot{z}(t)&=\mathrm{i}\omega_{j}\tau_{j}z(t)+\overline{q}^{*}(\theta)f(0,W(z(t),\overline{z}(t),\theta)+2\operatorname{Re}\{z(t)q(\theta)\})\\&=\mathrm{i}\omega_{j}\tau_{j}z(t)+\overline{q}^{*}(0)f(0,W(z(t),\overline{z}(t),0)+2\operatorname{Re}\{z(t)q(0)\})\end{aligned}$$

令 $f(0,W(z(t),\overline{z}(t),0))+2\operatorname{Re}\{z(t)q(0)\}=f_{0}(z(t),\overline{z}(t))$，有

$$\dot{z}=\mathrm{i}\omega_{j}\tau_{j}z(t)+\overline{q}^{*}(0)f_{0}(z(t),\overline{z}(t)) \tag{4-26}$$

设 $\overline{q}^{*}(0)f_{0}(z(t),\overline{z}(t))=g\left(z,\overline{z}\right)$，则式（4-26）变为

$$\dot{z}(t)=\mathrm{i}\omega_{j}\tau_{j}z(t)+g(z(t),\overline{z}(t)) \tag{4-27}$$

其中，

$$g(z(t),\overline{z}(t))=g_{20}\frac{z^{2}(t)}{2}+g_{11}z(t)\overline{z}(t)+g_{02}\frac{\overline{z}^{2}(t)}{2}+g_{21}\frac{z^{2}(t)\overline{z}(t)}{2}+\cdots \tag{4-28}$$

由于

$$q(\theta)=(1,\gamma,\delta)^{\mathrm{T}}\mathrm{e}^{\mathrm{i}\theta\omega_{j}\tau_{j}}$$

$$x_{t}(\theta)=(x_{1t}(\theta),x_{2t}(\theta),x_{3t}(\theta))^{\mathrm{T}}=W(t,\theta)+z(t)q(\theta)+\overline{z}(t)\overline{q}(\theta)$$

于是有

$$x_{1t}(0)=z(t)+\overline{z}(t)+W_{20}^{(1)}(0)\frac{z^{2}(t)}{2}+W_{11}^{(1)}(0)z(t)\overline{z}(t)+W_{02}^{(1)}(0)\frac{\overline{z}^{2}(t)}{2}+O\left(\left|(z(t),\overline{z}(t))\right|^{3}\right)$$

$$x_{2t}(0)=\gamma z(t)+\overline{\gamma}\overline{z}(t)+W_{20}^{(2)}(0)\frac{z^{2}(t)}{2}+W_{11}^{(2)}(0)z(t)\overline{z}(t)+W_{02}^{(2)}(0)\frac{\overline{z}^{2}(t)}{2}+O\left(\left|(z(t),\overline{z}(t))\right|^{3}\right)$$

$$x_{3t}(0)=\delta z(t)+\overline{\delta}\overline{z}(t)+W_{20}^{(3)}(0)\frac{z^{2}(t)}{2}+W_{11}^{(3)}(0)z(t)\overline{z}(t)+W_{02}^{(3)}(0)\frac{\overline{z}^{2}(t)}{2}+O\left(\left|(z(t),\overline{z}(t))\right|^{3}\right)$$

因此，从式（4-28）得

$$g(z(t),\overline{z}(t))=\overline{q}^{*}(0)f_{0}(z(t),\overline{z}(t))=\overline{D}_{\tau_{j}}(1,\overline{\gamma}^{*},\overline{\delta}^{*})\begin{bmatrix}0\\-x_{1t}(0)x_{3t}(0)\\x_{1t}(0)x_{2t}(0)\end{bmatrix}$$

令

$$\mathrm{tb1}=z(t)+\overline{z}(t)+W_{20}^{(1)}(0)\frac{z^2(t)}{2}+W_{11}^{(1)}(0)z(t)\overline{z}(t)+W_{02}^{(1)}(0)\frac{\overline{z}^2(t)}{2}+O\left(\left|(z(t),\overline{z}(t))\right|^3\right)$$

$$\mathrm{tb2}=\delta z(t)+\overline{\delta}\overline{z}(t)+W_{20}^{(3)}(0)\frac{z^2(t)}{2}+W_{11}^{(3)}(0)z(t)\overline{z}(t)+W_{02}^{(3)}(0)\frac{\overline{z}^2(t)}{2}+O\left(\left|(z(t),\overline{z}(t))\right|^3\right)$$

$$\mathrm{tb3}=\gamma z(t)+\overline{\gamma}\overline{z}(t)+W_{20}^{(2)}(0)\frac{z^2(t)}{2}+W_{11}^{(2)}(0)z(t)\overline{z}(t)+W_{02}^{(2)}(0)\frac{\overline{z}^2(t)}{2}+O\left(\left|(z(t),\overline{z}(t))\right|^3\right)$$

则 $g(z(t),\overline{z}(t))=-\overline{D}\tau_j\overline{\alpha}^*\mathrm{tb1}\cdot\mathrm{tb2}+\overline{D}\tau_j\overline{\beta}^*\mathrm{tb1}\cdot\mathrm{tb3}$ 。

比较式（4-28）的系数，可得

$$\begin{cases}g_{20}=2\overline{D}_{\tau_j}(\overline{\delta}^*\gamma-\overline{\gamma}^*\delta)\\g_{11}=2\overline{D}_{\tau_j}(\overline{\delta}^*\operatorname{Re}\{\gamma\}-\overline{\gamma}^*\operatorname{Re}\{\delta\})\\g_{02}=2\overline{D}_{\tau_j}(\overline{\delta}^*\overline{\gamma}-\overline{\gamma}^*\overline{\delta})\\g_{21}=-\overline{D}_{\tau_j}\overline{\gamma}^*\mathrm{tc1}+\overline{D}_{\tau_j}\overline{\delta}^*\mathrm{tc2}\end{cases}\tag{4-29}$$

其中，

$$\mathrm{tc1}=2W_{11}^{(3)}(0)+W_{20}^{(3)}(0)+2\delta W_{11}^{(1)}(0)+\overline{\delta}W_{20}^{(1)}(0)$$
$$\mathrm{tc2}=2W_{11}^{(2)}(0)+W_{20}^{(2)}(0)+2\gamma W_{11}^{(1)}(0)+\overline{\gamma}W_{20}^{(1)}(0)$$

从式（4-22）和式（4-25）可得

$$\dot{W}=\dot{x}_t-\dot{z}(t)q-\dot{\overline{z}}(t)\,\overline{q}=\begin{cases}AW-2\operatorname{Re}\{\overline{q}^*(\theta)f_0(z(t),\overline{z}(t))q(\theta)\}, & \theta\in[-1,0)\\AW-2\operatorname{Re}\{\overline{q}^*(0)f_0(z(t),\overline{z}(t))q(0)\}+f_0, & \theta=0\end{cases}\tag{4-30}$$

定义

$$H(z(t),\overline{z}(t),\theta)=\begin{cases}2\operatorname{Re}\{\overline{q}^*(\theta)f_0(z(t),\overline{z}(t))q(\theta)\}, & \theta\in[-1,0)\\2\operatorname{Re}\{\overline{q}^*(0)f_0(z(t),\overline{z}(t))q(0)\}, & \theta=0\end{cases}$$

式（4-30）可以被重写为

$$\dot{W}=AW+H(z(t),\overline{z}(t),\theta)\tag{4-31}$$

其中，

$$H(z(t),\overline{z}(t),\theta)=H_{20}\frac{z^2(t)}{2}+H_{11}z(t)\overline{z}(t)+H_{02}\frac{\overline{z}^2(t)}{2}+\cdots\tag{4-32}$$

由式（4-30）、式（4-32）和对 W 的定义可得

$$(A-2\mathrm{i}\omega_j\tau_j)W_{20}(\theta)=-H_{20}(\theta),\quad AW_{11}(\theta)=-H_{11}(\theta),\cdots\tag{4-33}$$

从式（4-30）可得

$$\begin{aligned}H(z(t),\overline{z}(t),\theta)&=-\overline{q}^*(0)f_0q(\theta)-q^*(0)\overline{f}_0\overline{q}(\theta)\\&=-gq(\theta)-\overline{g}\,\overline{q}(\theta)\end{aligned}\tag{4-34}$$

因此

$$H_{20}(\theta)=-g_{20}q(\theta)-\overline{g}_{20}\overline{q}(\theta)\tag{4-35}$$

$$H_{11}(\theta)=-g_{11}q(\theta)-\overline{g}_{11}\overline{q}(\theta) \tag{4-36}$$

从式（4-33）和式（4-35）可得

$$\dot{W}_{20}(\theta)=2\tau_j\omega_j W_{20}(\theta)+g_{20}q(\theta)+\overline{g}_{02}\overline{q}(\theta) \tag{4-37}$$

解微分方程，得

$$W_{20}(\theta)=\frac{\mathrm{i}g_{20}}{\omega_j\tau_j}q(0)\mathrm{e}^{\mathrm{i}\theta\omega_j\tau_j}+\frac{\mathrm{i}\overline{g}_{02}}{3\omega_j\tau_j}\overline{q}(0)\mathrm{e}^{-\mathrm{i}\theta\omega_j\tau_j}+E_1\mathrm{e}^{2\mathrm{i}\theta\omega_j\tau_j} \tag{4-38}$$

类似地，有

$$W_{11}(\theta)=-\frac{\mathrm{i}g_{11}}{\omega_j\tau_j}q(0)\mathrm{e}^{\mathrm{i}\theta\omega_j\tau_j}+\frac{\mathrm{i}\overline{g}_{11}}{\omega_j\tau_j}\overline{q}(0)\mathrm{e}^{-\mathrm{i}\theta\omega_j\tau_j}+E_2 \tag{4-39}$$

其中，$E_1=(E_1^{(1)},E_1^{(2)},E_1^{(3)})\in\mathrm{R}^3$； $E_2=(E_2^{(1)},E_2^{(2)},E_2^{(3)})\in\mathrm{R}^3$。

下面求解未知向量E_1和E_2的值。通过前面对A的定义，得

$$\dot{W}_{20}(\theta)=\int_{-1}^{0}\mathrm{d}\eta(\theta)W_{20}(\theta)=2\mathrm{i}\tau_j\omega_j W_{20}-H_{20}(0) \tag{4-40}$$

和

$$\dot{W}_{11}(\theta)=\int_{-1}^{0}\mathrm{d}\eta(\theta)W_{11}(\theta)=-H_{11}(0) \tag{4-41}$$

其中，$\eta(\theta)=\eta(\theta,0)$。由式（4-30）可得

$$H_{20}(0)=-g_{20}q(0)-\overline{g}_{02}\overline{q}(0)+2\tau_j[0\quad -\delta\quad \gamma]^{\mathrm{T}} \tag{4-42}$$

$$H_{11}(0)=-g_{11}q(0)-\overline{g}_{11}\overline{q}(0)+2\tau_j[0\quad -\mathrm{Re}\{\delta\}\quad \mathrm{Re}\{\gamma\}]^{\mathrm{T}} \tag{4-43}$$

从特征根的定义可得

$$\left(\mathrm{i}\omega_j\tau_j I-\int_{-1}^{0}\mathrm{e}^{\mathrm{i}\theta\omega_j\tau_j}\mathrm{d}\eta(\theta)\right)q(0)=0$$

$$\left(-\mathrm{i}\omega_j\tau_j I-\int_{-1}^{0}\mathrm{e}^{-\mathrm{i}\theta\omega_j\tau_j}\mathrm{d}\eta(\theta)\right)\overline{q}(0)=0$$

将式（4-38）和式（4-42）代入式（4-40），得

$$\left(2\mathrm{i}\omega_j\tau_j I-\int_{-1}^{0}\mathrm{e}^{2\mathrm{i}\theta\omega_j\tau_j}\mathrm{d}\eta(\theta)\right)E_1=2\tau_j[0\quad -\delta\quad \gamma]^{\mathrm{T}}$$

所以

$$\begin{bmatrix} 2\mathrm{i}\omega_j+a & -a & 0 \\ a+\overline{z}-c & 2\mathrm{i}\omega_j-c & \tilde{x} \\ -\tilde{y} & -\tilde{x} & 2\mathrm{i}\omega_j+b-k_{33}+k_{33}\mathrm{e}^{-2\mathrm{i}\omega_j\tau_j} \end{bmatrix}E_1=2\begin{bmatrix} 0 \\ -\delta \\ \gamma \end{bmatrix}$$

因此可得

$$E_1^{(1)}=\frac{-2a[2\delta(2\mathrm{i}\omega_j+b-k_{33}+k_{33}\mathrm{e}^{-2\mathrm{i}\omega_j\tau_j})-2\gamma\tilde{x}]}{A_a}$$

$$E_1^{(2)}=\frac{(2\mathrm{i}\omega_j+a)[-\delta(2\mathrm{i}\omega_j+b-k_{33}+k_{33}\mathrm{e}^{-2\mathrm{i}\omega_j\tau_j})-\gamma\tilde{x}]}{A_a}$$

$$E_1^{(3)} = \frac{2}{A_a}\begin{vmatrix} 2\mathrm{i}\omega_j + a & -a & 0 \\ a + \tilde{z} - c & 2\mathrm{i}\omega_j - c & -\delta \\ -\tilde{y} & -\tilde{x} & \gamma \end{vmatrix}$$

其中，

$$A_a = \begin{vmatrix} 2\mathrm{i}\omega_j + a & -a & 0 \\ a + \tilde{z} - c & 2\mathrm{i}\omega_j - c & \tilde{x} \\ -\tilde{y} & -\tilde{x} & 2\mathrm{i}\omega_j + b - k_{33}\mathrm{e}^{-2\mathrm{i}\omega_j\tau_j} \end{vmatrix}$$

类似地，可得

$$\begin{bmatrix} a & -a & 0 \\ a + \tilde{z} - c & -c & \tilde{x} \\ -\tilde{y} & -\tilde{x} & b \end{bmatrix} E_2 = 2\begin{bmatrix} 0 \\ -\mathrm{Re}\{\delta\} \\ \mathrm{Re}\{\gamma\} \end{bmatrix}$$

因此，有

$$E_2^{(1)} = \frac{-2a\tilde{x}\,\mathrm{Re}\{\gamma\} - 2ab\,\mathrm{Re}\{\delta\}}{B}$$

$$E_2^{(2)} = \frac{-2a\tilde{x}\,\mathrm{Re}\{\gamma\} - 2ab\,\mathrm{Re}\{\delta\}}{B}$$

$$E_2^{(3)} = \frac{2}{B}\begin{vmatrix} a & -a & 0 \\ a + \tilde{z} - c & -c & -\mathrm{Re}\{\delta\} \\ -\tilde{y} & -\tilde{x} & \mathrm{Re}\{\gamma\} \end{vmatrix}$$

其中，

$$B = \begin{vmatrix} a & -a & 0 \\ a + \tilde{z} - c & -c & \tilde{x} \\ -\tilde{y} & -\tilde{x} & b \end{vmatrix}$$

至此，可以计算如下参数：

$$c_1(0) = \frac{\mathrm{i}}{2\omega_j\tau_j}\left(g_{11}g_{20} - 2|g_{11}|^2 - \frac{|g_{02}|^2}{3}\right) + \frac{g_{21}}{2} \tag{4-44}$$

$$\mu_2 = -\mathrm{Re}\{c_1(0)\} / \mathrm{Re}\{\lambda'(\tau_j)\} \tag{4-45}$$

$$\delta_2 = 2\,\mathrm{Re}(c_1(0)) \tag{4-46}$$

$$T_2 = -\mathrm{Im}\{c_1(0)\} + \mu_2\,\mathrm{Im}\{\lambda'(\tau_j)\} / (\tau_j\omega_j) \tag{4-47}$$

其中，μ_2 决定 Hopf 分岔的方向：如果 $\mu_2 > 0(\mu_2 < 0)$，Hopf 分岔是超临界（亚临界）的；δ_2 决定分岔周期解的稳定性：如果 $\delta_2 > 0(\delta_2 < 0)$，分岔周期解是不稳定（稳定）的。

4.3 仿真和电路实验验证

选择参数为$a=35, b=3, c=18.5, k_{33}=1.6$。对于平衡点$O_+$（或$O_-$），由式(4-10)和式（4-15）可得$\omega_1=5.6804$，$\tau_{31}^{(0)}=0.3149$是一个超临界分岔点。在$\tau_3>\tau_{31}^{(0)}=0.3149$时，系统将会产生周期振荡。当$k_{33}=1.6, \tau=0.32$时，系统（2-8）的仿真结果如图4-4所示，对应图4-4仿真的实验结果图如图4-5所示，可见实验与仿真结果一致。说明系统在该参数下的平衡点发生了Hopf分岔，出现了周期解。

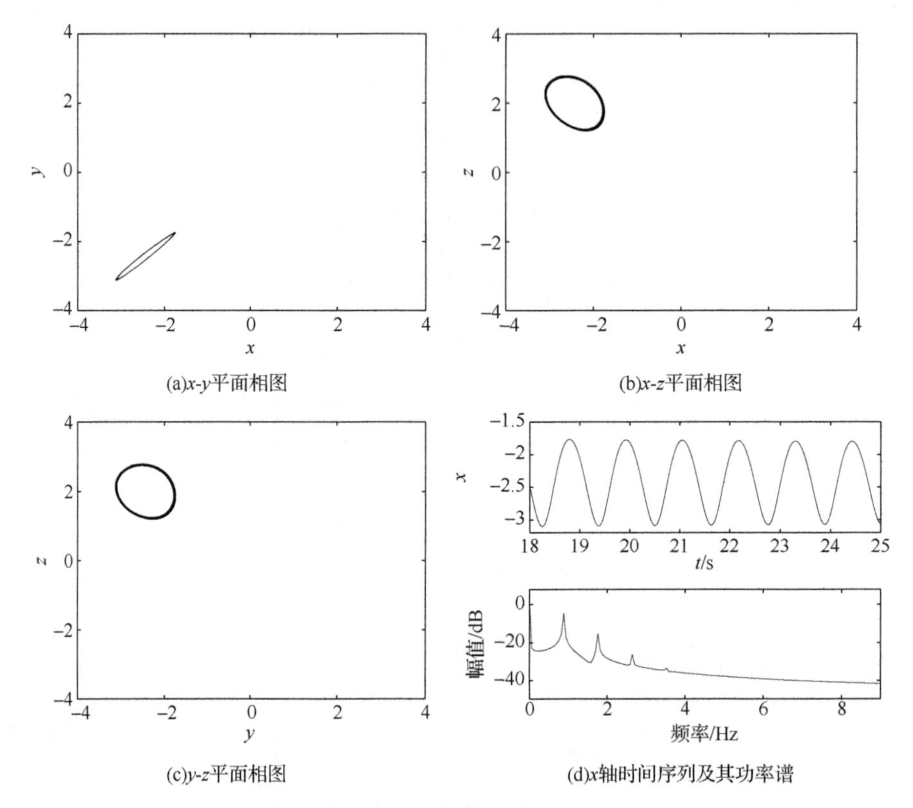

图4-4　当$k_{33}=1.6, \tau=0.32$时，系统（2-8）的仿真结果

绘制图4-4的仿真程序如例程4-4所示。

例程4-4　Chap4-4.m

```
01.  clc; clear all
02.  ppp=odeset('MaxStep', 1e-3);          %定义最大仿真步长为0.001
03.  sol=dde23(@OdeP_1, 0.32, [-0.1  -0.1  -0.1], [0 25], ppp);
     %在初始条件(-0.1,-0.1,-0.1)情况下用dde23求解线性延迟反馈Chen系统方程
```

```
04.  figure(1)                                    %绘制 x-y 平面相图
05.  plot(sol.y(1, 15000:end), sol.y(2, 15000:end));
06.  axis([-4 4 -4 4]);
07.  grid on
08.  xlabel(['\fontname{Times new roman}\it{x}']);
09.  ylabel(['\fontname{Times new roman}\it{y}']);
10.  figure(2)                                    %绘制 x-z 平面相图
11.  plot(sol.y(1, 15000:end), sol.y(3, 15000:end));
12.  axis([-4 4 -4 4]);
13.  grid on
14.  xlabel(['\fontname{Times new roman}\it{x}']);
15.  ylabel(['\fontname{Times new roman}\it{z}']);
16.  figure(3)                                    %绘制 y-z 平面相图
17.  plot(sol.y(2, 15000:end),sol.y(3, 15000:end));
18.  axis([-4 4 -4 4])
19.  grid on
20.  xlabel(['\fontname{Times new roman}\it{y}']);
21.  ylabel(['\fontname{Times new roman}\it{z}']);
22.  figure(4)
23.  fs=1/1e-3;                                   %计算采样频率
24.  nfft=length(sol.y(1,8000:end));              %时域上的点的个数
25.  pxx=fft(sol.y(1, 8000:end), nfft);           %对数据进行傅里叶变换
26.  pxx=(abs(pxx))/length(pxx);                  %计算功率谱
27.  t=0:round(nfft/2-1);
28.  f1=t*fs/nfft;
29.  p=10*log10(pxx(t+1));                        %数据化为分贝值
30.  t1=7.999: 0.001: 25;                         %作图取时域上 18s 到 25s 的波
31.  subplot(2,1,1)
32.  plot(t1, sol.y(1, 8000:end))
33.  axis([18 25 -3.2 -1.5 ] );
34.  xlabel(['\fontname{Times new roman}\it{t}\rm/s']);
35.  ylabel(['\fontname{Times new roman}\it{x}']);
36.  subplot(2,1,2)
37.  plot(f1,p)
38.  axis([0 9 -50 8]);
39.  xlabel('频率/Hz'); ylabel('幅值/dB');
```

其中，子程序 OdeP_1 可参考第 2 章中例程 2-2。

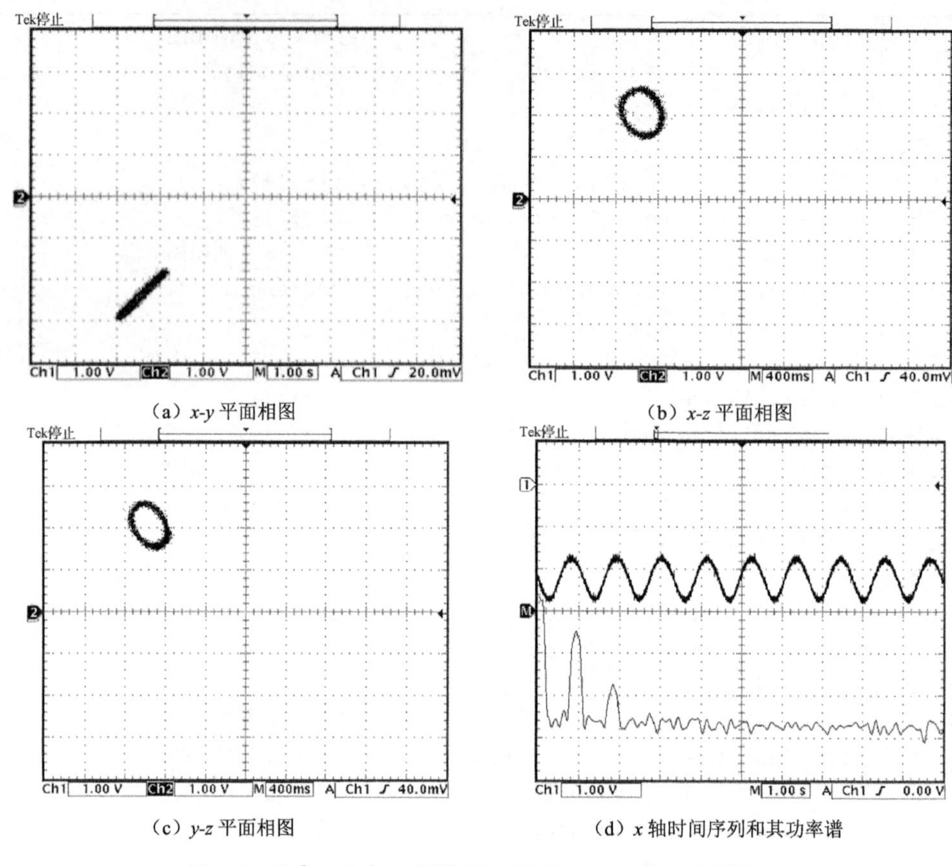

（a）x-y 平面相图　（b）x-z 平面相图

（c）y-z 平面相图　（d）x 轴时间序列和其功率谱

图 4-5　当 $k_{33}=1.6, \tau=0.32$ 时，系统（2-8）的实验结果

4.4　线性延迟反馈 Chen 系统的参数分岔图

当系统（2-8）参数为 $a=35, b=3, c=18.5, \tau=0.32$ 时，改变参数 $k_{33}, k_{33}\in[1.5,3.2]$，此时系统关于 z 轴对应的混沌分岔图如图 4-6 所示。由图 4-6 可见，随着参数 k_{33} 增大，系统发生倍周期分岔后进入混沌区域。$k_{33}=1.6$ 是一个临界分岔点。

绘制图 4-6 的仿真程序如例程 4-5 所示。

例程 4-5　Chap4-5.m

```
01.  clc; clear all
02.  global k;
03.  h=[1; -1; 0];                    %取庞加莱截面：x=y 的法向量
04.  x0=[1; 1; 0];                    %任取庞加莱截面上一点
05.  N=1500;                          %取后面 1000 个稳定点
06.  for k=1.5:0.01:3.2               %做 k∈[1.5,3.2] 之间的参数分岔图
```

```
07.     tau=0.32;                              %延迟时间
08.     init=[0.1,1,0.1];                      %系统初值
09.     sol=dde23('OdeP_2', tau, init, [0 500]);
10.     signa=h'*(sol.y( :, (size(sol.y, 2)-N-1))-x0);
                                               %计算两直线向量积
11.     for  i=size(sol.y, 2)-N: size(sol.y, 2)
12.         signb=h'*(sol.y(:, i)-x0);         %计算下一个相轨迹点的两直线向量积
13.         if  signa*signb<0                  %判断两点是否在截面的两侧
14.           if  abs(signa)<abs(signb)
15.               plot(k, sol.y(3,i),'k.')%若在截面两侧，则画图
16.               hold on
17.               pause(0.1)
18.           end
19.       end
20.     signa=signb;                           %更新上一个向量积的值
21.     end
22. end
23. xlabel(['\fontname{Times new roman}\it{k{_{\rm33}}}'])
24. ylabel(['\fontname{Times new roman}\it{z}'])
25. axis([1.5 3.2 -6 8]);
```

当系统（2-8）参数为 $a = 35, b = 3, c = 18.5, k_{33} = 1.6$ 时，改变参数 $\tau_3, \tau_3 \in [0.2, 1.4]$，此时系统关于 z 轴对应的混沌分岔图如图 4-7 所示。$\tau_3 = 0.32$ 是系统临界分岔点。

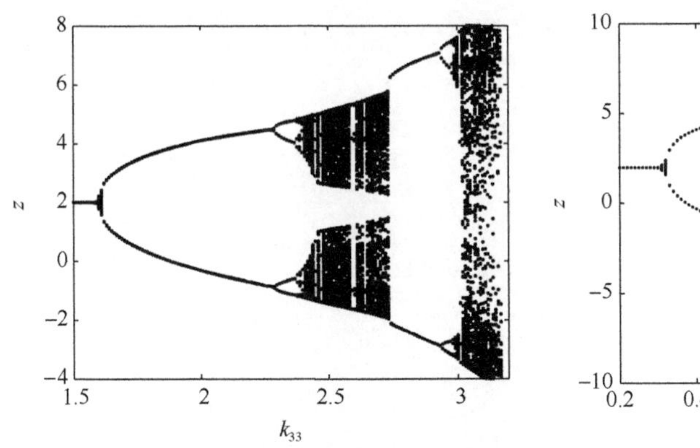

图 4-6　线性延迟反馈 Chen 系统参数 k_{33} 的混沌分岔图

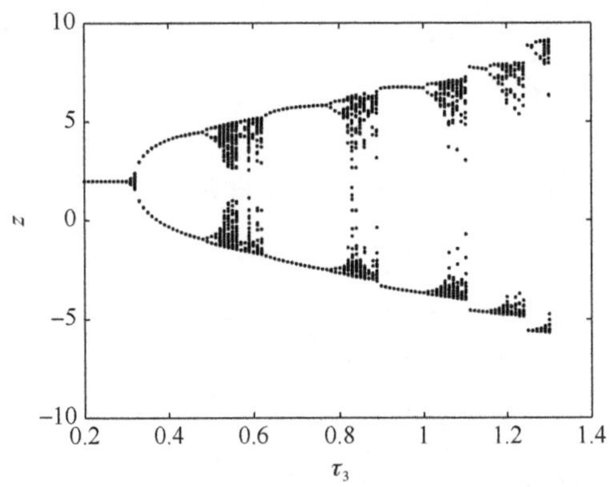

图 4-7　线性延迟反馈 Chen 系统参数 τ_3 的混沌分岔图

绘制图 4-7 的例程可参见例程 4-5，此处不再赘述。

参 考 文 献

[1] MAY R M. Simple mathenmatical models with very complicated dynamics[J]. Nature, 1976, 261(5560): 459-467.

[2] WU W J, CHEN Z Q, YUAN Z Z. Local bifurcation analysis of a four-dimensional hyperchaotic system[J]. Chinese Physics B, 2008, 17(7): 2420-2432.

[3] REN H P, LI W C, LIU D. Hopf bifurcation analysis of Chen circuit with direct time delay feedback[J]. Chinese Physics B, 2010,19(3): 168-179.

[4] UETA T, CHEN G R. Bifurcation analysis of Chen's equation[J]. International Journal of Bifurcation and Chaos, 2000, 10(8):1917-1931.

[5] GUAN J B, CHEN F Y, WANG G X. Chaos control and Hopf bifurcation analysis of the Genesio system with distributed delays feedback[J]. Advances in Difference Equations, 2012, 2012:116.

[6] GUAN J B. Bifurcation analysis and chaos control in Genesio system with delayed feedback[J]. ISRN Mathematical Physics, 2012, 2012(6): 843926.

[7] LU J, LIU C W, THORP J S. New methods for computing a saddle-node bifurcation point for voltage stability analysis[J]. IEEE Transactions on Power Systems, 1995, 10(2): 978-989.

[8] 李文超. 基于直接延时反馈 Chen 电路混沌反控制研究[D]. 西安: 西安理工大学, 2008.

[9] SONG Y L, WEI J J. Bifurcation analysis for Chen’s system with delayed feedback and its application to control of chaos[J]. Chaos, Solitons & Fractals, 2004, 22(1):75-91.

[10] BENEDETTO J J, CZAJA W. Integration and Modern Analysis-Riesz Representation Theorem[M]. Boston: Birkhäuser, 2009.

第 5 章 线性延迟反馈系统中全局分岔分析

数值仿真是存在有限精度的，而实验观察的时间有限，因此从理论上证明人们在实验中观察的混沌现象是十分必要的。对混沌行为的判定，往往选择判定 Lyapunov 指数，它虽然直接，但是对特定系统的判定有时无法保证有效性。特别是正的最大 Lyapunov 指数接近 0 时，这种判断可能存在较大的风险。Smale 马蹄是对具有复杂拓扑结构和混沌行为的高维系统的一个严谨描述。人们通常所说的，一个系统在几何学角度如果存在一个同胚映射，并且该映射存在 Smale 马蹄，那么该系统是混沌系统。

尽管 Smale 马蹄很好地解释了混沌的本质，但证明系统中存在 Smale 马蹄并不容易。Shil'nikov 定理是间接证明 Smale 马蹄型混沌存在的方法之一，该方法适用于具有鞍点类型平衡点的三维系统。如果连续系统中的一个平衡点为鞍点，通过庞加莱映射可以证明该映射具有 Smale 马蹄特性，进而证明该连续系统是 Smale 马蹄意义下的混沌系统[1]。近年来，对二阶动力学系统中同宿轨道和异宿轨道的研究逐渐成熟[2-6]。文献[7]利用微分方程中的展开项，求出系统的同宿轨道。文献[8]用微分方程中的扰动项，求出同宿轨道的解析解。Zhou 等[9]提出待定系数法计算系统的同宿轨道和异宿轨道。待定系数法求解同宿轨道和异宿轨道也被应用于 Lorenz 系统[10]、Lü 系统、Zhou 系统[11]和线性延迟反馈 Chen 系统[12]。本章先用待定系数法确定双涡卷混沌吸引子中的异宿轨道，但是待定系数法仍然没有解决轨道在时间正方向和时间反方向解析解不对称的问题，求取过程混淆了时间可逆性[13-15]。然后针对这一问题，提出新方法，一方面把时间转换成对数标度；另一方面，将复数特征根对应的同宿轨道假设成螺旋线，进一步得到待定系数，解决了上述文献中解析解时间正、反向轨迹的问题，得到了单涡卷混沌吸引子中的同宿轨道。

5.1 双涡卷混沌吸引子中的异宿轨道

异宿轨道是指其相轨迹在 $t \to +\infty$ 运动中趋于某一个鞍点，而在 $t \to -\infty$ 运动中趋于另一个鞍点，如图 5-1 所示。

对于线性延迟反馈 Chen 系统（2-8），当其参数为 $a = 35, b = 3,\ c = 18.5, k_{33} = 2.85, \tau_3 = 0.3$ 时，存在两个不稳定平衡点，分别为 $O_{1+} = (x_0, y_0, z_0)$ 和 $O_{1-} = (-x_0, -y_0, z_0)$，并且都为鞍点。

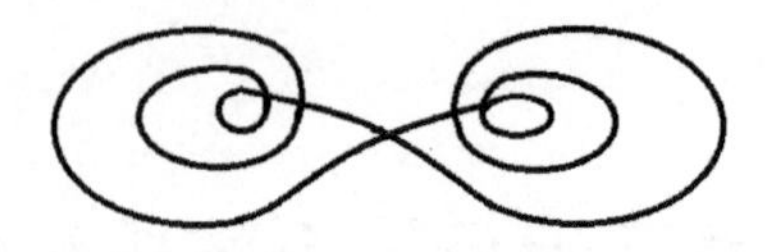

图 5-1　异宿轨道直观概念

下面用待定系数法[12,16]寻找线性延迟反馈 Chen 系统中的异宿轨道。系统（2-8）中，可将第 1 个方程表示为 $y(t)$ 的表达式，第 2 个方程表示为 $z(t)$ 的表达式，得到

$$y(t) = x(t) + \dot{x}(t) / a \tag{5-1}$$

$$z(t) = -[\ddot{x}(t) + (a-c)\dot{x}(t)] / [ax(t)] + 2c - a \tag{5-2}$$

将式（5-1）和式（5-2）代入 Chen 系统（2-8）的第 3 个方程，得

$$\begin{aligned}&\frac{\mathrm{d}}{\mathrm{d}t}\left(\frac{\ddot{x}(t)+(a-c)\dot{x}(t)}{x(t)}\right)+b\left(\frac{\ddot{x}(t)+(a-c)\dot{x}(t)}{x(t)}\right)+ax^2(t)+x(t)\dot{x}(t)\\&-ab(2c-a)-k_{33}\frac{\ddot{x}(t)+(a-c)\dot{x}(t)}{x(t)}+k_{33}\frac{\ddot{x}(t-\tau_3)+(a-c)\dot{x}(t-\tau_3)}{x(t-\tau_3)}=0\end{aligned} \tag{5-3}$$

如果找到式(5-3)的解，那么 $y(t)$、$z(t)$ 和异宿轨道也将随之确定。设 $x(t)=\varphi(t)$ 为式（5-3）的解，并满足异宿轨道条件：

$$\lim_{t\to+\infty}\varphi(t) = -\sqrt{b(2c-a)} \text{ 和 } \lim_{t\to-\infty}\varphi(t) = \sqrt{b(2c-a)} \tag{5-4}$$

其中，$-\sqrt{b(2c-a)}$ 和 $\sqrt{b(2c-a)}$ 分别为两个平衡点鞍点对应的 x 坐标。

一般定义从平衡点 O_{1+} 到 O_{1-} 对应 $t\to+\infty$，同时定义从 O_{1-} 到 O_{1+} 对应 $t\to-\infty$。

设对 $t>0$，假设

$$\varphi(t) = -\gamma + \sum_{j=1}^{\infty} d_j \mathrm{e}^{j\alpha t} \tag{5-5}$$

其中，$\gamma=\sqrt{b(2c-a)}$；$\alpha(<0)$ 和 $d_j\,(j\geqslant 1)$ 均为待定系数。

从式（5-3）可知：

$$F = -\gamma F_1 + F_2 + F_3 = 0 \tag{5-6}$$

其中，

$$\begin{aligned}F_1 &= (a+b-c)\ddot{x}(t)x(t) + (a-c)(bx(t)-\dot{x}(t))\dot{x}(t)\\&\quad + ax^4(t) + \dddot{x}(t)x(t) - \ddot{x}(t)\dot{x}(t) + x^3(t)\dot{x}(t) - ab(2c-a)x^2(t)\end{aligned}$$

$$F_2 = \left(\sum_{j=1}^{\infty} d_j \mathrm{e}^{j\alpha(t-\tau_3)}\right) F_1$$

$$F_3 = k_{33}[-\ddot{x}(t)x(t)x(t-\tau_3) - (a-c)\dot{x}(t)x(t)x(t-\tau_3)] + k_{33}[\ddot{x}(t-\tau_3)x^2(t) + (a-c)\dot{x}(t-\tau_3)x^2(t)]$$

将式（5-6）代入式（5-5）中，通过比较 $e^{j\alpha t}$ 的系数，可以获得 α 和 d_j 的值。例如，对于 $j=1$，有

$$[\alpha^3 + (a+b-c-k_{33})\alpha^2 + (k_{33}c + bc - ak_{33})\alpha]d_1 + [4abc - 2a^2b + (\alpha^2 + (a-c)\alpha)k_{33}e^{-\alpha\tau_3}]d_1 = 0 \tag{5-7}$$

在平衡点 O_{1+} 处的线性化系统可表示为

$$\begin{cases} \dot{\tilde{x}}(t) = a(\tilde{y}(t) - \tilde{x}(t)) \\ \dot{\tilde{y}}(t) = (c-a)\tilde{x}(t) + c\tilde{y}(t) - x_0\tilde{z}(t) - z_0\tilde{x}(t) \\ \dot{\tilde{z}}(t) = y_0\tilde{x}(t) + x_0\tilde{y}(t) - b\tilde{z}(t) + k_{33}[\tilde{z}(t) - \tilde{z}(t-\tau_3)] \end{cases} \tag{5-8}$$

对应的特征方程为

$$\lambda^3 + (a+b-c-k_{33})\lambda^2 + (bc - ak_{33} + ck_{33})\lambda + 4abc - 2a^2b + (\lambda^2 + (a-c)\lambda)k_{33}e^{-\lambda\tau_3} = 0 \tag{5-9}$$

如果 $d_1 \neq 0$，发现式（5-7）与式（5-9）等价，故 α 就是特征方程（5-9）的特征根。于是有

$$w(j\alpha) = (j\alpha)^3 + (a+b-c-k_{33})(j\alpha)^2 + (k_{33}c + bc - ak_{33})(j\alpha) + 4abc - 2a^2b + [(j\alpha)^2 + (a-c)(j\alpha)]k_{33}e^{-j\alpha\tau_3} \tag{5-10}$$

对于 $j=2,\ d_2 = (F_4 + F_5)/w(2\alpha)$，其中

$$F_4 = \{-\gamma[((a+b-c)\alpha^2 + \alpha^3) + ((a-c)(b-d) - \alpha^2)\alpha + 3\gamma^2\alpha + 6a\gamma^2 - ab(2c-a)] + k_{33}\gamma\alpha^2 + k_{33}(a-c)\gamma\alpha\}d_1^2$$

$$F_5 = [\gamma((c-a-b)\alpha^2 - \gamma\alpha^3) - b\gamma(a-c)\alpha - \gamma^3\alpha - 4a\gamma^3 - 2ab(2c-a)\gamma + k_{33}\gamma\alpha^2 + k_{33}(a-c)\alpha\gamma - 2k_{33}\gamma\alpha^2 - 2k_{33}\gamma\alpha(a-c)]e^{-\alpha\tau_3}d_1^2$$

对于 $j=3,\ d_3 = (F_6 + F_7 + F_8)/w(3\alpha)$，其中

$$F_6 = -\gamma\sum_{i=1}^{2}[((a+b-c)i^2\alpha^2 + i^3\alpha^3) + ((a-c)(b-i\alpha) - i^2\alpha^2)(3-i)\alpha + 3\gamma^2 i\alpha + 6a\gamma^2 - ab(2c-a)]d_i d_{3-i} + \sum_{i=1}^{2}[k_{33}\gamma i^2\alpha^2 + k_{33}(a-c)\gamma\alpha i]d_i d_{3-i}$$

$$F_7 = \sum_{i=1}^{2}[\gamma((c-a+b)i^2\alpha^2 - i^3\alpha^3) - b\gamma(a-c)i\alpha - \gamma^3 i\alpha - 4a\gamma^3 - 2ab(2c-a)\gamma + k_{33}\gamma i^2\alpha^2 + k_{33}(a-c)\gamma i\alpha - 2k_{33}\gamma(3-i)^2\alpha^2 - 2k_{33}\gamma(3-i)\alpha(a-c)]d_i d_{3-i}e^{-(3-i)\alpha\tau_3}$$

$$F_8 = [((a+b-c)\alpha^2 + \alpha^3) + ((a-c)(b-\alpha) - \alpha^2)\alpha + 3\gamma^2\alpha + 6a\gamma^2 + ab(2c-a)]e^{-\alpha\tau_3}d_1^3 + 3\gamma^2\alpha + 4a\gamma^2$$

对于 $j=4,\ d_4 = (F_9 + F_{10} + F_{11} + F_{12})/w(4\alpha)$，其中

$$F_9=-\gamma\sum_{i=1}^{3}[((a+b-c)i^2\alpha^2+i^3\alpha^3)+3\gamma^3 i\alpha+6a\gamma^2+((a-c)(b-i\alpha)-i^2\alpha^2)(4-i)\alpha$$
$$-ab(2c-a)]d_i d_{4-i}+\sum_{i=1}^{3}[k_{33}\gamma i^2\alpha^2+k_{33}(a-c)\gamma\alpha i]d_i d_{4-i}$$

$$F_{10}=\sum_{i=1}^{3}[\gamma((c-a+b)i^2\alpha^2-i^3\alpha^3)-b\gamma(a-c)i\alpha-\gamma^3 i\alpha-4a\gamma^3-2ab(2c-a)\gamma$$
$$+k_{33}\gamma i^2\alpha^2+k_{33}(a-c)\gamma i\alpha-2k_{33}\gamma(4-i)^2\alpha^2-2k_{33}\gamma(4-i)(a-c)\alpha^2]d_i d_{4-i}\mathrm{e}^{-(4-i)\alpha\tau_3}$$

$$F_{11}=\sum_{m=2}^{3}\left[\sum_{i=1}^{m-1}((a+b-c)i^2\alpha^2+i^3\alpha^3)+3\gamma^2 i\alpha+k_{33}(4-m)\alpha^2\right.$$
$$+((a-c)(b-i\alpha)-i^2\alpha)(m-i)\alpha+ab(2c-a)-k_{33}i^2\alpha^2+6a\gamma^2-k_{33}(a-c)i\alpha$$
$$\left.+k_{33}(a-c)(4-m)\alpha\right]d_i d_{m-i}d_{4-m}\mathrm{e}^{-(4-m)\alpha\tau_3}$$

$$F_{12}=\{-\gamma(\alpha+a)+(-3\gamma-4a\gamma)\mathrm{e}^{-\alpha\tau_3}\}d_1^4$$

对于 $j\geqslant 5$, $d_j=(F_{13}+F_{14}+F_{15}+F_{16}+F_{17})/w(j\alpha)$，其中，

$$F_{13}=-\gamma\sum_{i=1}^{j-1}[((a+b-c)i^2\alpha^2+i^3\alpha^3)+3\gamma^2 i\alpha+6a\gamma^2+((a-c)(b-i\alpha)-i^2\alpha^2)(j-i)\alpha$$
$$-ab(2c-a)]d_i d_{j-i}+\sum_{i=1}^{j-1}[k_{33}\gamma i^2\alpha^2+k_{33}(a-c)\gamma\alpha i]d_i d_{j-i}$$

$$F_{14}=\sum_{i=1}^{j-1}[\gamma((c-a+b)i^2\alpha^2-i^3\alpha^3)-b\gamma(a-c)i\alpha+3\gamma^2 i\alpha-4a\gamma^3-2ab(2c-a)\gamma$$
$$-2k_{33}\gamma(j-i)^2\alpha^2+k_{33}\gamma i^2\alpha^2+k_{33}(a-c)\gamma i\alpha-2k_{33}\gamma i(a-c)\alpha]d_i d_{j-i}\mathrm{e}^{-(j-i)\alpha\tau_3}$$

$$F_{15}=\sum_{m=2}^{j-1}\left[\sum_{i=1}^{m-1}((a+b-c)i^2\alpha^2+i^3\alpha^3)+k_{33}(j-m)(a-c)\alpha+((a-c)(b-i\alpha)-i^2\alpha)(m-i)\alpha\right.$$
$$\left.+ab(2c-a)-k_{33}(a-c)i\alpha-k_{33}i^2\alpha^2(j-m)^2\alpha^2+3\gamma^2 i\alpha+6a\gamma^2\right]d_i d_{m-i}d_{j-m}\mathrm{e}^{-(j-m)\alpha\tau_3}$$
$$-\gamma\sum_{m=2}^{j-1}\left[\sum_{i=1}^{m-1}(-3\gamma(j-m)-4a\gamma)\right]d_i d_{m-i}d_{j-m}$$

$$F_{16}=-\gamma\sum_{l=3}^{j-1}\left[\sum_{m=2}^{l-1}\sum_{i=1}^{m-1}(j-l)\alpha+a\right]d_i d_{m-i}d_{l-m}d_{j-l}+\sum_{l-3}^{j-1}\left[\sum_{m=2}^{l-1}\sum_{i=1}^{m-1}3\gamma(l-m)\alpha-4a\gamma\right]d_i d_{m-i}d_{l-m}d_{j-l}\mathrm{e}^{-(j-l)\alpha\tau_3}$$

$$F_{17}=\sum_{l=4}^{j-1}\left[\sum_{m=3}^{l-1}\sum_{n=2}^{m-1}\sum_{i=1}^{n-1}(l-m)\alpha+a\right]d_i d_{n-i}d_{m-n}d_{l-m}d_{j-l}\mathrm{e}^{-(j-l)\alpha\tau_3}$$

因此，α 由 a,b,c,k_{33} 和 τ_3 决定，$d_j(j>1)$ 由 $a,b,c,k_{33},\tau_3,\alpha$ 和 d_1 决定。将所有的 d_j 代入式（5-5）中，得到关于 d_1 的 n 阶等式。当 N 足够大，并且 $n>N$ 时，d_1 的解趋近于一个正常数。因此，可以解得式（5-3）的解。假设异宿轨道具有对称

性，因此可写成

$$x(t)=\varphi(t)=\begin{cases}-\gamma+\sum_{j=1}^{\infty}d_j\mathrm{e}^{j\alpha t}, & t>0\\ 0, & t=0\\ \gamma-\sum_{j=1}^{\infty}d_j\mathrm{e}^{j\alpha t}, & t<0\end{cases} \tag{5-11}$$

由于轨道的连续性，可得 $\sum_{j=1}^{\infty}d_j=\gamma$ 。因此 d_j 是有界的，即存在一个自然数 $M>0$，使得 $|d_j|\leqslant M, j=1,2,\cdots$，是以 $\sum_{j=1}^{\infty}|d_j\mathrm{e}^{j\alpha t}|\leqslant M\sum_{j=1}^{\infty}\mathrm{e}^{j\alpha t}$ 在 $t\in(0,+\infty)$ 上收敛。为了保证平衡点性质满足鞍点类型，对式（5-9）求解，平衡点 O_{1+} 所对应的特征根为 $\gamma_1=-4.68321,\sigma_1\pm\mathrm{i}\omega_1=0.804005\pm6.00012\mathrm{i}$，平衡点 O_{1-} 所对应的特征根为 $\gamma_2=\ -4.68321,\sigma_2\pm\mathrm{i}\omega_2=0.804005\pm6.00012\mathrm{i}$，综上所述，满足 Shil'nikov 定理中的条件，因此对应的混沌应该是 Smale 马蹄意义下的混沌，其异宿轨道满足式（5-11）。因此，系统（2-8）存在一条连接平衡点 O_{1+} 和 O_{1-} 的异宿轨道。上述求解过程中对式（5-11）假设了轨道的对称性。由于对于平衡点附近轨道的趋近或分离取决于该平衡点对应的特征根和特征向量。对于三维系统的鞍点，一个实根和一对共轭复根对应的平衡点附近的轨线具有不同的运动模式（单调（振荡）地趋近（远离））。而上述方法没有考虑这种区别。5.2 节所提方法考虑了这种区别，得到单涡卷混沌吸引子的同宿轨道。

5.2　线性延迟反馈 Chen 系统单涡卷混沌吸引子中的同宿轨道

混沌系统的同宿轨道是指其相轨迹在 $t\to+\infty$ 和 $t\to-\infty$ 运动中趋于同一个鞍点，如图 5-2 所示。下面以线性延迟反馈 Chen 系统中单涡卷混沌吸引子的同宿轨道为例，介绍考虑鞍点不同特征根对应的不同运动模式的同宿轨道求取方法。

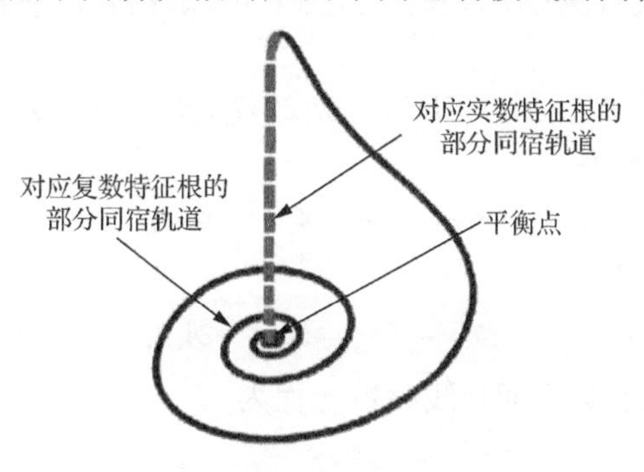

图 5-2　同宿轨道示意图

5.2.1 复数特征根对应的同宿轨道

从图 5-2 中可知，同宿轨道由两部分组成：一部分是对应实数特征根的单调趋近（或远离）同宿平衡点的同宿轨道部分；另一部分是对应共轭复数特征根的螺旋（振荡）远离（或趋近）同宿平衡点的同宿轨道部分。这两部分的响应模式不同。

假设复数特征根对应的轨道在空间某一平面 I 上的投影为标准螺旋渐开线，并且平面 I 是另一个坐标系 O_1 的 $X_1O_1Y_1$ 平面，如果得到平面 I 上的参数方程，把该平面上的参数方程转换到原坐标系下，就得到实际的同宿轨道振荡部分。

设 O_1 在原坐标系的坐标为 $P(x_0,y_0,z_0)$，O_1 的三个单位主矢量 X_1,Y_1,Z_1 相对于 O 坐标系下的 X,Y,Z 轴的旋转角分别为 $\varepsilon x,\varepsilon y,\varepsilon z$。则 O_1 坐标系相对于 O 坐标系方向余弦组成的旋转矩阵为

$$ {}_{O_1}^{O}R(\varepsilon x,\varepsilon y,\varepsilon z)=R(x,\varepsilon x)R(y,\varepsilon y)R(z,\varepsilon z) \tag{5-12}$$

$$R(x,\varepsilon x)=\begin{bmatrix}1 & 0 & 0\\ 0 & \cos(\varepsilon x) & -\sin(\varepsilon x)\\ 0 & \sin(\varepsilon x) & \cos(\varepsilon x)\end{bmatrix} \tag{5-13}$$

$$R(y,\varepsilon y)=\begin{bmatrix}\cos(\varepsilon y) & 0 & \sin(\varepsilon y)\\ 0 & 1 & 0\\ -\sin(\varepsilon y) & 0 & \cos(\varepsilon y)\end{bmatrix} \tag{5-14}$$

$$R(z,\varepsilon z)=\begin{bmatrix}\cos(\varepsilon z) & -\sin(\varepsilon z) & 0\\ \sin(\varepsilon z) & \cos(\varepsilon z) & 0\\ 0 & 0 & 1\end{bmatrix} \tag{5-15}$$

O_1 坐标系下任意一点 f_{O_1} 变换到 O 坐标系下为

$$f_O={}_{O_1}^{O}Rf_{O_1}+P \tag{5-16}$$

根据上述条件式（5-12）～式（5-15）可以求得 I 平面在 O 坐标系下的法向量 H。

令 $A_1=H(1),A_2=H(2),A_3=H(3)$，则过 $O_+(x_0,y_0,z_0)$ 点，以 H 为法向量的平面 I 的平面方程可以写为

$$A_1x+A_2y+A_3z+D=0 \tag{5-17}$$

其中

$$D=-A_1x_0-A_2y_0-A_3z_0 \tag{5-18}$$

设 I 平面上的标准螺旋渐开线参数方程为

$$
\begin{aligned}
&x_1(t)=\mathrm{e}^{\sigma t}\beta\cos(\omega t)\\
&y_1(t)=\mathrm{e}^{\sigma t}\beta\cos\left(\omega t+\frac{\pi}{2}\right)\\
&z_1(t)=0
\end{aligned}
\tag{5-19}
$$

线性延迟反馈 Chen 系统混沌吸引子在一般平面 I 上的投影方程为

$$
\begin{cases}
x_1(t)=x(t)-A_1\Phi(t)\\
y_1(t)=y(t)-A_2\Phi(t)\\
z_1(t)=z(t)-A_3\Phi(t)
\end{cases}
\tag{5-20}
$$

其中，$\Phi(t)=\dfrac{A_1x(t)+A_2y(t)+A_3z(t)+D}{A_1^2+A_2^2+A_3^2}$。记 $E=A_1^2+A_2^2+A_3^2$，则

$$
\begin{bmatrix} x_1\\ y_1\\ z_1 \end{bmatrix}=N^{-1}\begin{bmatrix} x(t)\\ y(t)\\ z(t) \end{bmatrix}-\begin{bmatrix} \dfrac{DA_1}{E}\\ \dfrac{DA_2}{E}\\ \dfrac{DA_3}{E} \end{bmatrix}
\tag{5-21}
$$

其中，$N=\begin{bmatrix} 1-\dfrac{A_1^2}{E} & -\dfrac{A_1A_2}{E} & -\dfrac{A_1A_3}{E}\\ -\dfrac{A_1A_2}{E} & 1-\dfrac{A_2^2}{E} & -\dfrac{A_2A_3}{E}\\ -\dfrac{A_1A_3}{E} & -\dfrac{A_2A_3}{E} & 1-\dfrac{A_3^2}{E} \end{bmatrix}^{-1}$。式（5-21）中的 $x(t)$、$y(t)$ 和 $z(t)$ 是所求的线性延迟反馈 Chen 系统的复数特征根对应的同宿轨道。从而可得

$$
\begin{bmatrix} x(t)\\ y(t)\\ z(t) \end{bmatrix}=N\begin{bmatrix} x_1(t)\\ y_1(t)\\ z_1(t) \end{bmatrix}+N\begin{bmatrix} \dfrac{DA_1}{E}\\ \dfrac{DA_2}{E}\\ \dfrac{DA_3}{E} \end{bmatrix}
\tag{5-22}
$$

综上所述，可以得到同宿轨道在 O 坐标系状态的参数方程为

$$
\begin{cases}
x(t)=N_{11}\left(x_1(t)+\dfrac{DA_1}{E}\right)+N_{12}\left(y_1(t)+\dfrac{DA_2}{E}\right)+N_{13}\left(z_1(t)+\dfrac{DA_3}{E}\right)\\
y(t)=N_{21}\left(x_1(t)+\dfrac{DA_1}{E}\right)+N_{22}\left(y_1(t)+\dfrac{DA_2}{E}\right)+N_{23}\left(z_1(t)+\dfrac{DA_3}{E}\right)\\
z(t)=N_{31}\left(x_1(t)+\dfrac{DA_1}{E}\right)+N_{32}\left(y_1(t)+\dfrac{DA_2}{E}\right)+N_{33}\left(z_1(t)+\dfrac{DA_3}{E}\right)
\end{cases}
\tag{5-23}
$$

5.2.2 实数特征根对应的同宿轨道

基于稳定流形和不稳定流形相交于 $t=0$ 时刻，使用对数尺度变化（scaling logarithm change series，SLS）方法对 3 个状态进行变换[16]，将时间转化成对数标度，代入轨道等式中，并使对应系数相等，最终可确定实数特征根同宿轨道的待定系数。

当 $t>0$ 时，假设

$$t=\frac{1}{T}\ln\eta \tag{5-24}$$

其中，η 代表时间变量。代入 $\frac{\mathrm{d}x}{\mathrm{d}t}=f(x)$ 中，有 $\frac{\mathrm{d}x}{\mathrm{d}\eta}=\frac{1}{T\eta}f(x)$，整理得

$$T\eta\frac{\mathrm{d}x}{\mathrm{d}\eta}=f(x) \tag{5-25}$$

假设式（5-26）为实特征根对应的同宿轨道部分：

$$\begin{cases} x(t)=x_0+\sum\limits_{k=1}^{\infty}a_k\eta^k \\ y(t)=y_0+\sum\limits_{k=1}^{\infty}b_k\eta^k \\ z(t)=z_0+\sum\limits_{k=1}^{\infty}c_k\eta^k \\ z(t-\tau)=z_0+\sum\limits_{k=1}^{\infty}c_k\mathrm{e}^{-T(t-\tau)k} \end{cases} \tag{5-26}$$

其中，$(x_0,y_0,z_0)=O_+$；a_k、b_k、$c_k(k=1,2,\cdots,n)$ 为待定系数。

将式（5-26）代入式（5-25），得

$$\begin{cases} T\eta\sum\limits_{k=1}^{\infty}ka_k\eta^{k-1}=f_i\left(x_0+\sum\limits_{k=1}^{\infty}a_k\eta^k,y_0+\sum\limits_{k=1}^{\infty}b_k\eta^k,z_0+\sum\limits_{k=1}^{\infty}c_k\eta^k\right) \\ T\eta\sum\limits_{k=1}^{\infty}kb_k\eta^{k-1}=f_i\left(x_0+\sum\limits_{k=1}^{\infty}a_k\eta^k,y_0+\sum\limits_{k=1}^{\infty}b_k\eta^k,z_0+\sum\limits_{k=1}^{\infty}c_k\eta^k\right) \\ T\eta\sum\limits_{k=1}^{\infty}kc_k\eta^{k-1}=f_i\left(x_0+\sum\limits_{k=1}^{\infty}a_k\eta^k,y_0+\sum\limits_{k=1}^{\infty}b_k\eta^k,z_0+\sum\limits_{k=1}^{\infty}c_k\eta^k\right) \end{cases} \tag{5-27}$$

比较式（5-27）等号两边的同次幂的系数得 η^1 的系数为

$$\begin{bmatrix} T+a & -a & 0 \\ a-c+z_0 & T-c & x_0 \\ -y_0 & -x_0 & T+b-k_{33}+k_{33}\mathrm{e}^{-\tau_3 t} \end{bmatrix}\begin{bmatrix} a_1 \\ b_1 \\ c_1 \end{bmatrix}=0 \tag{5-28}$$

当 a_1、b_1、c_1 的系数矩阵具有非平凡解时，解得 $T=-17.5288$。通过待定系数法，可以得到由 a_1、b_1、c_1 表示的系数 a_k、b_k、$c_k(k\geqslant 2)$ 和 β。设在 $t=0$ 时，稳定流形和不稳定流形的汇合点为 $\xi=(x_n,y_n,z_n)$，根据同宿轨道在拐点的连续性，得

$\sum_{k=1}^{\infty} a_k = x_n - x_0$，$\sum_{k=1}^{\infty} b_k = y_n - y_0$，$\sum_{k=1}^{\infty} c_k = z_n - z_0$，可求出 a_1、b_1、c_1 和 β 的值。同宿轨道 $t=0$ 时的状态 $\xi=(0.4635, 0.4829, -1.2013)$，可以通过追踪吸引子图中的曲线拐点得到。由于 $\sum_{k=1}^{\infty} a_k$ 是有界的，存在一个自然数 $M>0$ 使得 $\sum_{k=1}^{\infty} a_k \leqslant M$。因此，$\sum_{k=1}^{\infty} a_k \eta^k \leqslant M \sum_{k=1}^{\infty} \eta^k = M \sum_{k=1}^{\infty} \mathrm{e}^{Tkt}$ 在 $t \in (0, +\infty)$ 上是收敛的。又因为 $\lim_{t\to+\infty} \mathrm{e}^{Tkt} = 0$，所以 $x(t)$ 收敛到 x_0。$y(t)$ 和 $z(t)$ 的收敛性同 $x(t)$，在此不再赘述。

对于本小节的线性延迟反馈 Chen 系统而言，当系统参数为 $a=35, b=3, c=18.35978, k_{33}=2.85, \tau=0.3$ 时，求得的同宿轨道参数为

$$\beta=2.295,\ \ \varepsilon x=\pi/4.35,\ \ \varepsilon y=\pi/4.35,\ \ \varepsilon z=\pi/1.998,\ \ A_1=0.661,\ \ A_2=-0.496,$$
$$A_3=0.563,\ \ D=-1.343,\ \ a_1=-1.5785,\ \ b_1=-1.7814,\ \ c_1=-2.8465$$

根据上述参数得到同宿轨道的仿真结果如图 5-3 和图 5-4 所示。

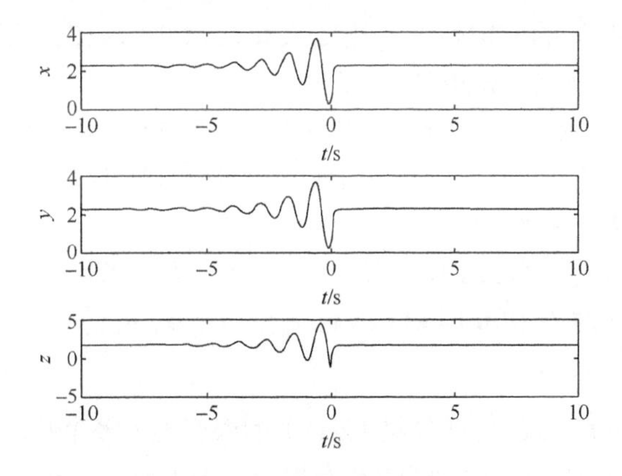

图 5-3　线性延迟反馈 Chen 系统同宿轨道的 x、y、z 状态解

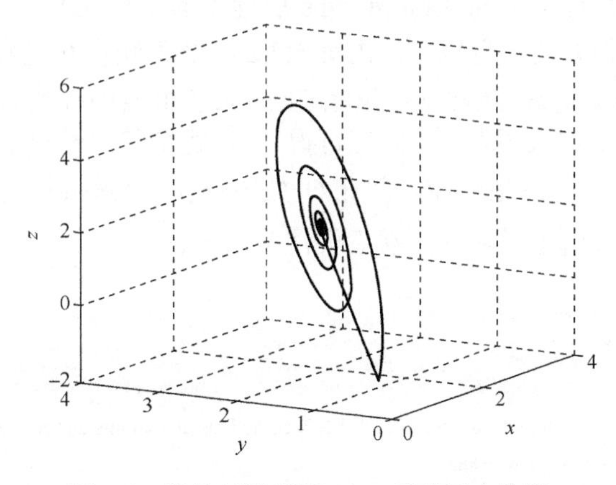

图 5-4　线性延迟反馈 Chen 系统同宿轨道

线性延迟反馈 Chen 系统的同宿轨道如图 5-4 所示。进一步可以用 Shil'nikov 定理证明所观察到的混沌现象。

5.2.3 线性延迟 Chen 系统中存在混沌的理论证明

Shil'nikov-type 引理[17]：假设系统中的鞍点 O_+ 对应的共轭复数根为 λ_i^{ss} 和 $\lambda_i^{uu}(i=1,2,\ldots)$，对应的实数特征根为 $\gamma_j(j=1,2,\ldots)$。

（1）假设共轭复数根为 $\lambda_i^{ss}=-\sigma_i+\mathrm{i}\omega_i$ 和 $\lambda_i^{uu}=-\sigma_i-\mathrm{i}\omega_i(\sigma_i>0,\omega_i\neq 0)$，存在一组根 $\lambda_k^{ss}=-\sigma_k+\mathrm{i}\omega_k, \lambda_k^{uu}=-\sigma_k-\mathrm{i}\omega_k(k\in i)$ 和一个 $\gamma_{ki}(ki\in j)$ 满足 $\sigma_k<\gamma_{ki}<2\sigma_k$。

（2）假设共轭复数根为 $\lambda_i^{ss}=\sigma_i+\mathrm{i}\omega_i$ 和 $\lambda_i^{uu}=\sigma_i-\mathrm{i}\omega_i(\sigma_i>0,\omega_i\neq 0)$，$\gamma_j\leqslant 0(j=1,2,\ldots)$，存在一组根 $\lambda_k^{ss}=\sigma_k+\mathrm{i}\omega_k$，$\lambda_k^{uu}=\sigma_k-\mathrm{i}\omega_k$ 和一个 γ_{ki} 满足 $2\sigma_k+\gamma_{ki}<0$。

（3）假设共轭复数根为 $\lambda_i^{ss}=\sigma_i+\mathrm{i}\omega_i$，$\lambda_i^{uu}=\sigma_i-\mathrm{i}\omega_i$ $(\sigma_i\in\mathrm{R},\omega_i\neq 0)$，且没有重根，不存在实数根。

如果存在连接 O_+ 的同宿轨道，则定义在同宿轨邻域的 Shil'nikov 映射（即 Poincaré 映射）有可数个 Smale 马蹄存在。

定理 5.1 线性延迟反馈 Chen 系统（2-8）在参数为 $a=35,b=3, c=18.35978, k_{33}=2.85, \tau_3=0.3$ 时，在鞍焦点 O_+ 处存在 Smale 马蹄型混沌。

证明：（1）O_+ 为双曲鞍点。

对于系统（2-8），当参数为 $a=35$，$b=3$，$c=18.35978$，$k_{33}=2.85$，$\tau_3=0.3$ 时，三个平衡点分别为 $O_0(0,0,0), O_+(x_0,y_0,z_0)$，$O_-(-x_0,-y_0,z_0)$。其中，$x_0=y_0=\sqrt{b(2c-a)}$；$z_0=2c-a$。

系统（2-8）在 O_+ 处的特征方程（2-15）的根有无穷多个解，其中两个实数特征根为 $\gamma_1=-4.36,\gamma_2=-16.6$，最大的共轭复数特征根为 $\sigma_{1,2}\pm\mathrm{i}\omega_{1,2}=0.6517\pm\mathrm{i}5.7533$，因此 O_+ 是鞍点，并且满足 Shil'nikov-type 引理中的条件（2）。

（2）存在经过 O_+ 的同宿轨道：由第 5.2.2 小节可知存在过 O_+ 点的同宿轨道。

根据 Shil'nikov 定理，线性延迟反馈 Chen 系统电路中存在 Smale 马蹄型混沌。

由于 O_- 与 O_+ 具有相同特性，同理可得在 O_- 处亦存在过 O_- 的同宿轨道。因此，O_- 点也存在 Smale 马蹄型混沌。即在 O_- 处也存在同宿轨道，也就是存在另一个与 O_+ 单涡卷混沌吸引子对称的单涡卷混沌吸引子。

参考文献

[1] SILVA C P. Shil'nikov's theorem—a tutorial[J]. IEEE Transactions on Circuits and Systems I: Fundamental Theory and Applications, 1993, 40(10): 675-682.

[2] LV Y, TANG C L. Homoclinic orbits for second-order Hamiltonian systems with subquadratic potentials[J]. Chaos, Solitons & Fractals, 2013, 57:137-145.

[3] CHEN G W. Non-periodic damped vibration systems with sublinear terms at infinity: Infinitely many homoclinic orbits[J]. Nonlinear Analysis: Theory, Methods & Applications, 2013, 92(9): 168-176.

[4] COSTA D G, TEHRANI H. On a class of singular second-order Hamiltonian systems with infinitely many homoclinic solutions[J]. Journal of Mathematical Analysis and Applications, 2014, 412(1): 200-211.

[5] LIMA M F S, TEIXEIRA M A. Homoclinic orbits in degenerate reversible-equivariant systems in R^6 [J]. Journal of Mathematical Analysis and Applications, 2013, 403(1): 155-166.

[6] ZHENG Z H, CHEN G R. Existence of heteroclinic orbits of the Shil'nikov type in a 3D quadratic autonomous chaotic system[J]. Journal of Mathematical Analysis and Applications, 2006, 315(1): 106-119.

[7] ALGABA A, FREIRE E, GAMERO E, et al. An exact homoclinic orbit and its connection with the Rössler system[J]. Physics Letters A, 2015, 379(16-17): 1114-1121.

[8] CHEN Y Y, CHEN S H, ZHAO W. Constructing explicit homoclinic solution of oscillators: An improvement for perturbation procedure based on nonlinear time transformation[J]. Communications in Nonlinear Science and Numerical Simulation, 2017, 48:123-139.

[9] ZHOU T S, TANG Y, CHEN G R. Chen's attractor exists[J]. International Journal of Bifurcation and Chaos, 2004, 14(9):3167-3177.

[10] WANG J W, ZHAO M C, ZHANG Y B, et al. Shil'nikov-type orbits of Lorenz-Family systems[J]. Physica A: Statistical Mechanics and its Applications, 2007, 375(2): 438-466.

[11] EI-DESSOKY M M, YASSEN M T, SALEH E, et al. Existence of heteroclinic orbits in two different chaotic dynamical systems[J]. Applied Mathematics and Computation, 2012, 218(24): 11859-11870.

[12] REN H P, LI W C. Heteroclinic orbits in Chen circuit with time delay[J]. Communications in Nonlinear Science and Numerical Simulation, 2010, 15(10): 3058-3066.

[13] ALGABA A, FERNANDEZ-SANCHEZ F, MERINO M, et al. Comment on "Heteroclinic orbits in Chen circuit with time delay"[J]. Communications in Nonlinear Science and Numerical Simulation, 2012, 17(6): 2708-2710.

[14] ALGABA A, FERNANDEZ-SANCHEZ F, MERINO M, et al. Comment on "Šilnikov-type orbits of Lorenz-Family systems"[J]. Physica A: Statistical Mechanics and its Applications, 2013, 392(19): 4252-4257.

[15] ALGABA A, FERNANDEZ-SANCHEZ F, MERINO M, et al. Comment on "Existence of heteroclinic orbits in two different chaotic dynamical systems"[J]. Applied Mathematics and Computation, 2014, 244(7): 49-56.

[16] BAO J H, YANG Q G. A new method to find homoclinic and heteroclinic orbits[J]. Applied Mathematic and Computation, 2011, 217(14): 6526-6540.

[17] GLENDINNING P, TRESSER C. Heteroclinic loops leading to hyperchaos[J]. Journal de Physique Letters, 1985, 46: 347-352.

第 6 章　线性延迟反馈系统中的拓扑马蹄

关于延迟反馈控制系统中混沌产生的机理，第 5 章已经介绍基于同宿轨道或异宿轨道的方法，间接证明系统中存在 Smale 马蹄变换下的混沌。Smale 马蹄是直接证明混沌存在性的最有力证据[1]，可以从理论上严格分析和证明混沌的存在。Smale 马蹄理论比较规范，但应用条件苛刻，计算量大，难以应用。1999 年，Tucker[2]首次从数学上严格证明了 Lorenz 系统中存在奇异吸引子，即存在 Smale 马蹄。在 Smale 马蹄理论的基础上，Kennedy 等[3]给出了拓扑马蹄理论。但该理论的前提条件不容易被满足，因此不利于推广应用。为了简便地寻找拓扑马蹄，2004 年，Yang 等[4]在 Smale 马蹄理论的基础上，给出了拓扑马蹄定理，并应用该定理找到了 Lorenz 系统和 Rössler 系统中的拓扑马蹄[5,6]，但这个方法仍需要大量的尝试试验，工作量相当大。为了更简便地寻找拓扑马蹄，对拓扑马蹄定理进行了推广，给出了拓扑马蹄定理的推论[7]。Li 等[8]开发了一款用于寻找拓扑马蹄的软件，即 HS 工具箱，它可以用于离散 Henon 映射和连续三维 Glass 网络模型等系统。文献[7]中的方法，也被应用于 RCLSJ（resistive capacitive inductance junction）模型[9]和几类三维混沌系统[10-15]中的拓扑马蹄证明。文献[16]主要对超混沌的 Rössler 系统，研究了一种在四维超空间上的二维拓扑拉伸，并找到拓扑马蹄。

本章主要介绍如何在线性延迟反馈控制产生的吸引子中寻找拓扑马蹄，这种方法可直接证明系统存在 Smale 马蹄，得出存在混沌的理论证明。第 5 章证明混沌的存在需要深刻理解动力系统理论，并巧妙地应用大量数值的计算来求解同宿轨道或异宿轨道。本章方法避开这一难题，给出一套简单的适用于连续系统的拓扑马蹄判定方法，利用拓扑马蹄证明线性延迟反馈控制系统中混沌现象的存在。

6.1　拓扑马蹄基础理论

6.1.1　符号动力学

求解线性延迟反馈 Chen 系统的拓扑马蹄之前，先来回顾一下符号动力学系统。

A 表示一个有限元素构成的集合，$A=\{a_1,a_2,\cdots,a_N\}$ 称为 A 字母表，A 中元素 $a_j\,(j=1,2,\cdots,N)$ 为符号。在 A 上引进如下距离度量：

$$d\left(a_i,a_j\right)=\begin{cases}0, & i=j\\1, & i\neq j\end{cases} \tag{6-1}$$

则 A 在度量（6-1）下构成一个紧致的、完全不连通的度量空间。

以 Σ_A 表示一切双向无限的符号序列

$$S=\left(\cdots,s_{-2},s_{-1};s_0,s_1,s_2,\cdots\right)$$

的集合，其中 $s_j\in A\left(j=0,\pm1,\pm2,\cdots\right)$，记号“；”加在零位元素的左方。$\forall S,T\in\Sigma_A$ 定义为

$$d\left(S,T\right)=\sum_{j=-\infty}^{\infty}\frac{d\left(s_j,t_j\right)}{2^{|j|}} \tag{6-2}$$

按照此距离定义，Σ_A 中两个序列接近是指这两个序列所代表的两个序列的中间很长一段是相同的。

在 Σ_A 上定义一个映射 $\sigma:\Sigma_A\to\Sigma_A$，即有 $\left(\sigma\left(S\right)\right)_j=s_{j+1}\left(j=0,\pm1,\pm2,\cdots\right)$。可以证明 σ 是 $\Sigma_A\to\Sigma_A$ 的一个同胚映射，习惯上称为移位映射。显然，σ 确定了 Σ_A 上的一个动力系统，称这个离散动力系统为符号动力系统[17]。

符号动力系统 $\left(\sigma,\Sigma_A\right)$ 具有如下一些动力学性质。

性质 6.1　σ 具有周期为任意自然数的周期点，即存在可列无穷多个周期点。

性质 6.2　σ 的周期点在 Σ_A 中是稠密的。

性质 6.3　σ 有稠轨道，即存在 $\overline{S}\in\Sigma_A$，使得 Σ_A 中的集合：

$$\left\{S\middle|S=\sigma^k\left(\overline{S}\right),\ k=0,\pm1,\pm2,\cdots\right\}$$

在 Σ_A 中是稠密的。

性质 6.4　Σ_A 中存在不可数集合 $\Delta\subset\Sigma_A-\mathrm{per}\left(\sigma\right)$，其中，$\mathrm{per}\left(\sigma\right)$ 是代表 σ 的所有周期点集合，满足以下条件。

（1）$\limsup\limits_{n\to\infty}d\left(\sigma^n\left(x\right),\sigma^n\left(y\right)\right)\geqslant1,\ \forall x,y\in\Delta,x\neq y$。

（2）$\liminf\limits_{n\to\infty}d\left(\sigma^n\left(x\right),\sigma^n\left(y\right)\right)=0,\ \forall x,y\in\Delta$。

（3）$\limsup\limits_{n\to\infty}d\left(\sigma^n\left(x\right),\sigma^n\left(y\right)\right)\geqslant1,\ \forall x\in\Delta,\ \forall y\in\mathrm{per}\left(\sigma\right)$。

性质 6.5　Σ_A 上的移位映射 σ 有拓扑熵 $\mathrm{ent}\left(\sigma\right)=\log N$，其中，$N$ 为字母表 A 中符号的个数。

从以上动力学性质可以得出在 Σ_A 上，移位映射具有可列多个稠密的周期点且具有稠轨道的特点。它在 Li-Yorke 意义下对初值具有敏感依赖性，并有拓扑熵大于零的性质，所有这些性质是客观世界中混沌运动所表现的基本属性，因而把动力系统 $\left(\sigma,\Sigma_A\right)$ 作为描述混沌的一种原始数学模型。

6.1.2　拓扑马蹄引理

拓扑马蹄理论发展到现如今，已经有多种理论形式，如 Smale 马蹄理论，Kennedy 等提出的拓扑马蹄理论，Zgliczyński 等提出的拓扑马蹄理论。

Smale 马蹄模型，是著名数学家 Smale 提出的一个数学模型，该模型曾被形象地称为“马蹄模型”，该模型实际上与移位映射拓扑共轭。设平面 R^2 上的正方形 $S=[-1,1]\times[-1,1]$，将 S 沿纵轴拉长（拉长比>2），再沿横轴压缩（压缩比<1/2），然后将得到的竖条形状弯成马蹄形状，放回正方形 S 中，这种结构称为 Smale 马蹄模型，如图 6-1 所示。

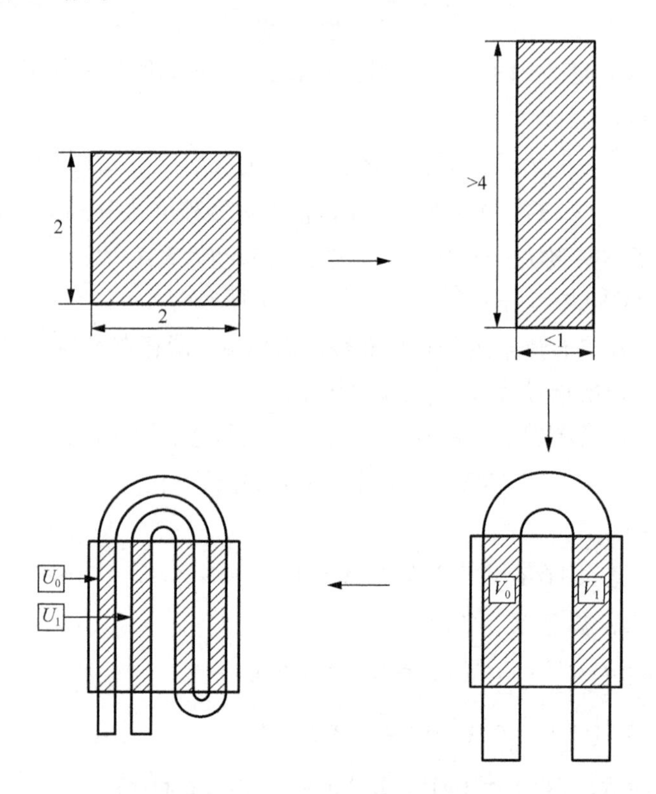

图 6-1　Smale 马蹄模型示意图

拓扑马蹄引理[4]为判定拓扑马蹄存在提供条件。本书也将运用该引理证明线性延迟反馈 Chen 系统中存在拓扑马蹄。先给出基本概念：设 X 是一个可分的度量空间，D 是 X 的紧子集，对于映射 $f:D\to X$，在 D 中有 m 个互不相交的紧致子集 $D_1,D_2,\cdots,D_m$，对于每个 D_i，有 $f|D_i$ 连续。

f 连接簇[4]　令 γ 是 D 的紧子集，对于任意 $1\leqslant i\leqslant m$，$\gamma_i=\gamma\cap D_i$ 非空且紧致，则称 γ 为对应于 $D_1,D_2,\cdots,D_m$ 的连接。令 γ 为一簇对应于 $D_1,D_2,\cdots,D_m$ 的连接，

如图 6-2 所示，若对于$\gamma \in F$，有$f(\gamma_i) \in F$，则称F为对应于$D_1, D_2, \cdots, D_m$的f连接簇，如图 6-3 所示。

拓扑马蹄引理[4]　如果存在一个对应于$D_1, D_2, \cdots, D_m$的f连接簇F，那么将存在一个紧致不变集合$K \subset D$，使得$F|K$与m-shift 的符号映射系统半共轭。

图 6-2 是连接的示意图，方格阴影矩形$\gamma_1 = \gamma \cap D_1$为对应于$D_1$的连接，其中$\gamma$是$X$的紧子集。图 6-3 是连接簇的示意图，绿色斜条纹框表示对应于D_1的连接，蓝色大框为对应于D_m的连接，黑色斜纹框代表$f(\gamma_i)$（f为庞加莱映射）。红色的F框表示一簇对应于$D_1, D_2, \cdots, D_m$的连接，满足$\gamma \in F$，且有$f(\gamma_i) \in F$，若找到如图 6-3 所示的几何结构关系，则称F为对应于$D_1, D_2, \cdots, D_m$的f连接簇。

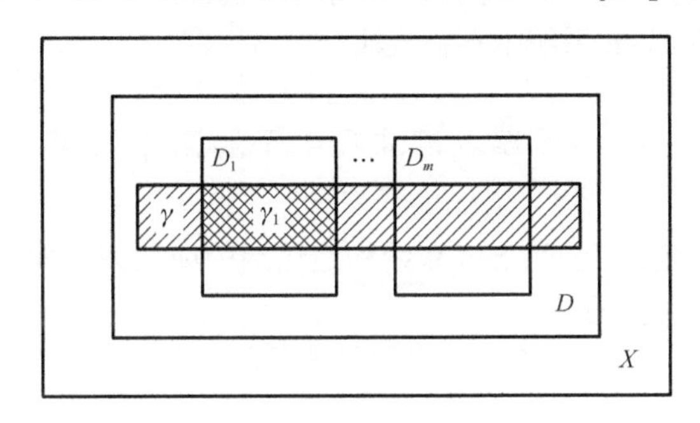

图 6-2　连接的示意图

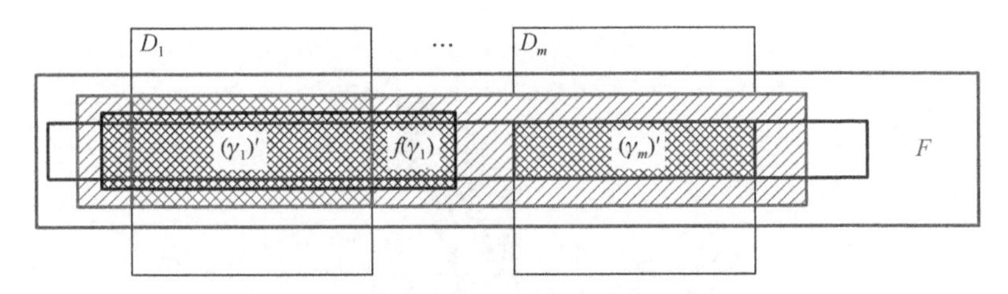

图 6-3　连接簇的示意图（后附彩图）

定义 6.1　对于任意$1 \leqslant i \leqslant m$，使$D_i^1$和$D_i^2$为$D_i$的两个固定互不相交紧子集。$l$为$D_i$的一个连接$D_i^1$和$D_i^2$的连接子集，若$l \cap D_i^1 \neq \varnothing, l \cap D_i^2 \neq \varnothing$，则称$l$连接$D_i^1$和$D_i^2$，记作：$D_i^1 \overset{l}{\leftrightarrow} D_i^2$。

定义 6.2　l为D_i的一个紧子集，若l包含一个紧致子集l'，且$f(l') \subset D_j$，并满足$D_i^1 \overset{f(l')}{\leftrightarrow} D_i^2$，则称$f(l)$从$D_j^1$和$D_j^2$上恰当穿过$D_j$，记作：$f(l) \mapsto D_j$。若$f(l) \mapsto D_j$对于任意一个紧致子集$l \subset D_i$，且$D_i^1 \overset{l}{\leftrightarrow} D_i^2$都成立，则称为$f(D_i)$分别穿越$D_j$的$D_i^1$、$D_i^2$和$D_j^1$、$D_j^2$，或者说$f(D_i) \mapsto D_j$。

定理 6.1 假设映射 $f:D\to X$ 满足如下假设。

（1）D 存在 m 个互不相交的紧致子集 $D_1,D_2,\cdots,D_m$，且 $f\,|\,D_i$ 是连续的。

（2）对于 $1\leqslant i,j\leqslant m$ 的任意一对 $f(D_i)\mapsto D_j$ 都成立。

那么，存在一个不变紧致子集 $K\subset D$，$f\,|\,K$ 与 m 移位动态 $\sigma\,|\,\Sigma_m$ 全映射半共轭，且拓扑熵 $\text{ent}(f)\geqslant \lg m$。

推论 6.1 如果 $f^p(D_1)\mapsto D_1$，那么 $f^{np}(D_1)\mapsto D_1$，n 为正整数。

推论 6.2 如果 $f^p(D_1)\mapsto D_1$，$f^p(D_1)\mapsto D_2$ 且 $f^q(D_2)\mapsto D_1$，那么存在一个紧致子集 $K\subset D$，使得 $f^{2p+q}\,|\,K$ 与 2-移位动态半共轭，且 $\text{ent}(f)\geqslant (1/2p+q)\lg 2$。

下面将通过数值计算仿真分析，寻找线性延迟反馈 Chen 系统中的连接簇，证明线性延迟反馈 Chen 系统中存在混沌。

6.2 单涡卷混沌吸引子的拓扑马蹄

本节针对线性延迟反馈 Chen 系统构造适当的庞加莱截面，研究其相应的庞加莱映射，并得到拓扑马蹄。

方法一 定义一个平面 $ABCD$ 的法向量为 $H=(1,-1,0)$，并过点 $(0,0,-2)$，平面 $ABCD$ 结构如图 6-4 所示。

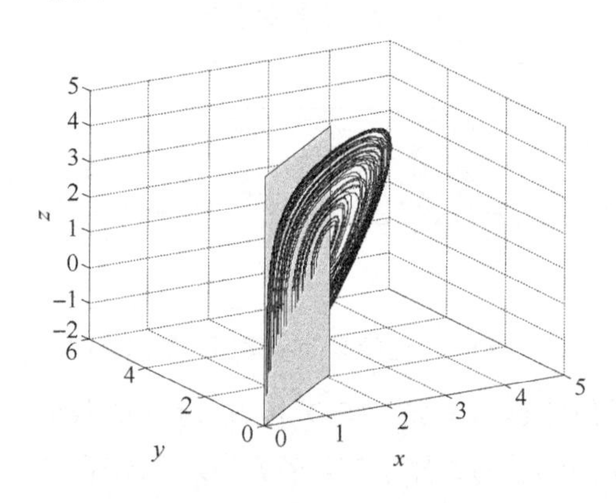

图 6-4 线性延迟反馈 Chen 系统单涡卷吸引子及平面 $ABCD$

在该平面上选取四边形 $afmh$ 为庞加莱截面，其四个顶点分别为

$$a=(0.7128,0.9674),\quad f=(0.7571,0.9863)$$

$$m=(0.7600,0.9707),\quad h=(0.7136,0.9514)$$

研究庞加莱映射 $P:afmh\to ABCD$。其定义为对于任意 $x\in afmh$，$P(x)$ 是从 x 出发系统轨线与 $ABCD$ 第一次相交的交点。

数值显示四边形 $afmh$ 的四个顶点在庞加莱映射下的像分别为 a'、f'、m'、h'，其中，图 6-5（a）为总体位置分布图，图中的 A_1、A_2、A_3 三个部分的放大图如图 6-5（b）～（d）所示，坐标分别为

$$a' = (0.2305, 0.6342),\quad f' = (0.2218, 0.6234)$$

$$m' = (1.7570, 1.3250),\quad h' = (1.7190, 1.3130)$$

图 6-5 表示了四边形 $afmh$ 及其在庞加莱映射下的像 a'、f'、m'、h'。

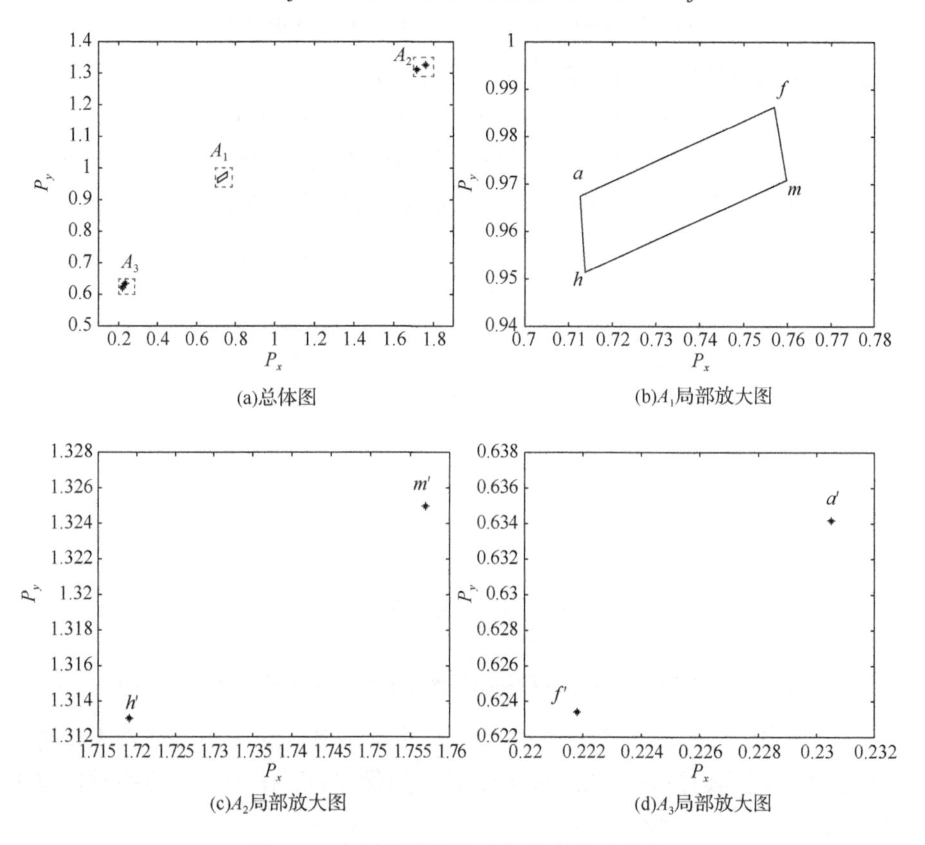

(a)总体图　(b)A_1局部放大图　(c)A_2局部放大图　(d)A_3局部放大图

图 6-5　庞加莱截面和庞加莱映射下的像

图 6-6 是四边形的四条边在庞加莱映射下的像与原来的相对位置关系示意图。

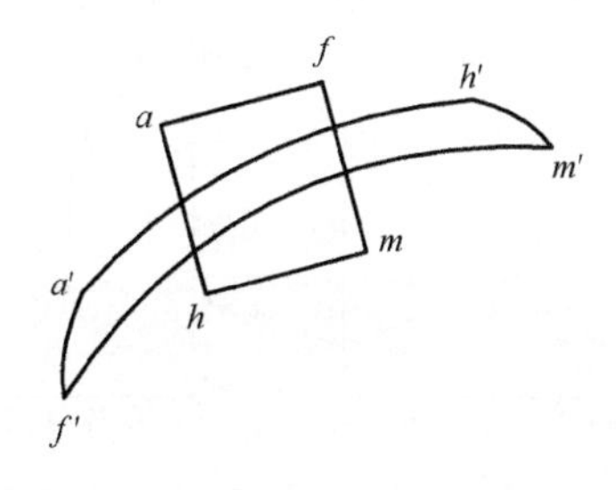

图 6-6　庞加莱截面和庞加莱映射下的像相对位置关系示意图

四个映射点定义为

$$i' = P(i),\ \ i = a, f, m, h$$

接下来，在 $afmh$ 上选取两个四边形 $bcji$ 和 $delk$，四边形 $bcji$ 的顶点在 $ABCD$ 平面上坐标分别为

$$b = (0.7153, 0.9685),\quad c = (0.7173, 0.9695)$$

$$j = (0.7169, 0.9526),\quad i = (0.7156, 0.9521)$$

四边形 $delk$ 的顶点在 $ABCD$ 平面上坐标分别为

$$d = (0.7542, 0.9851),\quad e = (0.7548, 0.9854)$$

$$l = (0.7585, 0.9699),\quad k = (0.7575, 0.9696)$$

从图 6-7 中可见四边形 $bcji$ 和四边形 $delk$ 与四边形 $afmh$ 的相对位置。

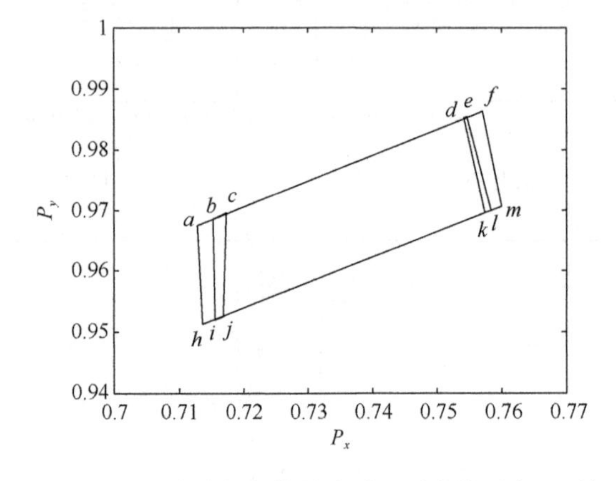

图 6-7　在四边形 $afmh$ 中选择拓扑马蹄引理要求的两个互不相交的闭集

仿真结果表明，两个四边形 $bcji$ 和 $delk$ 在庞加莱映射下的像都是连续的。

数值计算出四边形 $bcji$ 在庞加莱映射下的像 $b'c'j'i'$ 在平面上的相对位置关系如图 6-8 所示。

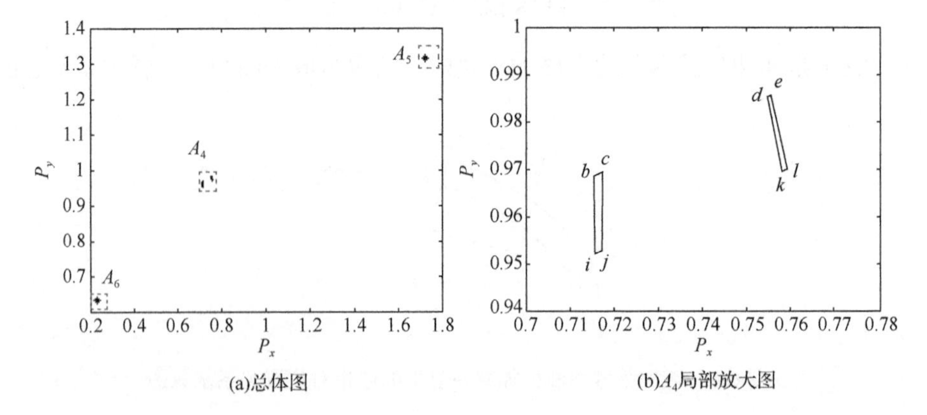

(a)总体图　　(b) A_4 局部放大图

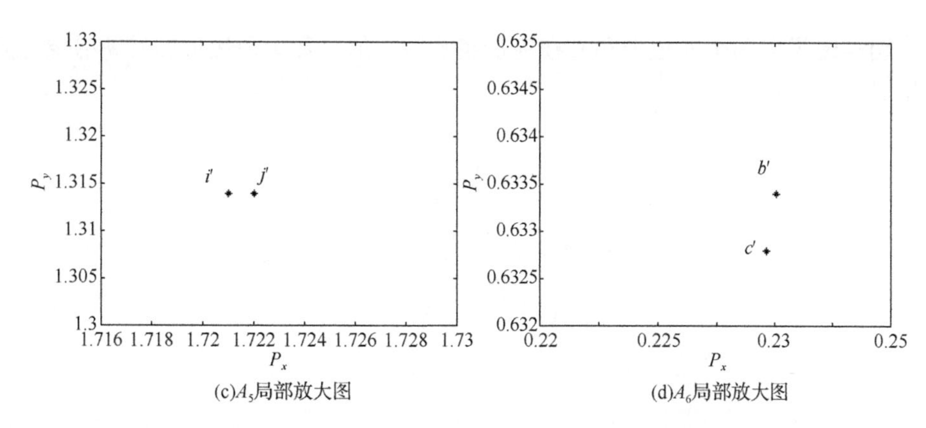

(c)A_5局部放大图　(d)A_6局部放大图

图 6-8　四边形 *bcji* 在庞加莱映射下的像与原四边形相对位置关系

数值计算出四边形 *delk* 在庞加莱映射下的像 *d'e'l'k'* 在平面上的相对位置关系如图 6-9 所示。

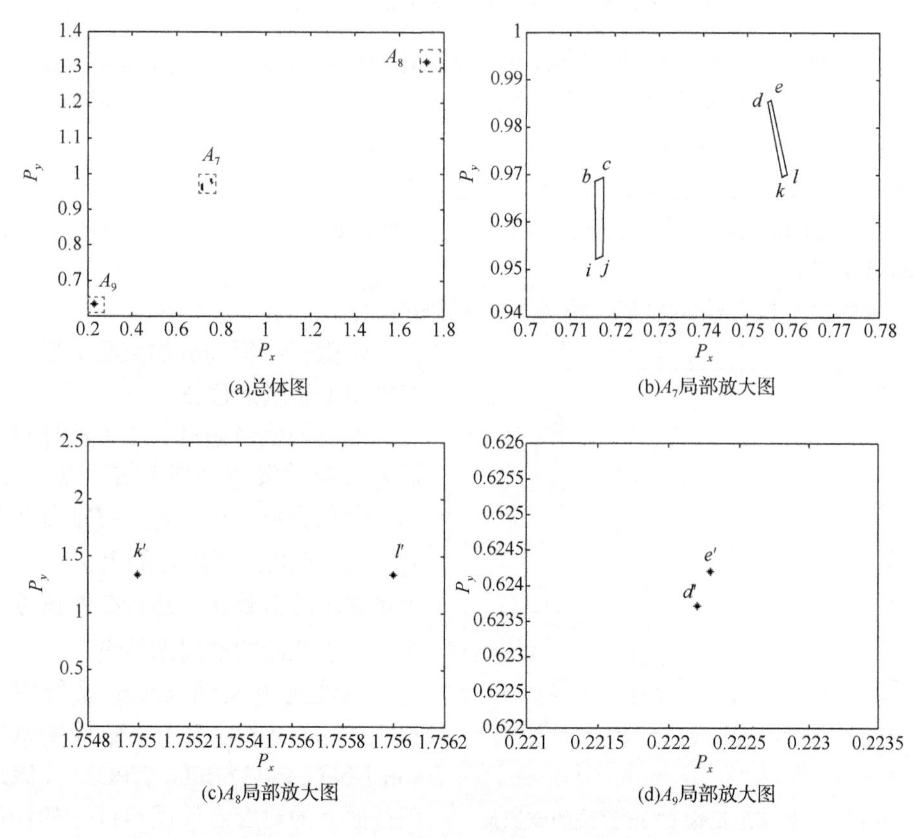

(a)总体图　(b)A_7局部放大图

(c)A_8局部放大图　(d)A_9局部放大图

图 6-9　四边形 *delk* 在庞加莱映射下的像与原四边形相对位置关系

图6-10说明两个四边形和其在庞加莱映射下的像及大四边形和其映射像之间的相对位置关系。

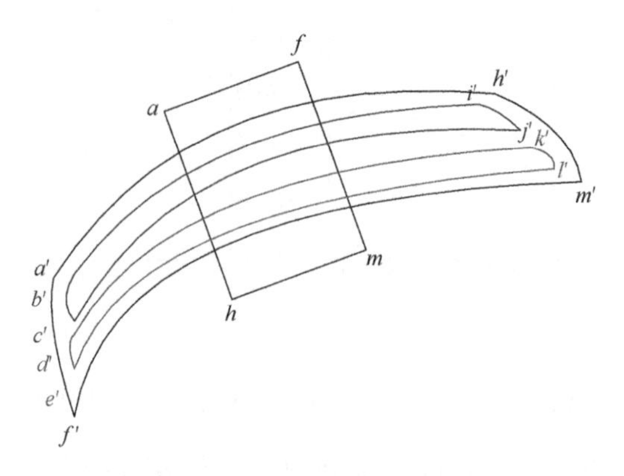

图 6-10　四边形 *bcji* 和 *delk* 在庞加莱映射下的像及大四边形 *afmh* 和其映射像 *a'f'm'h'* 间的相对位置关系的示意图

从这两个四边形在庞加莱映射下的像的几何性质可以看出，其满足拓扑马蹄引理，即存在所要求的 P 连接簇。通过上述数值试验判定混沌吸引子准则，当线性延迟反馈 Chen 电路参数为 $a=35$，$b=3$，$c=18.35978$，$k_{33}=2.85$，$\tau_3=0.3$ 时，存在一个不变子集 K 在庞加莱映射下的像与 2-shift 的符号映射系统半共轭，线性延迟反馈 Chen 系统中存在混沌，线性延迟反馈 Chen 系统产生的单涡卷吸引子是混沌吸引子。

方法二　该方法主要基于推论 6.1 和推论 6.2。

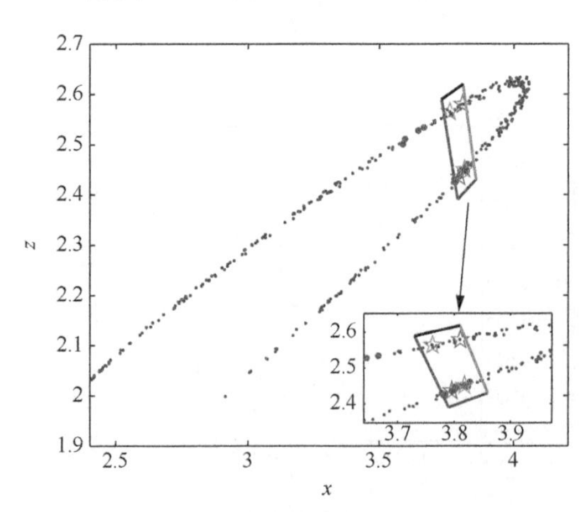

图 6-11　线性延迟反馈 Chen 系统的庞加莱映射及其中的不稳定周期轨道（后附彩图）

步骤一：得到庞加莱截面后，计算准周期轨道的位置。

准周期轨道通过如下方法计算：设 P_k 是离散混沌序列上的一点，且 l 为一个正整数，$d_k=\|P_{k+l}-P_k\|$ 为 P_k 与 P_{k+l} 之间的欧氏距离。如果 d_k 小于一个足够小的常数 σ，那么在 P_k 附近存在一个小范围的准周期轨道。

线性延迟反馈 Chen 系统中令 $l=2$，$\sigma=0.2$ 时的不稳定周期轨道（unstable period orbits，UPOs）在庞加莱截面上的对应点如图 6-11 中的红色区域所示。

庞加莱映射和准周期轨道程序如例程 6-1 所示。

例程 6-1　Chap6-1.m

```
01.  clc
02.  clear all
03.  ppp=odeset('MaxStep',1e-3);          %步长
04.  sol=dde23(@OdeP_2,0.3,[2.271277 2.271277 1.71956],[0 500],ppp);
05.  k=1;
06.  h1=[1,-1,0];xx0=[0,0,-2];            %h1 为庞加莱截面法向量; xx0 为
                                           %庞加莱截面上一点
07   signa=h1*(sol.y(:,1)-xx0');
08.  for i=1:length(sol.y)-1
09.      signb=h1*(sol.y(:,i+1)-xx0');%计算下一时刻混沌序列的点在庞加莱
                                           %截面上面或下面
10.          if signa*signb<=0             %如果当前点所在位置与下一时刻所在位
                                           %置位于庞加莱截面的不同侧则有穿越发生
11.            s1(k)=sol.y(1,i);           %保存当前 x 轴的坐标为穿越点 y 轴坐标
12.            s3(k)=sol.y(3,i);           %保存当前 z 轴的坐标为穿越点 y 轴坐标
13.            k=k+1;
14.          end
15.          signa=signb;                  %保存上一个值
16.  end
17.  plot(s1,s3,'b.');                     %画出庞加莱截面上的映射
18.  hold on
19.  l=2;                                  %计算庞加莱截面上的点映射 2 次后的欧
                                           %氏距离小于 sigma，则认为是一组准周
                                           %期轨道
20.  sigma=0.2;                            %准周期轨道的容忍距离
21.  hj=1;
22.  for j=1:length(s1)-2
23.  distance(j)=sqrt((s1(j)-s1(j+l))^2+(s1(j)-s1(j+l))^2+(s3(j)-
     s3(j+l))^2);                          %计算两点之间的欧氏距离
24.      if distance(j)<sigma              %如果欧氏距离小于容忍距离
25.        plot(s1(j),s3(j),'r.','MarkerSize',13); %画出 UPOs 的位置
26.        hold on
27.      end
28.  end
29.  j1(1,:)=[249,249+l];                  %画出在方框内的UPOs点和它映射两次后的点
30.  j1(2,:)=[337,337+l];
31.  plot(s1(j1(1,:)),s3(j1(1,:)),'mp','markersize',13);hold on
```

```
32. plot(s1(j1(2,:)),s3(j1(2,:)),'gp','markersize',13);hold on
33. xn(1,:)=[3.73,3.79,3.86,3.81]; xn(2,:)=[2.59,2.39,2.43,2.62];
                                          %方框的四个顶点固定点
34. xn=[xn,xn(:,1)];                      %为了画出闭合方框
35. jk=1;ni=30;                           %ni 为四边形方框内一条边上取 30 个点
36. for i=1:size(xn,2)-1
37.         dx=(xn(:,i+1)-xn(:,i))/ni;%计算边之间的采样间隔
38.         for j=0:ni-1
39.             x0=xn(:,i)+j*dx;          %得到方框上的采样点的坐标
40.             data(:,jk)=x0;            %将每一个采样点存入 data
41.             jk=jk+1;
42.         end
43. end
44. data=data';data=[data; data(1,:)];
45. plot(data(1:ni+1,1),data(1:ni+1,2),'r','Linewidth',2);hold on
46. plot(data(ni+1:2*ni+1,1),data(ni+1:2*ni+1,2),'b','Linewidth'
    ,2);
47. plot(data(2*ni+1:3*ni+1,1),data(2*ni+1:3*ni+1,2),'g','Linewi
    dth',2);
48. plot(data(3*ni+1:4*ni+1,1),data(3*ni+1:4*ni+1,2),'k','Linewi
    dth',2)
49. axis([2.4 4.2 1.9 2.7]);
50. xlabel(['\fontname{Times new roman}\it{x}']);
51. ylabel(['\fontname{Times new roman}\it{z}']);
```

步骤二：寻找子集 D_1，使其在 f^p [①]映射下穿越自己。

在一个准周期轨道附近选择一个多边形 D_1，使其包含准周期轨道。为了满足穿越条件，这里 $p=7$。调整 D_1 的各个顶点，直至 D_1 在 f^p 下能够穿越自己，若失败，则尝试另一个准周期轨道。

这里选择 D_1 的四个顶点坐标为

$$(3.73, 2.59),\quad (3.79, 2.39),\quad (3.86, 2.43),\quad (3.81, 2.62)$$

记四边形 D_1 的宽边为图 6-12 中红色 D_1^1 和绿色 D_1^2 所示。D_1^1 和 D_1^2 经过 p 次庞加莱映射后在庞加莱截面上留下的点在图 6-12 上标记为红色和绿色，而 D_1 的两条窄边经过 p 次庞加莱映射为黑色和蓝色，仿真图如图 6-12 所示。

寻找四边形 D_1 和其经过 p 次庞加莱映射后的像的程序，如例程 6-2 所示。

---

① f^p 表示经过 p 次庞加莱映射。

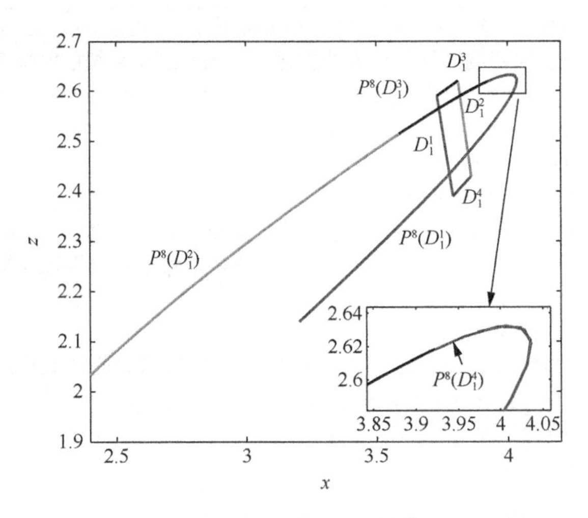

图 6-12　选择四边形 D_1 及其 f^p 后的像（后附彩图）

例程 6-2　Chap6-2.m

```
01. clc; clear all;
02. load sol1.y.mat;                     %载入保存的步长为1e-3,积分时间为[0
                                          500]的系统状态值
03. h1=[1,-1,0]; xx0=[0,0,-2];          %h1 为庞加莱截面法向量，xx0 为庞加
                                          莱截面上一点
04. k=1;
05. xn(1, :)=[3.73, 3.79, 3.86, 3.81];  xn(2,:)=[2.59, 2.39, 2.43,
    2.62];                               %四边形 D1
06. ni=20; times=7;                      %映射次数 p=7;
07. load s1.mat                          %载入庞加莱映射状态值 x
08. load s3.mat                          %载入庞加莱映射状态值 z
09. plot(s1, s3, 'b.'); hold on
10. load data.mat;                       %载入已保存的四边形上的采样点
11. M=length(data);                      %计算 data 的数据长度
12. global sol1; Dc=[]; tau=0.3;        %tau 为延迟时间
13. tstart=0.3; t_end=20;               %设置积分起始时间和终止时间
14. for i=1:M-1
15.     init=[data(i,1), data(i,1), data(i,2)];
                                          %设置系统初值为 data 中每一个采样点
16.     State=[];kl=0; TT_self=[]; sol1=[];
17.     options=ddeset('InitialY', init, 'RelTol', 1e-6, 'AbsTol', 1e-6,
18.      'InitialStep', 1e-3, 'MaxStep', 1e-3, 'events', @events1);
                                          %设置过零检测在 dde23 库函数中的选项①
```

注：①dde23 中默认的延迟项的初值为 init，在 option 中设置'InitialY'可以只设置系统的初值，而 $t<\tau$ 时间内延迟项的初值在子函数 ddex1hist 中设置。

```
19.     sol1=dde23(@OdeP_3, tau, @ddex1hist, [tstart:t_end], options);
        %以 data 为初值，开始计算线性延迟反馈 Chen 系统的时间序列
20.     signa1=h1*(xx0'-sol1.y(:,1));%判断时间序列第几次穿越庞加莱截面
21.     for ki=1:length(sol1.y)-1
22.     signb1=h1*(xx0'-sol1.y(:,ki+1));
23.     if signa1*signb1<=0
24.       if abs(signa1)>abs(signb1)&&signa1>=0&&signb1<=0
                                          %如果两个点分别在庞加莱截面两侧
25.         k1=k1+1;
26.           if k1==times
27.             Dc(i,1)=sol1.y(1,ki+1);%作图时只画庞加莱截面一侧的点
28.             Dc(i,2)=sol1.y(3,ki+1);
29.           break;
30.         end
31.     end
32. end
33.   signa1=signb1;
34. end
35. end
36. Dc=[Dc; Dc(1,:)];
37. plot(Dc(1:ni,1),Dc(1:ni,2),'r','Linewidth',2.5); hold on
38. plot(Dc(ni+1:2*ni,1), Dc(ni+1:2*ni,2), 'b', 'Linewidth', 2.5);
39. plot(Dc(2*ni+1:3*ni,1), Dc(2*ni+1:3*ni,2), 'g', 'Linewidth',
    2.5);
40. plot(Dc(3*ni+1:4*ni,1), Dc(3*ni+1:4*ni,2), 'k', 'Linewidth',
    2.5);
41. plot(data(1:ni+1,1), data(1:ni+1,2), 'r', 'Linewidth', 2);%作
    四边形 D1 的图
42. plot(data(ni+1:2*ni+1,1), data(ni+1:2*ni+1,2), 'b', 'Linewidth', 2);
43. plot(data(2*ni+1:3*ni+1,1),data(2*ni+1:3*ni+1,2),'g','Linewidth',2);
44. plot(data(3*ni+1:4*ni+1,1),data(3*ni+1:4*ni+1,2),'k','Linewidth',2)
45. xlabel(['\fontname{Times new roman}\it{x}']);
46. ylabel(['\fontname{Times new roman}\it{z}']);
```

例程 6-2 中的 events1 子函数程序如例程 6-3 所示。

例程 6-3 events1.m

```
01. function [value,isterminal,direction]=events1(Time, X, YDEL)
02. value=X(1)-X(2);      %设置事件 x=y 发生表达式
03. isterminal=1;    %是否在 value 事件发生时终止求解算法①
04. direction=1;     %设置 value 变化方向由+变-；反之则 direction=-1;
```

注：①逻辑上应该在 value 发生时不终止事件，但是为了计算庞加莱截面的精度小于 1×10^{-9}，把 dde23 的库函数中的跳出程序取消，即第 518 行（MATLAB 版本不同，可能行数不同）改成%done=true。这样即使发生 value 事件，dde23 也不会终止计算。

例程 6-2 中的 ddex1hist 子函数程序如例程 6-4 所示。

例程 6-4　ddex1hist.m

```
01.  function S=ddex1hist(t)
02.  global sol1;
03.  if  isempty(sol1)    %如果t<τ，则设置系统初值为计算最小精度 eps
04.     S=[eps eps eps];
05.  end
```

例程 6-2 中的 OdeP_3 子函数程序如例程 6-5 所示。

例程 6-5　OdeP_3.m

```
01.  function dydt=OdeP_3(t,y,Z)
02.  ylag=Z(3);
03.  a=35;b=3;c=18.35978;k=2.85;tau=0.3;
04.  if  (Z(1)==eps)&&(Z(2)==eps)&&(Z(3)==eps)
05.    dydt=[a*(y(2)-y(1))
06.          (c-a)*y(1)+c*y(2)-y(1)*y(3)
07.          y(1)*y(2)-b*y(3)];
08.  else
09.    dydt=[a*(y(2)-y(1))
10.          (c-a)*y(1)+c*y(2)-y(1)*y(3)
11.          y(1)*y(2)-b*y(3)+k*(y(3)-ylag)];
12.  end
13.  end
```

综上可知，方法一：四边形 *afmh* 和四边形 *bcji*、四边形 *delk* 拓扑共轭，并且四边形 *bcji* 和四边形 *delk* 在同胚映射下的像满足拓扑马蹄引理条件：$f^p(bcji) \mapsto bcji$，$f^p(bcji) \mapsto delk$ 和 $f^p(delk) \mapsto bcji$。因此根据拓扑马蹄引理，方法一中的几何关系为拓扑马蹄，进而说明系统中存在 Smale 类型混沌。方法二：假设四边形 D_1 是康托尔集，经过 p 次的拉伸和压缩，最终回到了四边形 D_1 中，即四边形 D_1 存在多个方向的拉伸行为。其位置关系满足 Smale 马蹄定理。本节所述的方法二中经过尝试有限次试验就可得到拓扑马蹄，避免如方法一中的大量尝试性试验，可见方法二具有简单、易操作、无须操作人员的先验知识的优点。

参 考 文 献

[1] SMALE S. Differentiable dynamical systems[J]. Bulletin of the American Mathematical Society, 1967, 73:747-817.

[2] TUCKER W. The Lorenz attractor exists[J]. Comptes Rendus de I'Académie des Sciences-Series I-Mathematics, 1999, 328(12):1197-1202.

[3] KENNEDY J, YORKE J A. Topological horseshoes[J]. Transaction of American Mathematical Society, 2001, 353(6):2513-2530.

[4] YANG X S, TANG Y. Horseshoes in piecewise continuous mappings[J]. Chaos, Solitions & Fractals, 2004, 19(4):841-845.

[5] YANG X S. Topological horseshoes in continuous maps[J]. Chaos, Solitons & Fractals, 2007, 33(1):225-233.

[6] 杨晓松, 李清都. 混沌系统与混沌电路[M]. 北京: 科学出版社, 2007.

[7] YANG X S. Topological horseshoes and computer assisted verification of chaotic dynamics[J]. International Journal of Bifurcation and Chaos, 2009, 19(4):1127-1145.

[8] LI Q D, YANG X S. A simple method for finding topological horseshoes[J]. International Journal of Bifurcation and Chaos, 2010, 20(2):467-478.

[9] YANG X S, LI Q D. A computer-assisted proof of chaos in Josephson junctions[J]. Chaos, Solitons & Fractals, 2006, 27(1):25-30.

[10] LI C L, WU L, LI H M, et al. A novel chaotic system and its topological horseshoe[J]. Nonlinear Analysis: Modelling and Control, 2013, 18(1):66-77.

[11] YANG X S, TANG Y, LI Q D. Horseshoe in a two-scroll control system[J]. Chaos, Solitons & Fractals, 2004, 21(5): 1087-1091.

[12] HUANG Y, YANG X S. Horseshoe in modified Chen’s attractors[J]. Chaos, Solitons & Fractals, 2005, 26(1): 79-85.

[13] DENG K B, YU S M. Estimating ultimate bound and finding topological horseshoe for a new chaotic system[J]. Optik-International Journal for Light and Electron Optics, 2014, 125(20):6044-6048.

[14] WU W J, CHEN Z Q, YUAN Z Z. A computer-assisted proof for the existence of horseshoe in a novel chaotic system[J]. Chaos, Solitons & Fractals, 2009, 41(5):2756-2761.

[15] LI Q D, ZENG H Z, YANG X S. On hidden twin attractors and bifurcation in the Chua’s circuit[J]. Nonlinear Dynamics, 2014, 77(1-2):255-266.

[16] LI Q D. A topological horseshoe in the hyperchaotic Rössler attractor[J]. Physics Letters A, 2008, 372(17): 2989-2994.

[17] 刘秉正. 非线性动力学与混沌基础[M]. 长春: 东北师范大学出版社, 1994.

第7章　线性延迟反馈系统产生混沌的通信应用

混沌通信作为混沌应用的一个重要方向，自20世纪90年代开始发展非常迅速，许多新思想、新方法相继被提出。目前，已报道的混沌保密通信方法大致分为三类：①利用混沌符号传递信息。此类方案通过施加的小扰动控制混沌系统符号动力学特性以携带信息[1,2]。②基于混沌同步的通信方案。此类方案分为三小类：混沌掩盖、混沌调制和混沌键控。Oppenheim等[3]提出了混沌掩盖方案，该方案依赖于混沌同步程度，易受到噪声的影响，并且易于受到延时嵌入法[4]和回归映射法[5]的破解攻击。Halle等[6]提出了混沌调制方案，这类方案相较于混沌掩盖方案具有更好的保密性能，但仍然对噪声敏感，且易受到非线性动力学（nonlinear dynamic，NLD）预测技术[7]和动力学重构法[8]的攻击。Dedieu等[9]提出了混沌键控方案，这类方案具有较弱的保密性能，可以被诸多方案破解，如短期过零率检测[10]、频谱分析法[11]、广义同步法[12]、自适应参数辨识[13]等。③混沌非同步通信技术，如混沌非同步码分多址系统[14]、直接扩频系统[15]等。此类方案通常利用混沌序列代替伪随机码获得更好的性能。然而混沌信号的优势，如宽频谱、正交性等特性在这类方案中没有得到发挥与体现。此外，许多保密通信方案中采用的低维混沌系统可以采用相空间重构法[8]或回归映射[16]进行破译，并没有展现出良好的保密性能。为了提高保密通信的安全性，一些新的方案，如超混沌保密通信方案[17]、改进加密算法方案[18]、基于相同步的保密通信方案[19]以及利用噪声和混沌加密方案[20]等被提出来提高混沌保密通信的抗破译性。

如同矛与盾的关系，混沌保密通信研究中涌现出新的保密通信方法和对应的破译方法，二者一起促使混沌保密理论和技术的不断发展。随着2005年混沌通信成功用于商用光纤通信而获得了更高的传输速率[21]，混沌通信研究逐渐向实用化方向发展[22]，期望以简单的电路实现更高的保密性能。超混沌具有更加复杂的动力学特性，可以弥补低维混沌的弱点，提高保密性能，通常用状态反馈法引入一组新状态变量构造超混沌，而增加状态变量增大了系统电路的实现难度。通过引入线性延迟反馈得到的超混沌系统不但具有无限维，而且电路实现简单，具有更好的应用潜力[23]。

7.1 线性延迟反馈产生超混沌的同步

7.1.1 线性延迟反馈 Chen 系统中的超混沌

线性延迟反馈 Chen 系统如下所示：

$$\begin{cases} \dot{x} = a(y - x) \\ \dot{y} = (c - a)x - xz + cy \\ \dot{z} = xy - bz + k(z - z(t - \tau)) \end{cases} \tag{7-1}$$

其中，x、y、z 为系统的状态变量；a、b、c 和 k 为系统的参数；τ 为延迟时间。当 a=35，b=3，c=18，k=2.4，$\tau = 0.5$ 时，系统表现为双涡卷混沌吸引子，如图 7-1 所示。该系统具有三个正 Lyapunov 指数：0.2219，0.2216 和 0.0035，故此系统为超混沌系统。由于延迟的引入，系统为无穷维，因此，此系统为无穷维超混沌系统。

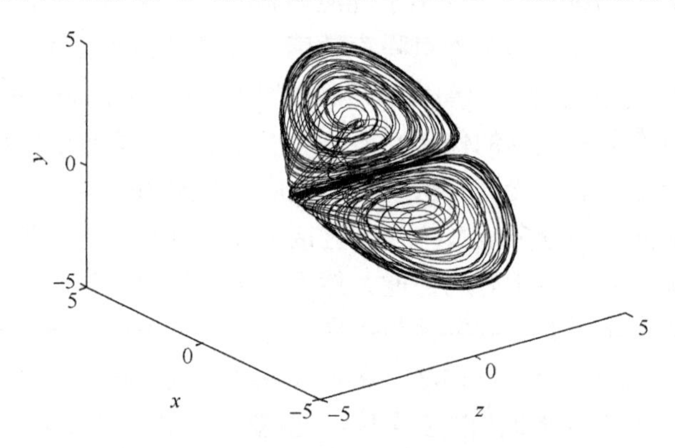

图 7-1 线性延迟反馈 Chen 系统的超混沌吸引子

绘制双涡卷混沌吸引子的程序如例程 7-1 所示。

例程 7-1 Chap7_1.m

```
01.  clear all; clc; close all;
02.  tau=0.5;                              %延迟时间
03.  t_start=0;                            %开始时间
04.  tstep=0.01;                           %步长
05.  t_end=1000;                           %终止时间
06.  init=[0.1, 1, 0.1];                   %系统初值
07.  State=zeros(t_end/tstep, 3);          %系统状态空矩阵
08.  State(1, : )=init;                    %系统初值赋入状态矩阵
09.  flag=1;                               %标志位
10.  num=floor(tau/tstep);                 %延迟时间对应的积分步数
11.  for t=t_start: tstep: t_end
```

```
12.     t0=t;                                    %积分开始时间
13.     tf=t+tstep;                              %积分终止时间
14.     flag=flag+1;
15.     if t<tau      %系统演化时间 t 小于延迟时间时, 延迟项为系统自身状态值
16.         x3_tau=init(3);
17.         %龙格-库塔法解线性延迟反馈 Chen 系统
18.         [Time, X]=runge_kutta4(@Fun_Delay_Chen, [t0: tstep: tf],
            init, x3_tau);
19.         State(flag, : )=X(end, : ); %系统状态赋入状态矩阵
20.         init=X(end, : );                     %下一时刻的系统初值
21.     else
22.         x3_tau=State(flag-1-num, 3); %延迟项状态值
23.         [Time, X]=runge_kutta4(@Fun_Delay_Chen, [t0: tstep: tf],
            init, x3_tau);
24.         State(flag, : )=X(end, : );
25.         init=X(end, : );
26.     end
27. end
28. figure(1)          %建立一个新图, 绘制 1000 个点后的相图
29. plot3(State(1000: end, 3), State(1000: end, 1), State(1000: end,
    2), 'k-')
30. xlabel(['\fontname{Times new roman}\it{x}']);
31. ylabel(['\fontname{Times new roman}\it{y}']);
32. zlabel(['\fontname{Times new roman}\it{z}']);
```

注：该程序中 Chen 系统的仿真采用特定步长 tstep=0.01 进行定步长仿真，在步长之内用四阶龙格-库塔法仿真，是用仿真求解延迟系统的另一种方法，子函数 Fun_Delay_Chen 的定义如例程 7-2 所示。

例程 7-2　Fun_Delay_Chen.m

```
01. function xdot=Fun_Delay_Chen(t, x, x3_tau)
02. %线性延迟反馈 Chen 系统子函数
03. a=35; b=3; c=18; k=2.4;                        %系统参数
04. xdot(1)=a*(x(2)-x(1));
05. xdot(2)=(c-a)*x(1)-x(1)*x(3)+c*x(2);
06. xdot(3)=x(1)*x(2)-b*x(3)+k*(x(3)-x3_tau);
07. xdot=xdot';
```

四阶龙格-库塔法程序如例程 7-3 所示。

例程 7-3　runge_kutta4.m

```
01. function [X, Y]=runge_kutta4(odefun, tspan, y0, parameters)
02. %龙格-库塔法
```

```
03.  %输入参量
04.  %odefun 为系统子函数名称
05.  %tspan 为积分区间
06.  %y0 为系统初值
07.  %parameters 为需要传递的变量(这里为延迟项)
08.  %输出参量
09.  %X 为积分时间
10.  %Y 为积分结果
11.  X(1)=tspan(1);                     %起始时间
12.  neq=length(y0);                    %系统维数
13.  N=length(tspan);                   %积分步数
14.  Y=zeros(neq, N);                   %积分结果矩阵初始化
15.  F=zeros(neq, 4);                   %中间变量初始化
16.  h=diff(tspan);                     %步长
17.  Y(: , 1)=y0;
18.  for i=2: N
19.      X(i)=X(i-1)+h;                 %积分时间
20.      ti=tspan(i-1);                 %积分起始时间
21.      hi=h(i-1);                     %步长
22.      yi=Y(: , i-1);                 %积分起始状态
23.  %龙格-库塔法：符号函数 odefun 中代入 ti，yi，parameters 数值，分别计算
     每一步结果
24.      F(: , 1)=feval(odefun, ti, yi, parameters);
25.      F(: , 2)=feval(odefun, ti+0.5*hi, yi+0.5*hi*F(: , 1), parameters);
26.      F(: , 3)=feval(odefun, ti+0.5*hi, yi+0.5*hi*F(: , 2), parameters);
27.      F(: , 4)=feval(odefun, tspan(i), yi+hi*F(: , 3), parameters);
28.      Y(: , i)=yi + (hi/6)*(F(: , 1)+ 2*F(: , 2)+ 2*F(: , 3)+ F(: , 4));
29.  end
30.  Y=Y.';
```

7.1.2　主动-被动同步法原理

Pecora 等[24]于 1990 年提出的驱动-响应同步法，是最早提出的混沌同步方案，因需要对混沌系统进行特定结构分解而在实际应用中有较大限制，但是为其他同步方案的提出和混沌保密通信的实现奠定了基础。随后 Kocarev 等[25]于 1995 年提出了改进方法，即主动-被动分解法或有源-无源分解法，该方法相对于驱动-响应同步法具有更好的普适性。

对于式（7-2）的非线性自治动力学系统：

$$\dot{z}=F(z) \tag{7-2}$$

其中，$z\in \mathrm{R}^n$ 为系统的状态向量；F 为光滑的向量场。将式（7-2）改写成如下的非自治系统形式作为驱动系统：

$$\dot{x}=f(x,s) \tag{7-3}$$

其中，具有 x 变量的函数 s 作为选择的驱动变量，即 $s=h(x)$ 或 $\dot{s}=h(x,s)$。响应系统为与式（7-3）相同的非自治系统：

$$\dot{y}=f(y,s) \tag{7-4}$$

相同的驱动信号（也是信道中的传输信号）$s(t)$作用于驱动系统（7-3）与响应系统（7-4）中，由驱动系统（7-3）和响应系统（7-4）推导出响应系统和驱动系统的系统误差 $e=x-y$ 为

$$\dot{e}=f(x,s)-f(y,s)=f(x,s)-f(x-e,s) \tag{7-5}$$

驱动系统（7-3）与响应系统（7-4）在 $e=0$ 处达到稳定的同步状态，此时 $x=y$，即 $e=0$ 是式（7-5）的稳定不动点。如果式（7-5）的条件 Lyapunov 指数为负，则驱动系统和响应系统能够实现同步，称为主动-被动同步。

由于驱动-响应同步方法本质上属于主动-被动同步方法的特例，因此主动-被动同步方法具有更广泛的适用性。这种同步方法的关键在于驱动信号 $s(t)$的选择，驱动函数可以选择为依赖系统状态的一般函数，也可以选择为依赖信息信号与混沌信号的函数。这使得主动-被动同步方法在保密通信领域中被广泛应用。

7.1.3　基于主动-被动的超混沌 Chen 系统同步

按照 7.1.2 小节所示的主动-被动同步方法原理，将超混沌 Chen 系统写为如下的非自治系统形式作为驱动系统：

$$\begin{cases}\dot{x}_1=s-(a-1)x_1\\ \dot{x}_2=(c-a+1)x_1-x_1x_3+(c-a)x_2+s\\ \dot{x}_3=x_1x_2-bx_3+k(x_3-x_3(t-\tau))\end{cases} \tag{7-6}$$

其中，驱动信号 $s=ax_2-x_1$。得到相应的响应系统的状态方程为

$$\begin{cases}\dot{y}_1=s-(a-1)y_1\\ \dot{y}_2=(c-a+1)y_1-y_1y_3+(c-a)y_2+s\\ \dot{y}_3=y_1y_2-by_3+k(y_3-y_3(t-\tau))\end{cases} \tag{7-7}$$

通过分析误差系统来判断驱动系统和响应系统的同步性能。令 $e_1=x_1-y_1$，$e_2=x_2-y_2$，$e_3=x_3-y_3$，由式（7-6）和式（7-7）可得

$$\begin{aligned}&\dot{e}_1=-(a-1)e_1\\ &\dot{e}_2=-x_1e_3+(c-a)e_2\\ &\dot{e}_3=x_1e_2-be_3+k(e_3-e_3(t-\tau))\end{aligned} \tag{7-8}$$

驱动系统和响应系统在驱动信号 s 的作用下经过短暂的瞬态过程后达到同步，如图 7-2（a）所示。定义同步均方误差为 $e_s=\sqrt{\left(e_1^2+e_2^2+e_3^2\right)}$，图 7-2（b）给出了同步均方误差变化情况。

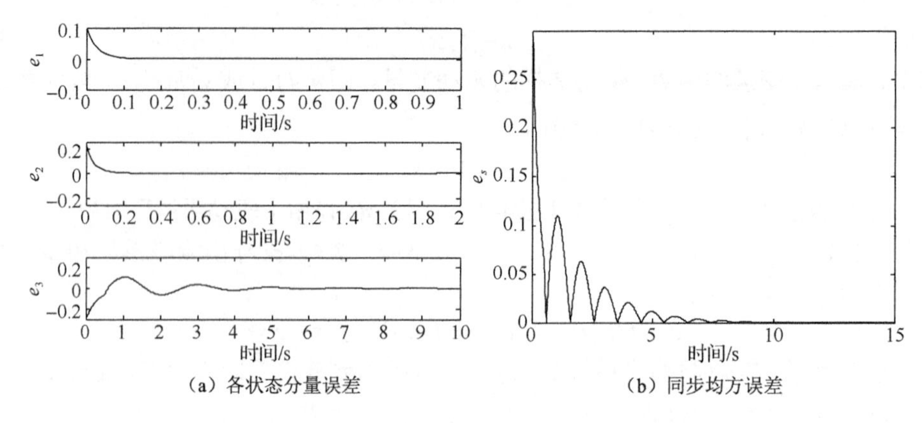

图 7-2 两个超混沌 Chen 系统主动-被动同步

实现两个超混沌 Chen 系统主动-被动同步的程序如例程 7-4 所示。

例程 7-4 Chap7_2.m

```
01.  clear all; clc; close all;
02.  a=35; b=3; c=18;                    %控制参数
03.  tau=0.5;                            %延迟时间
04.  t_start=0;                          %起始时间
05.  tstep=0.01;                         %步长
06.  t_end=15;                           %终止时间
07.  %%%%%%%%%%%%主动系统%%%%%%%%%%%%
08.  init_x=[0.1, 0.1, 0.1];             %主动系统初值
09.  State_X=zeros(t_end/tstep,3);       %主动系统状态值初始化
10.  State_X(1, : )=init_x;
11.  flag=1;                             %标志位
12.  num=floor(tau/tstep);               %延迟时间对应的标记长度
13.  s=a*init_x(2)-init_x(1);            %驱动信号初值
14.  S=[];
15.  S=[S, s];                           %主动系统的驱动信号初始化
16.  for t=t_start: tstep: t_end-tstep
17.      t0=t;                           %待积分起始时间
18.      tf=t+tstep;                     %待积分终止时间
19.      flag=flag+1;
20.      para(1)=s;                      %控制变量 s 作为 para 第一个参数
21.      if t<tau                        %时间 t<tau 时的系统状态
22.          para(2)=init_x(3);          %延迟项作为 para 第二个参数，传递给
                                         %Chen 系统方程
23.          [Time, X]=runge_kutta4(@Fun_delay_Chen_syn, [t0: tstep:
             tf], init_x, para);
24.          %第[t, t+tstep]个步长的计算结果(即主动系统状态)保存
```

```
25.         State_X(flag, : )=X(end, : );
26.         %第[t, t+tstep]个步长的计算结果作为[t+tstep, t+2tstep]计算
            %的初值
27.         init_x=X(end, : );
28.         s=a*init_x(2)-init_x(1); %计算下一时间的驱动信号
29.     else%时间大于延迟时间则使用延迟后变量
30.         para(2)=State_X(flag-1-num, 3);
31.         [Time, X]=runge_kutta4(@Fun_delay_Chen_syn, [t0: tstep:
            tf], init_x, para);
32.         State_X(flag, : )=X(end, : );
33.         init_x=X(end, : );
34.         s=a*init_x(2)-init_x(1);
35.     end
36.     S=[S, s];                       %保存所有的驱动信号，作为发射信号
37.     wa=waitbar(t/(2*t_end));        %进度条
38. end
39. %%%%%%%%%%被动系统%%%%%%%%%%%
40. init_y=[0.2, 0.32, -0.2];           %被动系统初值
41. State_Y=zeros(t_end/tstep, 3);      %被动系统状态值初始化
42. State_Y(1, : )=init_y;
43. flag1=1;                            %标志位
44. for t=t_start: tstep: t_end-tstep
45.     t0=t;
46.     tf=t+tstep;
47.     para(1)=S(flag1); %分别取出接收到的信号 s，作为被动系统的驱动信号
48.     flag1=flag1+1;
49.     if t<tau
50.         para(2)=init_y(3);
51.         [Time, Y]=runge_kutta4(@Fun_delay_Chen_syn, [t0: tstep:
            tf], init_y, para);
52.         State_Y(flag1, : )=Y(end, : );
53.         init_y=Y(end, : );
54.     else
55.         para(2)=State_Y(flag1-1-num, 3);
56.         [Time, Y]=runge_kutta4(@Fun_delay_Chen_syn, [t0: tstep:
            tf], init_y, para);
57.         State_Y(flag1, : )=Y(end, : );
58.         init_y=Y(end, : );
59.     end
60.     wa=waitbar((t_end+t)/(2*t_end));      %进度条
61. end
62. close(wa);                                %关闭进度条
```

```
63.  ERROR=State_Y-State_X;         %计算误差
64.  Figure                         %打开一个新图;分别画出主动-被动系统三个状态的误差
65.  subplot(3, 1, 1)
66.  plot(t_start: tstep: t_end, ERROR(: , 1), 'k', 'LineWidth', 1.5)
67.  axis([0, 1, -0.1, 0.1]);
68.  ylabel(['\fontsize{15}\fontname{Times new roman}\it{e}\rm_1']);
69.  xlabel('时间/s', 'FontSize', 13);
70.  subplot(3, 1, 2)
71.  plot(t_start: tstep: t_end, ERROR(: , 2), 'k', 'LineWidth', 1.5)
72.  ylabel(['\fontsize{15}\fontname{Times new roman}\it{e}\rm_2']);
73.  xlabel('时间/s', 'FontSize', 13);
74.  axis([0, 2, -0.25, 0.25]);
75.  subplot(3, 1, 3)
76.  plot(t_start: tstep: t_end, ERROR(: , 3), 'k', 'LineWidth', 1.5)
77.  ylabel(['\fontsize{15}\fontname{Times new roman}\it{e}\rm_3']);
78.  xlabel('时间/s', 'FontSize', 13);
79.  axis([0, 10, -0.3, 0.3]);
80.  Figure                         %重新建一个图:主动-被动系统的均方误差
81.  es=sqrt(ERROR(: , 1).^2+ERROR(: , 2).^2+ERROR(: , 3).^2);
82.  plot(t_start: tstep: t_end, es, 'k', 'LineWidth', 1.5)
83.  ylabel(['\fontsize{15}\fontname{Times new roman}\it{e_s}']);
84.  xlabel('时间/s', 'FontSize', 13);
85.  axis([0, 15, 0, 0.3]);
```

例程 7-4 所用的系统描述子函数 Fun_delay_Chen_syn 定义如例程 7-5 所示。

例程 7-5　Fun_delay_Chen_syn.m

```
01.  function xdot=Fun_delay_Chen_syn(t, x, para)
02.  %主动-被动法得到的超混沌 Chen 系统形式
03.  s=para(1);                     %控制信号
04.  x3_tau=para(2);                %延迟项
05.  a=35; b=3; c=18; k=2.4;        %系统参数
06.  xdot(1)=s-(a-1)*x(1);
07.  xdot(2)=(c-a+1)*x(1)-x(1)*x(3)+(c-a)*x(2)+s;
08.  xdot(3)=x(1)*x(2)-b*x(3)+k*(x(3)-x3_tau);
09.  xdot=xdot';
```

7.2　基于无穷维超混沌 Chen 系统和密钥流迭代的保密通信方法

本节介绍采用超混沌 Chen 系统和密钥流迭代实现保密通信[26]，系统结构框图如图 7-3 所示，在发送端选取超混沌 Chen 系统的一组状态变量作为密钥，即

$k(t)$，利用密钥流函数 $e(\bullet,\bullet)$ 对明文信号 $p(t)$进行加密，信道中传输的信号为驱动信号 $s(t)$，它是超混沌 Chen 系统的状态变量组合，接收端与发送端在经过暂态过程后同步，通过密钥流函数的逆运算恢复出明文信号。所提的加密方案中分别使用了两次超混沌系统状态，第一次用于明文信息加密，第二次用于同步驱动系统和响应系统的密钥迭代。

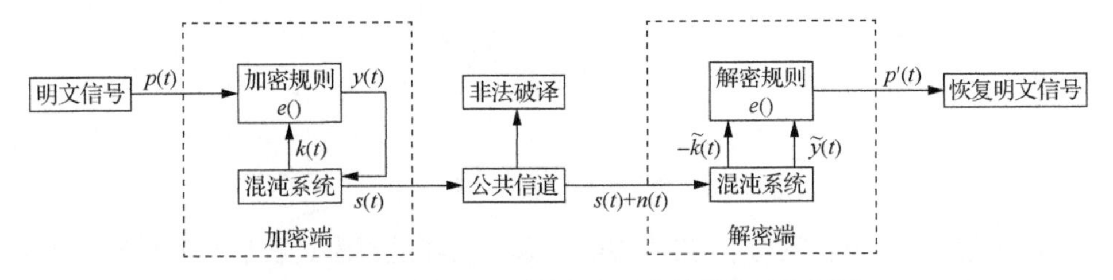

图 7-3　超混沌 Chen 系统保密通信的系统结构框图

超混沌 Chen 系统作为加密端的混沌驱动系统，表达式为

$$\begin{cases}\dot{x}_1(t)=s(t)-(a-1)x_1(t)\\ \dot{x}_2(t)=(c-a+1)x_1(t)-x_1(t)x_3(t)+(c-a)x_2(t)+s(t)\\ \dot{x}_3(t)=x_1(t)x_2(t)-bx_3(t)+k(x_3(t)-x_3(t-\tau))\end{cases} \tag{7-9}$$

信道中的传输信号为

$$s(t)=ax_2(t)-x_1(t)+y(t) \tag{7-10}$$

其中，

$$\begin{aligned}y(t)&=e(p(t),k(t))\\ k(t)&=x_1(t)\end{aligned} \tag{7-11}$$

$e(\bullet,\bullet)$ 为 n 次迭代加密函数，对明文信号 $p(t)$ 加密，具体的加密方法如下：

$$e(p(t),k(t))=\underbrace{f_1(\cdots f_1(f_1}_{n}(p(t),\underbrace{x_1(t)),x_1(t)),\cdots,x_1(t))}_{n} \tag{7-12}$$

选择适当的 h 值使 $p(t)$ 和 $x_1(t)$ 的值域范围在 $(-h,h)$ 。$f_1(\bullet,\bullet)$ 是如式（7-13）所示的非线性函数：

$$f_1(u,v)=\begin{cases}(u+v)+2h, & -2h\leqslant(u+v)\leqslant-h\\ (u+v), & -h<(u+v)<h\\ (u+v)-2h, & h\leqslant(u+v)\leqslant 2h\end{cases} \tag{7-13}$$

其非线性关系如图 7-4 所示。

接收端的响应系统如下：

$$\begin{cases}\dot{y}_1(t)=s(t)-(a-1)y_1(t)\\ \dot{y}_2(t)=(c-a+1)y_1(t)-y_1(t)y_3(t)+(c-a)y_2(t)+s(t)\\ \dot{y}_3(t)=y_1(t)y_2(t)-by_3(t)+k(y_3(t)-y_3(t-\tau))\end{cases} \tag{7-14}$$

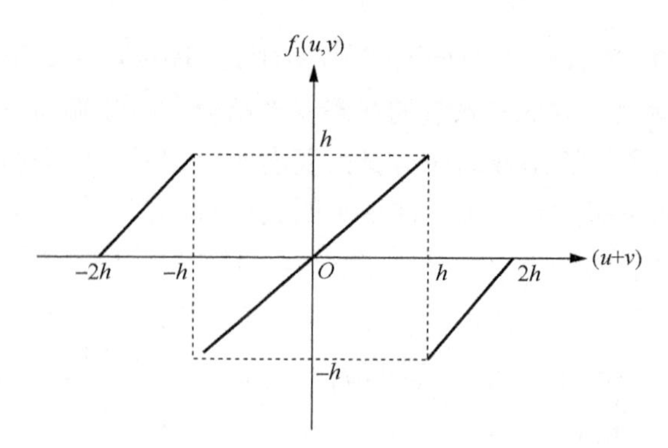

图 7-4　非线性关系

在传输信号 $s(t)$ 的驱动下，接收端响应系统在经过暂态过程后与发射端驱动系统达到同步，可以得

$$\tilde{y}(t) = s(t) - ay_2(t) + y_1(t) \tag{7-15}$$

经过暂态过程后两系统实现同步，即

$$\tilde{y}(t) = y(t) \tag{7-16}$$

通过对密钥函数的逆运算，可以在接收端恢复明文信号：

$$p'(t) = \underbrace{f_1(\cdots f_1(f_1}_{n}(\tilde{y}(t), \underbrace{-\tilde{k}(t)), -\tilde{k}(t)), \cdots, -\tilde{k}(t))}_{n} \tag{7-17}$$

其中，

$$\tilde{k}(t) = y_1(t) \tag{7-18}$$

此保密通信方案的特点如下：①不同于其他混沌保密通信方案将密钥信号或加密信号作为传输信号驱动发射端系统和接收端系统同步，而是将密钥信号和加密信号隐藏于传输信号 $s(t)$ 中；②接收端和发射端混沌振子采用理论上具有无穷维的超混沌 Chen 系统，具有更加复杂的动力学特性和相空间轨迹，可以防止信息截获者通过相空间重构的方法破译；③假设截获者能够预测混沌系统的动力学行为，由于加密采用了更加复杂的 n 次移位迭代非线性函数，也难以从截获的信号中恢复出有意义的明文信息；④在移位迭代加密函数中，密钥信号 $x_1(t)$ 被使用了 n 次对明文信息进行迭代加密。加密信号是一个包含了明文信号 $p(t)$ 和密钥信号 $x_1(t)$ 的复杂函数，该函数被用来驱动接收端的响应超混沌 Chen 系统，不但更好地隐藏了明文信号 $p(t)$ 和密钥信号 $x_1(t)$ 的动力学特征和统计特性，而且改变了驱动吸引子的轨迹，具有更大的破译难度。

7.3　数 值 仿 真

选取明文信号 $p(t) = 0.4\sin(\pi t)$ 和迭代加密函数参数 $n = 30$，$h = 0.4$。驱动系统（7-9）的初始状态为 $(x_1(0), x_2(0), x_3(0)) = (0.1, 0.6, 0.1)$，响应系统的初始状态为

$(y_1(0), y_2(0), y_3(0)) = (-0.1, -0.4, -0.1)$，保密通信方案的仿真结果如图 7-5 所示。图 7-5（a）为明文信号；（b）为加密信号；（c）为信道传输信号；（d）为传输信号功率谱；（e）为接收端恢复明文信号；（f）为明文与恢复明文信号的误差。驱动系统和响应系统在驱动信号 $s(t)$的作用下经过暂态过程达到同步，进而恢复出明文信号，由图 7-5（c）可知传输信号 $s(t)$中不含有明文信号和密钥信号的时域或频域信息。

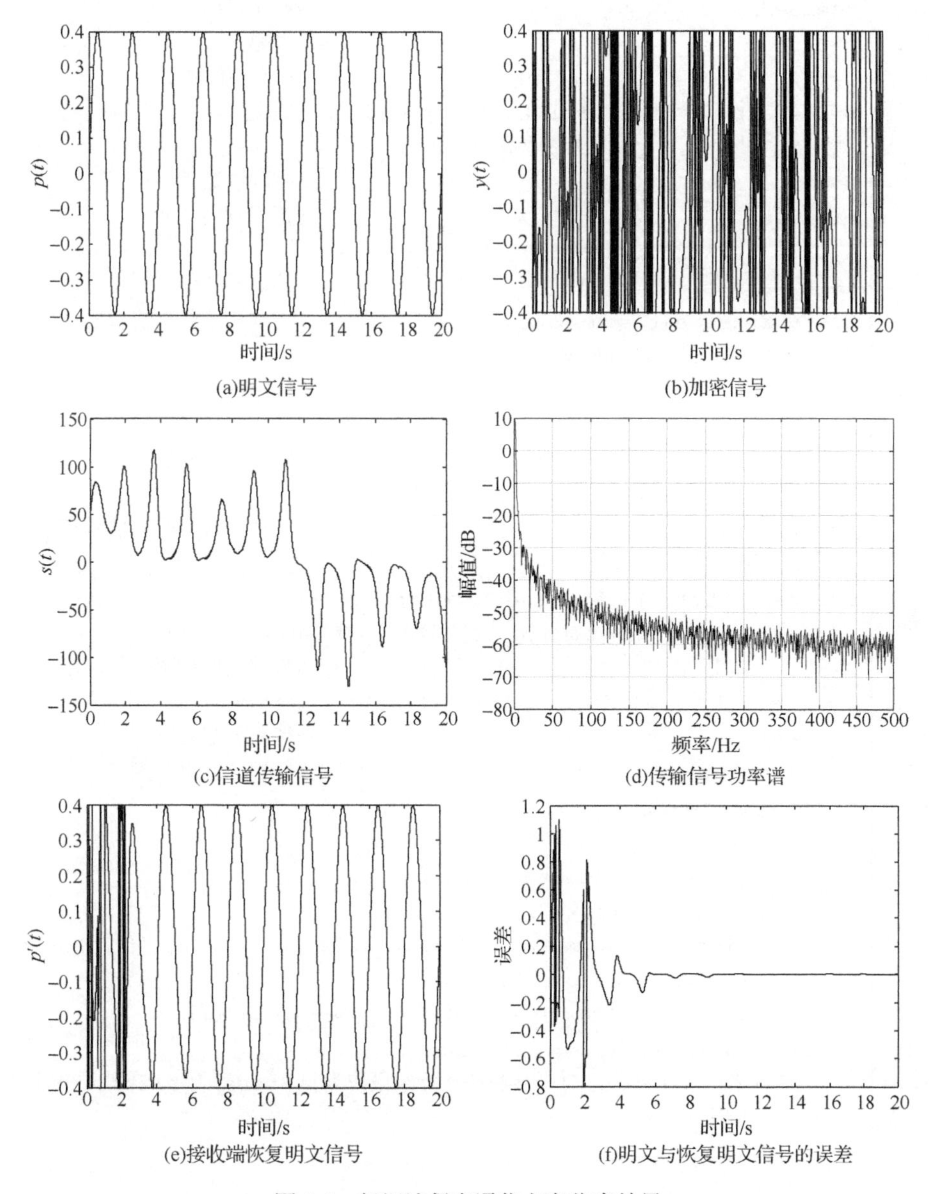

图 7-5　超混沌保密通信方案仿真结果

实现正弦信号传输的超混沌保密通信程序如例程 7-6 所示。

例程 7-6　Chap7_3.m

```
01.  clear all; clc; close all;
02.  %%%%%%%%%%%%%%初始化%%%%%%%%%%
03.  t_start=0;                             %起始时间
04.  tstep=0.001;                           %步长
05.  t_end=20;                              %终止时间
06.  h=0.5;                                 %限幅
07.  n=10;                                  %n 次移位映射
08.  p=0.4*sin(pi*[t_start: tstep: t_end]); %明文
09.  %%%%%%%%%%%延迟 Chen 系统参数%%%%%%%
10.  a=35;                                  %控制参数
11.  tau=0.5;                               %延迟时间
12.  %%%%%%%%%%%发射端%%%%%%%%%%%%
13.  init_x=[0.1, 1, 0.1];                  %发射端初值
14.  State_X=zeros(t_end/tstep, 3);         %主动系统状态值初始化
15.  State_X(1, : )=init_x;
16.  flag=1;                                %标志位
17.  num=floor(tau/tstep);                  %延迟时间对应的标记长度
18.  s=a*init_x(2)-init_x(1);               %驱动信号初值
19.  S=[];
20.  S=[S, s];                              %主动系统的驱动信号初始化
21.  %%开始加密
22.  for t=t_start: tstep: t_end-tstep
23.      ep(flag)=n_shift(init_x(1)/10, p(flag), n, h);
                                            %移位映射加密信号
24.      s=a*init_x(2)-init_x(1)+ep(flag);  %驱动信号
25.      t0=t;                              %待积分起始时刻
26.      tf=t+tstep;                        %待积分终止时刻
27.      flag=flag+1;
28.      para(1)=s;
29.      if t<tau%时间 t<tau 时的系统状态
30.          para(2)=init_x(3);
31.          [Time, X]=runge_kutta4(@Fun_delay_Chen_syn, [t0: tstep:
             tf], init_x, para);
32.          %第[t, t+tstep]个步长的计算结果(即主动系统状态)
33.          State_X(flag, : )=X(end, : );
34.          %第[t, t+tstep]个步长的计算结果作为[t+tstep, t+2tstep]计算
             的初值
35.          init_x=X(end, : );
36.      else
```

```
37.         para(2)=State_X(flag-1-num, 3);
38.         [Time, X]=runge_kutta4(@Fun_delay_Chen_syn, [t0: tstep:
            tf], init_x, para);
39.         State_X(flag, : )=X(end, : );
40.         init_x=X(end, : );
41.     end
42.     S=[S, s];                          %保存所有的驱动信号，作为发射信号
43.     wa=waitbar(t/(2*t_end));           %进度条
44. end
45. %%%%%%%%%%接收端%%%%%%%%%%
46. init_y=[-0.1, -10, -0.1];              %被动系统初值
47. State_Y=zeros(t_end/tstep, 3);  %被动系统状态值初始化
48. State_Y(1, : )=init_y;
49. flag1=1;                                %标志位
50. %%开始解密
51. for t=t_start: tstep: t_end-tstep%利用接收到的信号恢复接收端加密信号
52.     EP(flag1)=S(flag1)-a*init_y(2)+init_y(1);
53.     Recover_P(flag1)=n_shift(-init_y(1)/10, EP(flag1), n, h);
    %逆移位映射解密信号
54.     t0=t;
55.     tf=t+tstep;
56.     para(1)=S(flag1);                  %接收端振子驱动信号
57.     flag1=flag1+1;
58.     if t<tau
59.         para(2)=init_y(3);
            %接收端振子延时项(此时使延时项 k(x3-x3_tau)=0)
60.         [Time, Y]=runge_kutta4(@Fun_delay_Chen_syn, [t0: tstep:
            tf], init_y, para);
61.         State_Y(flag1, : )=Y(end, : );   %接收端振子状态
62.         init_y=Y(end, : );
63.     else
64.         para(2)=State_Y(flag1-1-num, 3);
65.         [Time, Y]=runge_kutta4(@Fun_delay_Chen_syn, [t0: tstep:
tf], init_y, para);
66.         State_Y(flag1, : )=Y(end, : );   %接收端振子状态
67.         init_y=Y(end, : );
            %振子状态，作为下一时刻的初值，同时用于解密信号
68.     end
69.     wa=waitbar((t_end+t)/(2*t_end));        %进度条
70. end
71. close(wa);                                  %关闭进度条
72. figure(1)                                   %明文信号
```

```
73.  plot([t_start: tstep: t_end], p, 'k', 'LineWidth', 1.5)
74.  ylabel(['\fontsize{15}\fontname{Times new roman}\it{p}\rm(\itt\rm)']);
75.  xlabel('时间/s', 'FontSize', 13);
76.  figure (2)                                    %加密信号
77.  plot([t_start: tstep: t_end-tstep], ep, 'k', 'LineWidth', 1.5)
78.  ylabel(['\fontsize{15}\fontname{Times new roman}\it{y}\rm(\itt\rm)']);
79.  xlabel('时间/s', 'FontSize', 13);
80.  figure(3)                                     %发射信号
81.  plot([t_start: tstep: t_end], S, 'k', 'LineWidth', 1.5)
82.  ylabel(['\fontsize{15}\fontname{Times new roman}\it{s}\rm(\itt\rm)']);
83.  xlabel('时间/s', 'FontSize', 13);
84.  figure(4)                                     %恢复信号
85.  plot([t_start: tstep: t_end-tstep], Recover_P, 'k', 'LineWidth',
     1.5)
86.  ylabel(['\fontsize{15}\fontname{Times new roman}\it{p^}\rm(\itt\rm)']);
87.  xlabel('时间/s', 'FontSize', 13);
88.  figure(5)                                     %恢复信号与明文信号误差
89.  ERROR=p(1: length(Recover_P))-Recover_P;
90.  plot([t_start: tstep: t_end-tstep], ERROR, 'k', 'LineWidth',
     1.5)
91.  ylabel('误差', 'FontSize', 13);
92.  xlabel('时间/s', 'FontSize', 13);
93.  figure(6)                                     %发射信号频谱
94.  [f1, val]=fre_spec(S, 1/tstep);
95.  plot(f1, 10*log10(val));
96.  xlabel('频率/Hz');
97.  ylabel('幅值/dB');
98.  grid on;
99.  axis([0 500 10 50])
```

移位迭代函数程序如例程 7-7 所示。

例程 7-7　n_shift.m

```
01.  function ep=n_shift(u, v, n, h)
02.  %n 次移位映射
03.  %输入
04.  %%u、v 为输入值
05.  %用于加密的明文信号和发射端系统状态
06.  %或用于解密的加密信号和接收端系统状态
07.  %n 为移位映射次数
08.  %h 为限幅值
09.  %%输出
10.  %ep 为加密或解密值
```

```
11.  for m=1: n
12.     if ((u+v)>=-2*h)&&((u+v)<=-h)
13.        f=u+v+2*h;
14.     elseif ((u+v)>-h)&&((u+v)<h)
15.        f=u+v;
16.     elseif ((u+v)>=h)&&((u+v)<=2*h)
17.        f=u+v-2*h;
18.     else
19.        f=0;
20.     end
21.     v=f;
22.  end
23.  ep=v;
```

频谱分析子程序如例程 7-8 所示。

例程 7-8　fre_spec.m

```
01.  function [f1, val]=fre_spec(x, fs)
02.  %频谱分析
03.  %输入
04.  %x 为待分析的输入向量
05.  %fs 为对应的采样频率
06.  %输出
07.  %f1 为频率范围
08.  %val 为对应频率密度
09.  N=length(x);            %输入信号长度
10.  X1=fft(x, N);           %傅里叶分析
11.  X2=fftshift(fft(x, N));
12.  F1=abs(X1);
13.  f1=(fs/N)*(1: N/2);
14.  val=F1(1: N/2);
```

实际通信中信道噪声不可避免，在信道传输信号中加入白噪声 $n(t)$，仿真结果如图 7-6 所示，在白噪声干扰下，恢复出的明文信号相对于发射端的明文信号较为粗糙，可以采用低通滤波器滤除信号毛刺，进而准确判断明文信号的幅值和相位信息。因此，所提的保密通信方案具有一定的抗噪声干扰能力。

进一步采用所提保密通信方案对语音信号进行加密，仿真结果如图 7-7 所示。其中，测试语音信号为“testing, 1-2-3, testing,1-2-3”，同样传输信号受到白噪声干扰，从仿真结果可以看出，接收端恢复出的语音信号波形与原语音信号有一定的差别，但接收者可以清晰分辨出发送的语音信号。

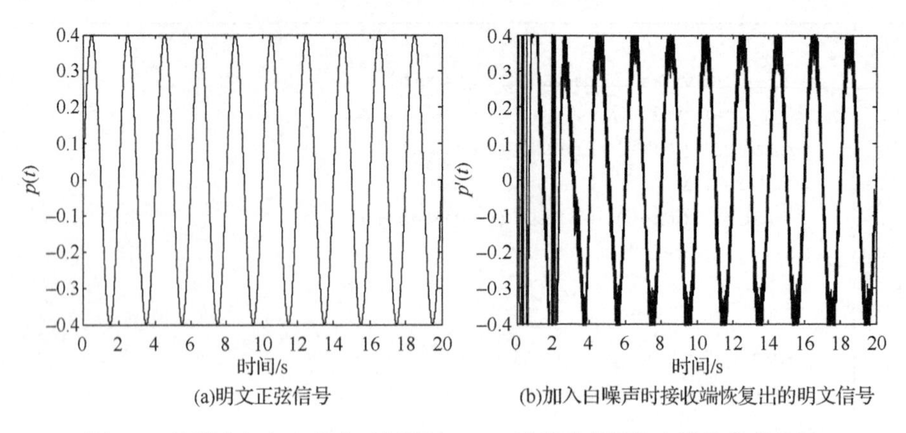

(a)明文正弦信号　(b)加入白噪声时接收端恢复出的明文信号

图 7-6　信道中加入白噪声时超混沌 Chen 系统保密通信方法的仿真结果

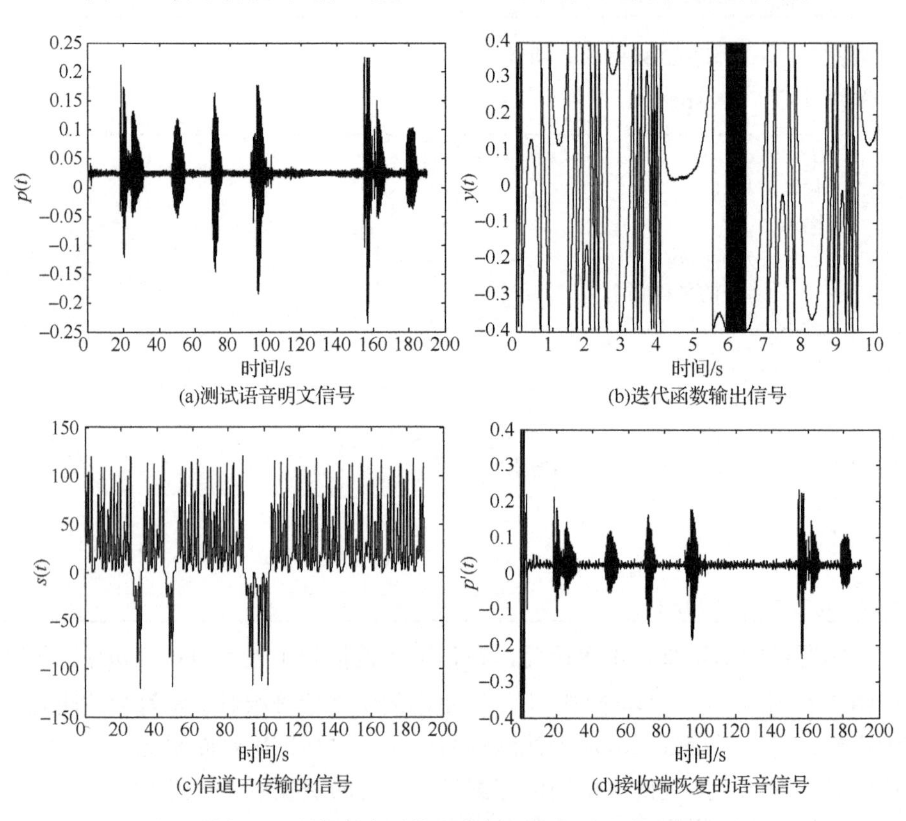

(a)测试语音明文信号　(b)迭代函数输出信号

(c)信道中传输的信号　(d)接收端恢复的语音信号

图 7-7　所提保密通信方案的语音信号仿真结果

7.4　抗攻击性能分析

目前的研究表明，混沌保密通信方案通常可以采用非线性动力学预测法[7]和回归映射重构法[5]进行破解，其中，非线性动力学预测法通过信道传输信号重构出发射系统动力学特性，进而提取破解信息。回归映射重构法将混沌系统动力学特性映射到一个接近一维的混沌吸引子，重构出发射系统的回归映射，通过分析不同信号的回归映射点可以破解出信息信号的幅值和频率信息。

7.4.1　密钥空间分析

一般来说，系统的保密特性依赖发射机和接收机的系统参数。在所提方案中，共有 7 个系统参数（a，b，c，k，n，h，τ），并假设为双精度 2^{-32}。因此，系统参数空间大小为 $2^{32\times7}=2^{224}$，这意味着密钥空间足够大，可以有效抵御穷尽密钥搜索法[27, 28]攻击。

7.4.2　参数敏感性分析

当加密端和解密端混沌振子参数取值不同时，系统的参数敏感性如图 7-8 所示。其中，图 7-8（a）为明文信号（a=35，b=3，c=18），图 7-8（b）～（d）分别为解密端参数（a=35，b=3，c=18）、（a=35.1，b=3，c=18）、（a=35，b=3，c=17.95）的恢复信号。可以发现，当参数取值错误时无法恢复出发射端明文，说明本章方法对于参数变化是敏感的。

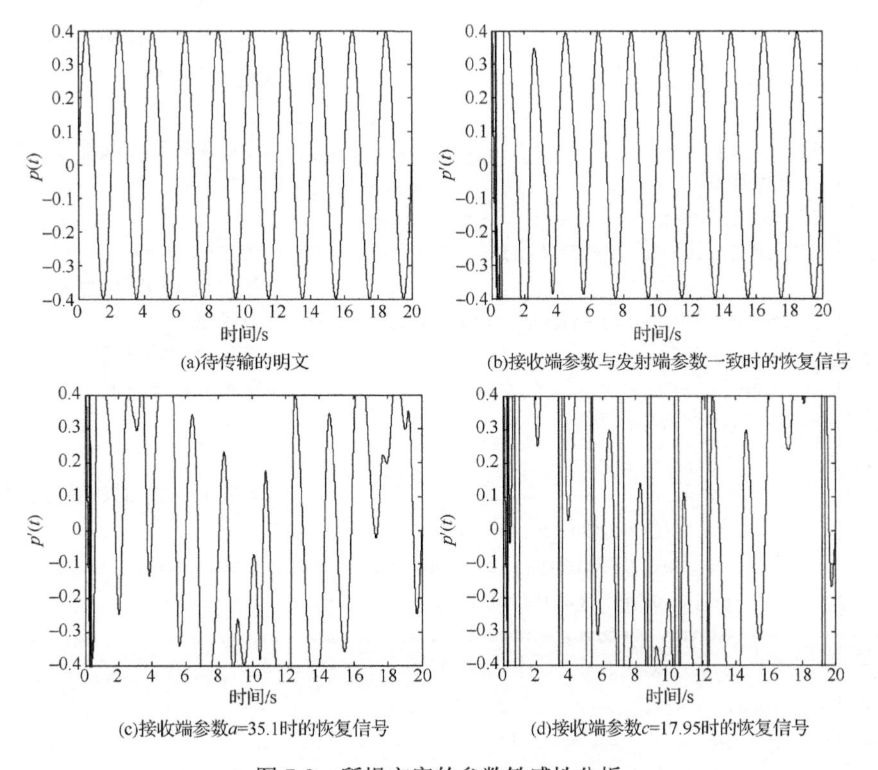

图 7-8　所提方案的参数敏感性分析

参数敏感性分析程序如例程 7-9 所示。

例程 7-9　Chap7_4.m

```
01. clear all; clc; close all;
02. global a; global c; %为分析参数敏感性，控制参数设置为全局变量
03. %%%%%%%%%%初始化%%%%%%
04. t_start=0;                                          %起始时间
05. tstep=0.001;                                        %步长
06. t_end=20;                                           %终止时间
07. h=0.9;                                              %限幅
08. n=10;                                               %n 次移位映射
09. p=0.4*sin(pi*[t_start: tstep: t_end]);              %明文
10. %%%%%%%%线性延迟反馈 Chen 系统参数%%%%%%%%%%%%
11. a=35; c=18;                                         %发射端控制参数
12. tau=0.5;                                            %延迟时间
13. %%%%%%%%%%%%发射端%%%%%%%%%%%%%
14. init_x=[0.1, 1, 0.1];                               %发射端初值
15. State_X=zeros(t_end/tstep, 3);                      %主动系统状态值初始化
16. State_X(1, : )=init_x;
17. flag=1;                                             %标志位
18. num=floor(tau/tstep);                               %延迟时间对应的标记长度
19. s=a*init_x(2)-init_x(1);                            %驱动信号初值
20. S=[];
21. S=[S, s];                                           %主动系统的驱动信号初始化
22. %%开始加密
23. for t=t_start: tstep: t_end-tstep
24.     ep(flag)=n_shift(init_x(1)/10, p(flag), n, h);
                                                        %移位映射加密信号
25.     s=a*init_x(2)-init_x(1)+ep(flag);               %驱动信号
26.     t0=t;                                           %待积分起始时间
27.     tf=t+tstep;                                     %待积分终止时间
28.     flag=flag+1;
29.     para(1)=s;
30.     if t<tau                                        %时间 t<tau 时的系统状态
31.         para(2)=init_x(3);
32.         [Time, X]=runge_kutta4(@Fun_delay_Chen_sen, [t0: tstep:
            tf], init_x, para);
33.         State_X(flag, : )=X(end, : );
34.         init_x=X(end, : );
35.     else
36.         para(2)=State_X(flag-1-num, 3);
37.         [Time, X]=runge_kutta4(@Fun_delay_Chen_sen, [t0: tstep:
```

```
        tf], init_x, para);
38.         State_X(flag, : )=X(end, : );
39.         init_x=X(end, : );
40.     end
41.     S=[S, s];                      %保存所有的驱动信号，作为发射信号。
42.     wa=waitbar(t/(2*t_end)); %进度条
43. end
44. %%%%%%%%%接收端%%%%%%%%
45. a=35.1; c=18;                      %接收端控制参数 a=35.1 or c=17.95;
46. init_y=[-0.1, -10, -0.1];          %被动系统初值
47. State_Y=zeros(t_end/tstep,3);%被动系统状态值初始化
48. State_Y(1, : )=init_y;
49. flag1=1;                           %标志位
50. %%开始解密
51. for t=t_start: tstep: t_end-tstep
52.     EP(flag1)=S(flag1)-a*init_y(2)+init_y(1);
                                       %利用接收到的信号恢复接收端加密信号
53.     Recover_P(flag1)=n_shift(-init_y(1)/10, EP(flag1), n, h);
                                       %逆移位映射解密信号
54.     t0=t;
55.     tf=t+tstep;
56.     para(1)=S(flag1);              %接收端振子驱动信号
57.     flag1=flag1+1;
58.     if t<tau
59.         para(2)=init_y(3);         %接收端振子延时项(此时使延时项
                                       %k(x3-x3_tau)=0)
60.          [Time, Y]=runge_kutta4(@Fun_delay_Chen_sen, [t0: tstep:
tf], init_y, para);
61.         State_Y(flag1, : )=Y(end, : );    %接收端振子状态
62.         init_y=Y(end, : );
63.     else
64.         para(2)=State_Y(flag1-1-num, 3);
65.         [Time, Y]=runge_kutta4(@Fun_delay_Chen_sen, [t0: tstep:
            tf], init_y, para);
66.         State_Y(flag1, : )=Y(end, : );    %接收端振子状态
67.         init_y=Y(end, : );
            %振子状态，作为下一时刻的初值，同时用于解密信号
68.     end
69.     wa=waitbar((t_end+t)/(2*t_end));      %进度条
70. end
71. close(wa);                         %关闭进度条
72. figure(1)                          %明文信号
```

```
73.  plot([t_start: tstep: t_end], p, 'k', 'LineWidth', 1.5)
74.  ylabel(['\fontsize{15}\fontname{Times new roman}\it{p}\rm(\itt\rm)']);
75.  xlabel('时间/s','FontSize',13);
76.  figure(2)%恢复信号
77.  plot([t_start: tstep: t_end-tstep], Recover_P, 'k', 'LineWidth',
     1.5)
78.  ylabel(['\fontsize{15}\fontname{Times new roman}\it{p^'}\rm(\itt\rm)']);
79.  xlabel('时间/s','FontSize',13);
```

用于描述参数敏感性的 Chen 系统子函数程序如例程 7-10 所示。

例程 7-10　Fun_delay_Chen_sen.m

```
01.  function xdot=Fun_delay_Chen_sen(t, x, para)
02.  %主动-被动法得到的超混沌 Chen 系统形式
03.  global a; global c;            %全局变量 a, c 用以测试参数敏感性
04.  s=para(1);                      %控制信号
05.  x3_tau=para(2);                 %延迟项
06.  b=3; k=2.4;                     %控制参数
07.  xdot(1)=s-(a-1)*x(1);
08.  xdot(2)=(c-a+1)*x(1)-x(1)*x(3)+(c-a)*x(2)+s;
09.  xdot(3)=x(1)*x(2)-b*x(3)+k*(x(3)-x3_tau);
10.  xdot=xdot';
```

7.4.3　抗破解性能分析

所提保密通信方案的混沌系统被选为延迟产生的超混沌 Chen 系统，该系统不仅在理论上具有无穷维，而且具有 3 个正的 Lyapunov 指数。因此，系统动力学行为更加复杂，难以采用非线性预测法重构出发射系统相空间，从而破解明文信号。同时，所选用的混沌系统的回归映射呈现带状，变化不规则，无法通过回归映射法分析出明文信号的幅值和相位信息。为了验证所提方案的抗破解性能，采用文献[7]中提出的动力学重构法分别破解文献[29]中提出的保密方法和本章所提的保密方法，其中，明文信号为 $p(t)=0.4\sin(\pi t)$，如图 7-9（a）所示，文献[29]方法和本章所提方案的破解结果分别如图 7-9（b）和（c）所示。可以看到，文献[29]方法破解结果虽然不够平滑，但可以通过低通滤波器获得更好的发送信号的信息。从所提方案的破解结果中不能得到任何有用信息，说明了本章所提方法的优越性。

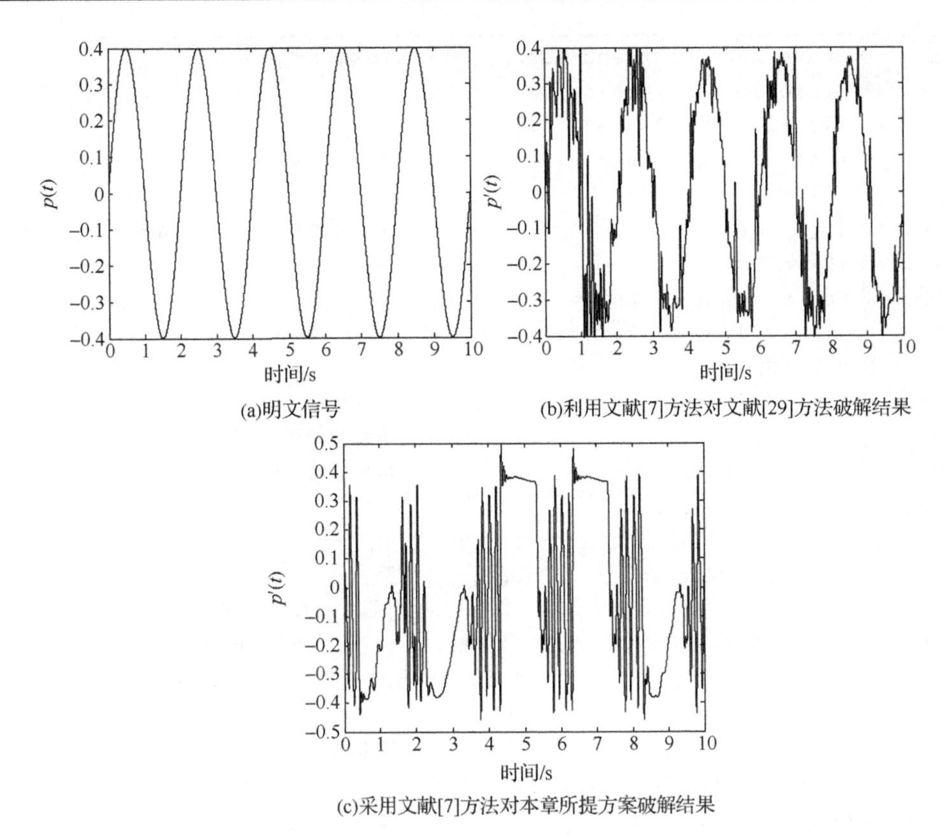

(a)明文信号

(b)利用文献[7]方法对文献[29]方法破解结果

(c)采用文献[7]方法对本章所提方案破解结果

图 7-9　采用文献[7]方法对文献[29]和本章所提方法破解结果的对比

抗破解性分析程序如例程 7-11 所示。

例程 7-11　Chap7_5.m

```
01.  %%破解 Chen 系统(巴特沃斯低通滤波)%%
02.  clc; close all; clear all;
03.  %%%%%%%%%%%初始化%%%%%%%%%%%
04.  t_start=0;                                  %起始时间
05.  tstep=0.0001;                               %步长
06.  t_end=10;                                   %终止时间
07.  h=0.4;                                      %限幅
08.  n_S=30;                                     %n 次移位映射
09.  p=0.4*sin(pi*[t_start: tstep: t_end]); %明文
10.  N=length([t_start: tstep: t_end]);
11.  %%%%%%%%%Chen 系统参数%%%%%%%%%
12.  a=35;                                       %控制参数
13.  %%%%%%%%%加密端%%%%%%%%%%%
14.  init_x=[-1, 0.1, -0.5];                     %加密端振子初值
```

```
15.  State_X=zeros(t_end/tstep, 3); %系统状态值初始化
16.  State_X(1, : )=init_x;
17.  flag=1; %标志位
18.  s=a*init_x(2)-init_x(1);          %驱动信号初值
19.  S=[];
20.  S=[S, s];                         %主动系统的驱动信号初始化
21.  %%开始加密
22.  for t=t_start: tstep: t_end-tstep
23.     ep(flag)=n_shift(init_x(1)/100, p(flag), n_S, h); %移位映
     射加密信号
24.     s=init_x(2)+ep(flag);          %驱动信号
25.     t0=t;                          %待积分起始时间
26.     tf=t+tstep;                    %待积分终止时间
27.     flag=flag+1;
28.     [Time, X]=runge_kutta4(@Fun_Chen, [t0: tstep: tf], init_x, s);
29.     State_X(flag, : )=X(end,:); %第[t, t+tstep]个步长的计算结果
                                   %(即主动系统状态)保存
30.     init_x=X(end, : );  %第[t, t+tstep]个步长的计算结果作为
                            %[t+tstep, t+2tstep]计算的初值
31.     S=[S, s];                      %保存所有的驱动信号，作为发射信号
32.     %wa=waitbar(t/(2*t_end));      %进度条
33.     workbar(t/(2*t_end));
34.  end
35.  %%%%%%%破译端%%%%%%%%%
36.  %rp: 通带最大衰减(dB)
37.  %rs: 阻带最小衰减(dB)
38.  rp=0.2; rs=60;
39.  %wp: 通带上限临界频率
40.  %ws: 阻带临界滤波频率
41.  % wp=2*pi*0.01;
42.  wp=2*pi*0.1;
43.  ws=2*pi*1;
44.  %计算滤波器的阶数和固有频率
45.  [nn, wn]=buttord(wp, ws, rp, rs, 's');
46.  %计算滤波器参数 z, p, k
47.  [z, pp, k]=buttap(nn);
48.  [A, B, C, D]=zp2ss(z, pp, k);
49.  %S 域参数
50.  [At, Bt, Ct, Dt]=lp2lp(A, B, C, D, wn);
51.  [num1, den1]=ss2tf(At, Bt, Ct, Dt);
52.  %Z 域参数
53.  [num2, den2]=impinvar(num1, den1, 65);
```

```
54.  %滤波后
55.  y=filter(num2, den2, S);
56.  %去掉滤波时延后 y11
57.  for vv=1: N-200
58.      y11(vv)=y(vv+150);
59.      s11(vv)=S(vv);
60.  end
61.  %已加密信息的恢复
62.  ep1=s11-y11;
63.  N_ep1=length(ep1);
64.  for n=1: N_ep1
65.      yy1(n)=State_X(n, 1)/100;
66.      ep11(n)=ep1(n);
67.      if ep11(n)>h                    %对获得的密文进行限幅处理
68.          ep11(n)=h;
69.      elseif ep11(n)<-h
70.          ep11(n)=-h;
71.      end
72.      ff1(n)=ep11(n);
73.      for tim=1: n_S
74.          if ff1(n)<=0
75.              if and((ff1(n)-yy1(n)+2*h)<=h, (ff1(n)-yy1(n)+2*h)>=-h)
76.                  sit(n)=ff1(n)-yy1(n)+2*h;
77.                  ff1(n)=sit(n);
78.              elseif and((ff1(n)-yy1(n))<h, (ff1(n)-yy1(n))>-h)
79.                  sit(n)=ff1(n)-yy1(n);
80.                  ff1(n)=sit(n);
81.              end
82.          else
83.              if and((ff1(n)-yy1(n)-2*h)<=h, (ff1(n)-yy1(n)-2*h)>=-h)
84.                  sit(n)=ff1(n)-yy1(n)-2*h;
85.                  ff1(n)=sit(n);
86.              elseif and((ff1(n)-yy1(n))<h, (ff1(n)-yy1(n))>-h)
87.                  sit(n)=ff1(n)-yy1(n);
88.                  ff1(n)=sit(n);
89.              end
90.          end
91.      end
92.      sii(n)=ff1(n);
93.      wa=waitbar((n+N_ep1)/(2*N_ep1));
94.  end
95.  for wvw=2: N_ep1
```

```
96.     if abs(sii(wvw)-sii(wvw-1))>0.3
97.         sii(wvw)=sii(wvw-1)+(10^(-7));
98.     end
99.  end
100. close(wa); %关闭进度条
101. %rp: 通带最大衰减(dB)
102. %rs: 阻带最小衰减(dB)
103. rp=0.3; rs=75;
104. %wp: 通带上限临界频率
105. %ws: 阻带临界滤波频率
106. wp=2*pi*0.1;
107. %wp=2*pi*10;
108. ws=2*pi*1;
109. %计算滤波器的阶数和固有频率
110. [n, wn]=cheb1ord(wp, ws, rp, rs, 's');
111. %计算滤波器参数z, p, k
112. [z, pp, k]=cheb1ap(n, rp);
113. [A, B, C, D]=zp2ss(z, pp, k);
114. %S 域参数
115. [At, Bt, Ct, Dt]=lp2lp(A, B, C, D, wn);
116. [num1, den1]=ss2tf(At, Bt, Ct, Dt);
117. %Z 域参数
118. [num2, den2]=impinvar(num1, den1, 80);
119. %滤波后
120. y=filter(num2, den2, sii);
121. figure(1)%明文信号
122. plot([1: length(p)-1]/10000, p(1: end-1), 'k', 'LineWidth',
     1.5)
123. ylabel(['\fontsize{15}\fontname{Times new roman}\it{p}\rm(\itt\rm)']);
124. xlabel('时间/s','FontSize',13);
125. figure(2)%破译信号
126. plot([1: length(y)]/10000, y, 'k', 'LineWidth', 1.5)
127. ylabel(['\fontsize{15}\fontname{Times new roman}\it{p^'}\rm(\itt\rm)']);
128. xlabel('时间/s','FontSize',13);
129. axis([0 10 -h h])
```

子函数定义程序如例程 7-12 所示。

例程 7-12　Fun_Chen.m

```
01. function xdot=Fun_Chen(t, x, s)
02. %Chen 系统子函数
03. a=35; b=3; c=28;
04. xdot(1)=a*(x(2)-x(1));
```

```
05.  xdot(2)=(c-a)*x(1)-x(1)*x(3)+c*s;
06.  xdot(3)=x(1)*x(2)-b*x(3);
07.  xdot=xdot';
```

7.5　DSP 实验验证

所提方案的实验验证采用单精度浮点型数字信号处理器（DSP）（型号 TMS320C6713）的 DSK 开发板，语音信号采样由开发板中嵌入的 TLC320AIC23 数/模（D/A）转换器完成。实验结构框图如图 7-10 所示。

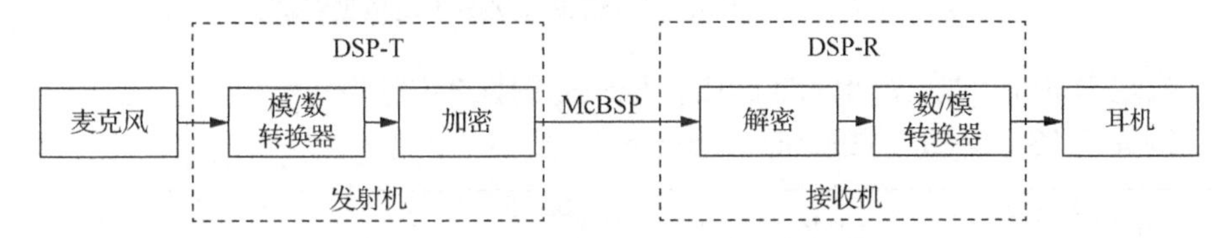

图 7-10　所提加密方案的实验结构框图

输入的声音信号通过麦克风和 A/D 采样送入发射端，并以所提保密通信方案进行加密，加密后的信号通过多通道缓冲串口（McBSP）送入接收端 DSP。在接收端，传输信号经过解密得到恢复的明文信号，再通过接收端模/数转换器送入耳机播放。语音加密 DSP 实验结果如图 7-11 所示。其中，明文信号、解密信号、加密信号、明文与解密信号之间的误差分别如图 7-11（a）～（d）所示。从图 7-11 可以看出，明文信号经过短暂的同步瞬态过程即可有效恢复。虽然由于信道的影响，发射信号和接收信号存在一定的误差，但是人耳可以清晰地识别所发送的语音信号，进一步证明了所提方案的有效性。

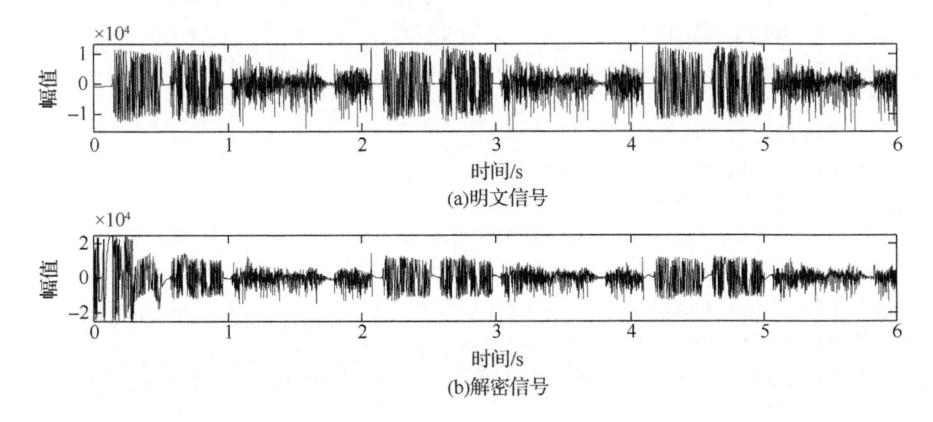

(a)明文信号

(b)解密信号

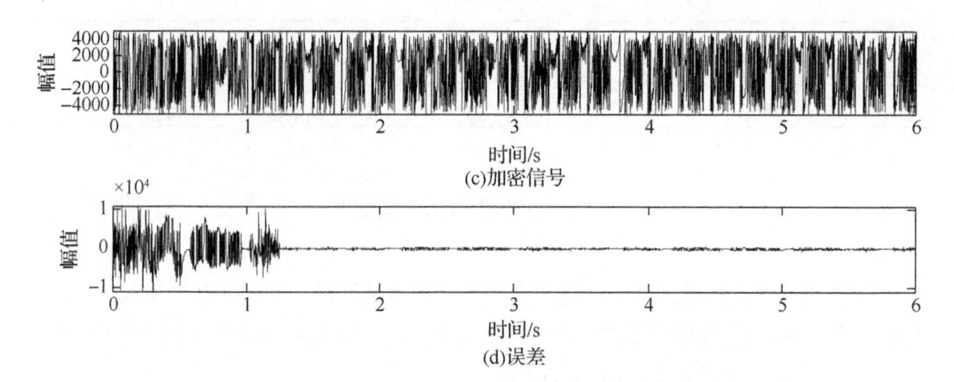

图 7-11　语音加密 DSP 实验结果（DSP 中用数据绘图）

实现 DSP 混沌加密通信的 C 语言程序如例程 7-13 所示。

例程 7-13　Secure_communication.c

```
01. //加密文件: Secure_communication.c
02. /*由于使用了 McBSP 传输信号，连接 DSP 外设接口 J3 的 DX1(36 引脚、McBSP1
03. 传输数据)和 DR1(42 引脚、McBSP1 接收数据)*/
04. #include "short6713cfg.h"
05. #include "bargraph.h"
06.  *  Note the BSL has defined custom data types in csl_stdinc.h,
07.  *  popular among DSP developers:
08.  *  typedef unsigned char    Uint8;
09.  *  typedef unsigned short   Uint16;
10.  *  typedef unsigned int     Uint32;
11.  *  typedef unsigned long    Uint40;
12.  *  typedef char             Int8;
13.  *  typedef short            Int16;
14.  *  typedef int              Int32;
15.  *  typedef long             Int40;
16.  */
17. #include "dsk6713.h"
18. #include "dsk6713_aic23.h"
19. #include "dsk6713_dip.h"
20. #include "dsk6713_led.h"
21. #include "stdio.h"
22. #include "math.h"
23. #include "csl.h"
24. #include "csl_McBSP.h"
25. //函数初始化
26. void cpld_AIC(void);          //McBSP 禁止与外部通信
27. void cpld_SERIAL(void);       //McBSP 允许与外部通信
```

```
28.  //Defines 宏定义
29.  #define    Length  80000    //数据长度帧
30.  /* DSK 板相关配置*/
31.  DSK6713_AIC23_Config config={
32.      0x0017,
33.      0x0017,
34.      0x01f9,
35.      0x01f9,
36.      0x0011,
37.      0x0000,
38.      0x0000,
39.      0x0043,
40.      0x0081,
41.      0x0001
42.  };
43.  //定义全局变量
44.  /*------------发射端振子----------------------------------*/
45.  far  float  x1[Length];  far  float  x2[Length];  far  float
     x3[Length]; //x1, x2, x3 振子状态
46.  far  float  p[Length];  far  float  f1[Length];  far  float
     xx1[Length]; //明文，加密中间状态 1, 2
47.  far float ep[Length]; far float s[Length]; //密文，待发送信号
48.  far float s_sent[Length]; // McBSP 传输信号
49.  /*------------接收端振子----------------------------------*/
50.  far  float  y1[Length];  far  float  y2[Length];  far  float
     y3[Length]; //y1, y2, y3 振子状态
51.  far float s_receive[Length]; far float EP[Length]; //接收传输
     信号，恢复的待解密信号
52.  far float yy1[Length]; far float ff1[Length]; //解密中间状态 1, 2
53.  far float decode[Length];                //解密信号
54.  /*----------左右声道采样信号--------------------------------*/
55.  Uint32 xL, xR;
56.  //双声道转单声道
57.  //INPUT1 、INPUT2: 左、右声道.
58.  //RETURNS: 双声道平均信号.
59.  short int stereo_to_mono (short int input1, short int input2)
60.   {int temp;
61.   /* Take average of two input signals */
62.   temp=((int)input1 + (int)input2); temp /=2;
63.   return((short int)temp);}                //左右声道输入信号平均值
64.  /*McBSP 配置文件(见例程 7-16)*/
65.  /*主函数*/
```

```
66.  void main()
67.  {
68.  /****************McBSP初始化****************************/
69.     McBSP_Handle hMcBSP;                    //定义一个McBSP句柄
70.     volatile int Sent, Receive;
71.  /****************参数初始化****************************/
72.     int i=0, n=0; int N_shift=30;          //移位映射次数
73.     float v22, P22; float gain=200000;   //输入增益控制
74.     //控制参数：a, b, c为系统参数，dt为时间步长，h为限幅值
75.     //tau为延迟时间对应的标记长度，k1为加密系统增益
76.     float a=35, b=3, c=18, dt=0.001, h=0.5, tau=500, k1=2.4;
77.     int input1, input2, output1, output2, mono_input,
        switch_value;                          //输入输出变量
78.  /****************DSP初始化****************************/
79.     // Codec data handle structure
80.     DSK6713_AIC23_CodecHandle hCodec;
81.     /* 初始化DSK板 */
82.     DSK6713_init();
83.     DSK6713_LED_init();
84.     DSK6713_DIP_init();
85.     /* 打开A/D芯片*/
86.     hCodec=DSK6713_AIC23_openCodec(0, &config);
87.     // 设置采样频率
88.     // 可选采样频率(kHz) 8, 16, 24, 32, 44.1, 48, or 96.
89.     DSK6713_AIC23_setFreq(hCodec, DSK6713_AIC23_FREQ_8KHZ);
                                               //采样频率8kHz
90.     /* Initialize the chip support library, must when using CSL */
91.     CSL_init();
92.  /**************数据初始化*********************************/
93.     memset(x1, 0, sizeof(x1)); memset(x2, 0, sizeof(x2));
        memset(x3, 0, sizeof(x3));
94.     memset(y1, 0, sizeof(y1)); memset(y2, 0, sizeof(y2));
        memset(y3, 0, sizeof(y3));
95.     memset(s, 0, sizeof(s)); memset(p, 0, sizeof(p));
96.     memset(ep, 0, sizeof(ep)); memset(x1, 0, sizeof(x1));
97.  /**************发射端、接收端混沌振子初值********************/
98.     x1[0]=0.1; x2[0]=1; x3[0]=0.1; xx1[0]=x1[0]/10; //发射端
99.     y1[0]=-0.1; y2[0]=-10; y3[0]=-0.1; yy1[0]=y1[0]/10;
        v22=p[1]/gain;                                    //接收端
100. /***************读取音频*********************************/
101. //读取Length个音频采样信号存入向量p
102.    for (i=0; i<Length; i++)
103.    {
```

```
104.        while (!DSK6713_AIC23_read(hCodec, &xL));
105.        while (!DSK6713_AIC23_read(hCodec, &xR));
106.        input1=(Int16)xL; input2=(Int16)xL;
107.        mono_input=stereo_to_mono( input1, input2 );
108.        p[i]=(float)(mono_input);
109.    }
110. /***************加密***************************************/
111.    for (n=0; n<Length; n++)            //Length 个明文 p 依次加密
112.    {
113.        for (i=0; i<N_shift; i++)
114.        //n 次移位映射，加密结果送入变量 v22
115.        {
116.            if (((v22+xx1[n])>=-2*h)&&((v22+xx1[n])<=-h))
117.            { f1[n]=xx1[n]+v22+2*h; }
118.            else if (((v22+xx1[n])>-h)&&((v22+xx1[n])<h))
119.            { f1[n]=xx1[n]+v22; }
120.            else if (((v22+xx1[n])>=h)&&((v22+xx1[n])<=2*h))
121.            { f1[n]=xx1[n]+v22-2*h; }
122.            else if ((v22+xx1[n])<-2*h)
123.            { f1[n]=0; }
124.            else if ((v22+xx1[n])>2*h)
125.            { f1[n]=0; }
126.            v22=f1[n];
127.        }
128.        ep[n]=f1[n];                    //加密信号
129.        s[n]=a*x2[n]-x1[n]+ep[n];       //传输信号
130.        //发射端混沌系统产生混沌状态值——欧拉法
131.        if (n<tau)                      //时间小于延迟时令延迟项为 0.
132.            {x1[n+1]=x1[n]+(s[n]-(a-1)*x1[n])*dt;
133.            x2[n+1]=x2[n]+((c-a+1)*x1[n]-x1[n]*x3[n]+(c-a)*
            x2[n]+s[n])*dt;
134.            x3[n+1]=x3[n]+(x1[n]*x2[n]-b*x3[n])*dt; }
135.        else if (n>=tau)                //时间大于延迟时令延迟项为 tau.
136.            {x1[n+1]=x1[n]+(s[n]-(a-1)*x1[n])*dt;
137.            x2[n+1]=x2[n]+((c-a+1)*x1[n]-x1[n]*x3[n]+(c-a)*
            x2[n]+s[n])*dt;
138.            x3[n+1]=x3[n]+(x1[n]*x2[n]-b*x3[n]+k1*(x3[n]-
            x3[(int)((n)-tau)]))*dt; }
139.        xx1[n+1]=x1[n+1]/10;            //混沌系统 x1 状态
140.        v22=p[n+1]/gain;                //明文信号
141.    }
142.    for(i=0; i<Length; i++)             //得到 McBSP 传输信号 s_sent
```

```
143.     { s_sent[i]=(int)(s[i]*1000000); }
144. /****************McBSP信道传输****************************/
145.     DSK6713_AIC23_closeCodec(hCodec);
146. /*******************************************************/
147. /*McBSP传输数据——McBSP1自发自收*/
148.         //得到设备句柄(地址)
149.         hMcBSP=McBSP_open(McBSP_DEV1, McBSP_OPEN_RESET);
150.         McBSP_config(hMcBSP, &ConfigLoopback);
151.         //置位CPLD寄存器控制McBSP的标志位--允许McBSP与外部通信
152.         cpld_SERIAL();
153.         /*端口打开使能. */
154.         McBSP_start(hMcBSP,   McBSP_RCV_START |
155.                             McBSP_XMIT_START |
156.                             McBSP_SRGR_START|
157.                             McBSP_SRGR_FRAMESYNC,
158.                             McBSP_SRGR_DEFAULT_DELAY);
159.           /*信号输出 */
160.           for (Sent=0; Sent<Length; Sent++)//y<0xFFF80000;
161.           {
162.             /* 发射端信号输出 */
163.             while (!McBSP_xrdy(hMcBSP));
164.             McBSP_write(hMcBSP, s_sent[Sent]);
165.             /* 接收端信号读取*/
166.             while (!McBSP_rrdy(hMcBSP));
167.             receive=McBSP_read(hMcBSP);
168.             s_receive[Sent]=(float)Receive/1000000;
169.           }
170.          /* 传输完成，关闭端口 */
171.         McBSP_close(hMcBSP);
172.         cpld_AIC();
         //置位CPLD寄存器控制McBSP的标志位--禁止McBSP与外部通信
173. //传输完毕；关掉McBSP1
174. /************接收系统解密*******************************/
175.     // 打开A/D芯片 //
176.     hCodec=DSK6713_AIC23_openCodec(0, &config);
177.     // 设置采样频率.
178.     // 可选采样频率(kHz) 8, 16, 24, 32, 44.1, 48, or 96.
179.     DSK6713_AIC23_setFreq(hCodec, DSK6713_AIC23_FREQ_8kHz);
180.     for (n=0; n<Length; n++)             //Length个明文p依次解密
181.     {
182.         EP[n]=s_receive[n]-a*y2[n]+y1[n]; //恢复的加密信号
183.         P22=EP[n];                        //中间变量
```

```
184.        for (i=0; i<N_shift; i++)          //n 次移位映射逆运算解密
185.        {
186.            if (((P22-yy1[n])>=-2*h)&&((P22-yy1[n])<=-h))
187.            { ff1[n]=-yy1[n]+P22+2*h; }
188.            else if (((P22-yy1[n])>-h)&&((P22-yy1[n])<h))
189.            { ff1[n]=-yy1[n]+P22; }
190.            else if (((P22-yy1[n])>=h)&&((P22-yy1[n])<=2*h))
191.            { ff1[n]=-yy1[n]+P22-2*h; }
192.            else if ((P22-yy1[n])<-2*h)
193.            { ff1[n]=0; }
194.            else if ((P22-yy1[n])>2*h)
195.            { ff1[n]=0; }
196.            P22=ff1[n];
197.        }
198.        decode[n]=ff1[n];     //解密信号保存在该向量空间中
199.       //接收端混沌系统产生混沌状态值——欧拉法
200.        if (n<tau)            //时间小于延迟时令延迟项为 0.
201.            {y1[n+1]=y1[n]+(s_receive[n]-(a-1)*y1[n])*dt;
202.            y2[n+1]=y2[n]+((c-a+1)*y1[n]-y1[n]*y3[n]+(c-a)*
            y2[n]+s_receive[n])*dt;
203.            y3[n+1]=y3[n]+(y1[n]*y2[n]-b*y3[n])*dt;  }
204.        else if (n>=tau)      //时间大于延迟时令延迟项为 tau.
205.            {y1[n+1]=y1[n]+(s_receive[n]-(a-1)*y1[n])*dt;
206.            y2[n+1]=y2[n]+((c-a+1)*y1[n]-y1[n]*y3[n]+(c-a)*
            y2[n]+s_receive[n])*dt;
207.            y3[n+1]=y3[n]+(y1[n]*y2[n]-b*y3[n]+k1*(y3[n]-
            y3[(int)((n)-tau)]))*dt; }
208.        yy1[n+1]=y1[n+1]/10;      //接收端振子状态 y1
209.    }
210. /************加密解密过程结束，播放语音信号*******************/
211.    while(1)
212.    {
213.        //按开关播放语音
214.      switch_value=1*DSK6713_DIP_get(0)+2*DSK6713_DIP_get(1)+
      4*DSK6713_DIP_get(2);
215.        if (switch_value==6)      //只按下开关 0，播放原音
216.        {
217.            for (i=0; i<Length; i++)
218.                //D/A 芯片要求输入数字量为整型
219.               {output1=(int)(p[i]); output2=output1;
220.                xL=output1; xR=output2;
```

```
221.                  //语音数据通过 D/A 芯片送入耳机左右声道
222.                  while (!DSK6713_AIC23_write(hCodec, xL));
223.                  while (!DSK6713_AIC23_write(hCodec, xR)); }
                      // write D/A
224.          }
225.          else if(switch_value==5)
             //只按下开关 1，播放信道声音(或 ep 加密信号)
226.          {
227.              for (i=0; i<Length; i++)
228.                  {//output1=(int)(ep[i]*gain); //加密信号
229.                  output1=(int)(s[i]*1000);      //输出信道传输信号
230.                  output2=output1; xL=output1; xR=output2;
231.                  while (!DSK6713_AIC23_write(hCodec, xL));
232.                  while (!DSK6713_AIC23_write(hCodec, xR)); }
                                                 // write D/A
233.          }
234.          else if(switch_value==3)//只按下开关 2，播放解密语音
235.          {
236.              for (i=0; i<Length; i++)
237.              {   output1=(int)(decode[i]*gain);
238.                  output2=output1; xL=output1; xR=output2;
239.                  while (!DSK6713_AIC23_write(hCodec, xL));
240.                  while (!DSK6713_AIC23_write(hCodec, xR)); }
                                                 // write D/A
241.          }
242.      }
243. }
```

配置文件，用于禁止 McBSP 与外部通信线性汇编程序如例程 7-14 所示。

例程 7-14　cpld_AIC.sa

```
01.        .global _cpld_AIC
02. _cpld_AIC:  .cproc
03.            .reg    aa, bb
04.            MVKL    0x00000000, bb
05.            MVKH    0x00000000, bb
06.            MVKL    0x90080006, aa
07.            MVKH    0x90080006, aa
08.            STB     bb, *aa
09.            .endproc
```

配置文件，用于允许 McBSP 与外部通信线性汇编程序如例程 7-15 所示。

例程 7-15　cpld_SERIAL.sa

```
01.         .global _cpld_SERIAL
02. _cpld_SERIAL:    .cproc
03.                 .reg    aa, bb
04.                 MVKL    0x00000002, bb
05.                 MVKH    0x00000002, bb
06.                 MVKL    0x90080006, aa
07.                 MVKH    0x90080006, aa
08.                 STB     bb, *aa
09.                 .endproc
```

DSP 通信中 McBSP 配置子程序如例程 7-16 所示。

例程 7-16　McBSP_Config 子函数

```
01. /*---------------------------------------------------------*/
02. /*用于串口传输的 McBSP 配置                                */
03. /*---------------------------------------------------------*/
04. static MCBSP_Config ConfigLoopback={
05. /*Serial Port Control Register (SPCR) */
06. McBSP_SPCR_RMK(
07.     McBSP_SPCR_FREE_YES, // Serial clock free running mode(FREE)
08.     McBSP_SPCR_SOFT_YES, // Serial clock emulation mode(SOFT)
09.     McBSP_SPCR_FRST_YES, // Frame sync generator reset(FRST)
10.     McBSP_SPCR_GRST_YES, // Sample rate generator reset(GRST)
11.     McBSP_SPCR_XINTM_XRDY,// Transmit interrupt mode(XINTM)
12.     McBSP_SPCR_XSYNCERR_NO, // Transmit synchronization error
13.     McBSP_SPCR_XRST_YES,    // Transmitter reset(XRST)
14.     McBSP_SPCR_DLB_OFF,     // Digital loopback(DLB)mode
15.     McBSP_SPCR_RJUST_RZF,   // Receive data sign-extension and
                                   justification mode
16.     McBSP_SPCR_CLKSTP_NODELAY,// Clock stop(CLKSTP)mode
17.     // DX Enabler(DXENA)-Extra delay for DX turn-on time.
18.     McBSP_SPCR_DXENA_OFF,
19.     McBSP_SPCR_RINTM_RRDY,  // Receive interrupt(RINT)mode
20.     McBSP_SPCR_RSYNCERR_NO, // Receive synchronization error
                                   (RSYNCERR)
21.     McBSP_SPCR_RRST_YES     // Receiver reset(RRST)
22. ),
23. /*Receive Control Register (RCR)*/
24. McBSP_RCR_RMK
25. (
26.     McBSP_RCR_RPHASE_SINGLE,// Receive phases
```

```
27.     McBSP_RCR_RFRLEN2_OF(0),// Receive frame length in phase 2
                                   (RFRLEN2)
28.     McBSP_RCR_RWDLEN2_8BIT, // Receive element length in phase 2
                                   (RWDLEN2)
29.     McBSP_RCR_RCOMPAND_MSB, // Receive companding mode (RCOMPAND)
30.     McBSP_RCR_RFIG_YES,     // Receive frame ignore(RFIG)
31.     McBSP_RCR_RDATDLY_0BIT, // Receive data delay(RDATDLY)
32.     McBSP_RCR_RFRLEN1_OF(0),// Receive frame length in phase 1
                                   (RFRLEN1)
33.     McBSP_RCR_RWDLEN1_32BIT,// Receive element length in phase 1
                                   (RWDLEN1)
34.     // Receive 32-bit bit reversal feature.(RWDREVRS)
35.     McBSP_RCR_RWDREVRS_DISABLE
36. ),
37. /* Transmit Control Register (XCR)*/
38. McBSP_XCR_RMK
39. (
40.     McBSP_XCR_XPHASE_SINGLE,// Transmit phases
41.     McBSP_XCR_XFRLEN2_OF(0),// Transmit frame length in phase 2
                                   (XFRLEN2)
42.     McBSP_XCR_XWDLEN2_8BIT, // Transmit element length in phase 2
43.     McBSP_XCR_XCOMPAND_MSB, // Transmit companding mode(XCOMPAND)
44.     McBSP_XCR_XFIG_YES,     // Transmit frame ignore(XFIG)
45.     McBSP_XCR_XDATDLY_0BIT, // Transmit data delay(XDATDLY)
46.     McBSP_XCR_XFRLEN1_OF(0),// Transmit frame length in phase 1
                                   (XFRLEN1)
47.     McBSP_XCR_XWDLEN1_32BIT,// Transmit element length in phase 1
                                   (XWDLEN1)
48.     McBSP_XCR_XWDREVRS_DISABLE// Transmit 32-bit bit reversal feature
49. ),
50. /*serial port sample rate generator register(SRGR)*/
51. McBSP_SRGR_RMK
52. (
53.     // Sample rate generator clock synchronization(GSYNC).
54.     McBSP_SRGR_GSYNC_FREE,
55.     McBSP_SRGR_CLKSP_RISING,// CLKS polarity clock edge select
                                   (CLKSP)
56.     // McBSP sample rate generator clock mode(CLKSM)
57.     McBSP_SRGR_CLKSM_INTERNAL,
58.     // Sample rate generator transmit frame synchronization
59.     McBSP_SRGR_FSGM_DXR2XSR,
60.     McBSP_SRGR_FPER_OF(63), // Frame period(FPER)
```

```
61.     McBSP_SRGR_FWID_OF(31), // Frame width(FWID)
62.     McBSP_SRGR_CLKGDV_OF(15)// Sample rate generator clock divider
                                (CLKGDV)
63. ),
64. McBSP_MCR_DEFAULT, /* Using default value of MCR register */
65. McBSP_RCER_DEFAULT, /* Using default value of RCER register */
66. McBSP_XCER_DEFAULT, /* Using default value of XCER register */
67. /* serial port pin control register(PCR)*/
68. McBSP_PCR_RMK(
69. (
70.     McBSP_PCR_XIOEN_SP, // Transmitter in general-purpose I/O mode
71.     McBSP_PCR_RIOEN_SP, // Receiver in general-purpose I/O mode
72.     McBSP_PCR_FSXM_INTERNAL,// Transmit frame synchronization mode
73.     McBSP_PCR_FSRM_EXTERNAL,// Receive frame synchronization mode
74.     McBSP_PCR_CLKXM_OUTPUT, // Transmitter clock mode (CLKXM)
75.     McBSP_PCR_CLKRM_INPUT,  // Receiver clock mode (CLKRM)
76.     McBSP_PCR_CLKSSTAT_0,   // CLKS pin status(CLKSSTAT)
77.     McBSP_PCR_DXSTAT_0,     // DX pin status(DXSTAT)
78.     McBSP_PCR_FSXP_ACTIVEHIGH, // Transmit frame synchronization
                                polarity(FSXP)
79.     McBSP_PCR_FSRP_ACTIVEHIGH, // Receive frame synchronization
                                polarity(FSRP)
80.     McBSP_PCR_CLKXP_RISING, // Transmit clock polarity(CLKXP)
81.     McBSP_PCR_CLKRP_FALLING // Receive clock polarity(CLKRP)
82. )
83. };
```

参考文献

[1] HAYES S, GREBOGI C, OTT E. Communication with chaos[J]. Physical Review Letters, 1993, 70(20): 3031-3034.

[2] HAI P R, BAPTISTA M S, GREBOGI C. Uncovering missing symbols in communication with filtered chaotic signals[J]. International Journal of Bifurcation and Chaos, 2012, 22(8): 1250199.

[3] OPPENHEIM A V, WORNELL G W, ISABELLE S H, et al. Signal processing in the context of chaotic signals[C]. 1992 IEEE International Conference on Acoustics, Speech, and Signal Processing, San Francisco, 1992.

[4] PONOMARENKO V I, PROKHOROV M D. Extracting information masked by the chaotic signal of a time-delay system[J]. Physics Review E, 2002, 66(2): 026215.

[5] YANG T, YANG L B, YANG C M. Cryptanalyzing chaotic secure communications using return maps[J]. Physics Letter A, 1998, 245(6): 495-510.

[6] HALLE K S, WU C W, ITOH M, et al. Spread spectrum communication through modulation of chaos[J]. International Journal of Bifurcation and Chaos, 1993, 3(2): 469-477.

[7] PARKER A T, SHORT K M. Reconstructing the key stream from a chaotic encryption scheme[J]. IEEE Transactions on Circuits and Systems I: Fundamental Theory and Applications, 2001, 48(5): 624-630.

[8] SHORT K M. Steps towards unmasking secure communications[J]. International Journal of Bifurcation and Chaos, 1994, 4(4): 959-977.

[9] DEDIEU H, KENNEDY M P, HASLER M. Chaos shift keying: Modulation and demodulation of a chaotic carrier using self-synchronizing Chua's circuits[J]. IEEE Transactions on Circuits Systems Ⅱ: Analog and Digital Signal Processing, 1993, 40(10): 634-642.

[10] CHEE C Y, XU D L, BISHOP S R. A zero-crossing approach to uncover the mask by chaotic encryption with periodic modulation[J]. Chaos, Solitons & Fractals, 2004, 21(5): 1129-1134.

[11] YANG T, YANG L B, YANG C M. Breaking chaotic secure communication using a spectrogram[J]. Physics Letter A, 1998, 247(1-2): 105-111.

[12] YANG T, YANG L B, YANG C M. Breaking chaotic switching using generalized synchronization: Examples[J]. IEEE Transactions on Circuits and Systems I: Fundamental Theory and Applications, 1998, 45(10): 1062-1067.

[13] REN H P, HAN C Z, LIU D. Breaking chaotic shift key via adaptive key identification[J]. Chinese Physics B, 2008, 17(4): 1202-1208.

[14] MAZZINI G, RICCARDO R, GIANLUC S. Chaos-based asynchronous DS-CDMA systems and enhanced rake receivers: Measuring the improvements[J]. IEEE Transactions on Circuits and Systems I: Fundamental Theory and Applications, 2001, 48(12): 1445-1453.

[15] REN H P, BAI C, KONG Q J, et al. A chaotic spread spectrum system for underwater acoustic communication[J]. Physica A: Statistical Mechanics and its Applications, 2017, 478: 77-92.

[16] PÉREZ G, CERDEIRA H A. Extracting message masked by chaos[J]. Physical Review Letters, 1995, 74(11): 1970-1972.

[17] REN H P, BAI C. Secure communication based on spatiotemporal chaos[J]. Chinese Physics B, 2015, 24(8): 233-238.

[18] BU S L, WANG B H. Improving the security of chaotic encryption by using simple modulating method[J]. Chaos, Solitons & Fractal, 2004, 19(4): 919-924.

[19] CHEN J Y, WANG K W, CHENG L M, et al. A secure communication scheme based on the phase synchronization of chaotic systems[J]. Chaos: An Interdisciplinary Journal of Nonlinear Science, 2003, 13(2): 508-514.

[20] MINAI A A, DURAI P T. Communication with noise: How chaos and noise combine to generate secure encryption[J]. Chaos: An Interdisciplinary Journal of Nonlinear Science, 1998, 8(3): 621-628.

[21] APOSTOLOS A, SYORIDIS D, LARGER L, et al. Chaos-based communications at high bit-rates using commercial fiber-optic links[J]. Nature, 2005, 438(7066): 343-346.

[22] REN H P, BAPTISTA M S, GREBOGI C. Wireless communication with chaos[J]. Physical Review Letters, 2013, 110(18): 184101.

[23] REN H P, LIU D, HAN C Z. Anti-control of chaos via direct time delay feedback control[J]. Acta Physica Sinica, 2006, 55(6): 2694-2701.

[24] PECORA L M, CARROLL T L. Synchronization in chaotic systems[J]. Physical Review Letter, 1990, 64: 821-824.

[25] KOCAREV L, PARLITZ U. General approach for chaotic synchronization with applications to communication[J]. Physical Review Letters, 1995, 74(25): 5028-5031.

[26] REN H P, BAI C, HUANG Z Z, et al. Secure communication based on Hyper Chaotic Chen system with time-delay[J]. International Journal of Bifurcation and Chaos, 2017, 27(5): 1750076.

[27] WANG X Y, ZHANG N, REN X L, et al. Synchronization of spatiotemporal chaotic systems and application to secure communication of digital image[J]. Chinese Physics B, 2011, 20(2): 129-136.

[28] WANG X Y, WANG Q. A fast image encryption algorithm based on only blocks in cipher text[J]. Chinese Physics B, 2014, 23(3): 169-176.

[29] YANG T, CHAI W W, CHUA L O. Cryptography based on chaotic systems[J]. IEEE Transactions on Circuits and Systems Ⅰ: Fundamental Theory and Applications 1997, 44(5): 469-472.

第 8 章　线性延迟反馈系统产生混沌的 Hash 函数应用

现代密码学是一门综合了数论、概率论、统计学以及信息论、计算复杂性、编码理论等知识的学科，为信息安全提供了有力支撑。它可以用于消息保密，发送者身份认证，以及保证数据完整性、真实性等。密码学被广泛应用的技术有加密算法、Hash 函数、消息认证码。其中，Hash 函数受到越来越多的关注。对输入任意长度的消息输出固定值长度消息的单向函数称为 Hash 函数。MD4（message digest 4）、MD5（message digest 5）、SHA（secure hash algorithm）等都是传统的 Hash 函数[1-3]，它们主要利用多轮次的逻辑异或运算、密码迭代等方法生成 Hash 值。针对多轮次的逻辑异或运算生成 Hash 函数，迭代的轮次必须要足够多，才能保证安全；针对密码迭代运算生成 Hash 函数，采用的基本密码算法保证了 Hash 函数的安全性和效率。2005 年，Wang 等[4,5]发现了 MD4、MD5、SHA-1 和 RIPEMD（race integrity primitives evaluation message digest）等算法在抗碰撞性能方面的缺陷，这极大地激发了人们对构建新的密码学算法的研究热情。

当传统的 Hash 函数被证明存在安全缺陷后，如何改进传统 Hash 函数的性能成为研究热点，利用具有丰富动力学特性的混沌系统来设计安全有效的混沌 Hash 函数成为一个重要方向。

8.1　Hash 函数的基础知识

一类可以将任意长度的消息 M 压缩成一个固定长度的输出函数被称为单向 Hash 函数。它具有初值敏感性、防伪造性、不可逆性以及数据压缩性等功能。

8.1.1　单向函数与单向 Hash 函数

映射 $H: X \to Y$ 对所有的 $x \in X$，$H(x)$ 是容易计算的。但对于其逆过程，利用给定的 $H(x)$，求出相同的 x 是计算上不可能实现的，将 $H(x)$ 称为单向函数。单向 Hash 函数是一类很特殊的单向函数。

单向 Hash 函数满足如下四个条件。

（1）可以将不同长度的 0、1 序列以相同的长度输出。

（2）防伪造性：若知道 $c = \text{Hash}(m)$，得到一个新值 n 满足 $\text{Hash}(n)=c$ 是困难的。

（3）不可逆性：若知道 $c = \text{Hash}(m)$，求解 m 值是非常困难的。除了穷举方法，没有其他好方法。

（4）初值敏感性：$c = \text{Hash}(m)$ 中 m 的每一位改变，都会对 c 值产生巨大的影响。

8.1.2 Hash 函数的种类

根据有无密钥，单向函数可以分为不带密钥的 Hash 函数和带密钥的 Hash 函数（用 $h_K(m)$ 表示）两种类型。对于前者，任何人都可以很容易完成计算，计算的结果也仅是输入字符串的一个普通函数，它被认为不具有身份认证的功能，但可以用它来检测接收数据的完整性。例如，用在非密码计算机中的窜改检测码（manipulation detection code，MDC）。后者与前者最大的不同点是后者具有身份认证的功能——只有拥有了密钥的人才可以由输入计算出相应的 Hash 值，如消息认证码（message authentication code，MAC）。因此，这一类单向函数也被称为认证符（authenticator）或认证码。

不带密钥的 Hash 函数具有如下性质。

（1）已知消息的 Hash 函数 $h(m)$，求解 m 是不可行的，也就是单向性。若知道明文消息，计算其 Hash 值是容易的；而知道 Hash 值，得到明文消息是不可能的。换句话说，要找到 $h(m)$ 的逆运算 $h^{-1}(\cdot)$ 几乎是做不到的。

（2）给定消息 m 及其 Hash 值 $h(m)$，找到一个与 m 不一样的消息 m'，让两者 Hash 值相同是十分困难的（即抗弱碰撞性）。这个性质保证了在已知明文消息的情况下，想要再找到另外一个明文消息来产生相同的 Hash 值是非常困难的。这可以防止伪造，不论是利用替换消息 m，还是修改消息来保持 $H = h(m)$ 不变，都是行不通的。

（3）对两个不一样的消息 m 和 m'，计算得到相同的 Hash 值是非常困难的（即抗强碰撞性）。这个性质度量了 Hash 函数抗生日攻击[6, 7]的能力，在目前的计算能力下，满足这一条件的 Hash 值至少要有 128 位字长。

带密钥的 Hash 函数的计算过程和验证都需要密钥才可进行。假设密钥为 K，于是，Hash 函数 $h(\cdot)$ 可表示为 $H = h_K(m)$。

除了上述不带密钥的 Hash 函数的性质，带密钥的 Hash 函数还具有如下性质。

（1）在明文消息 m 已知的情况下，计算 H 的难易与 K 是否已知有很大关系。若 K 已知，则计算 H 是非常容易的；若 K 未知，则计算 H 是非常困难的。

（2）仅给定 s 个消息 $m_1, m_2, \cdots, m_s$ 和相应的 Hash 值 $h_K(m_1), h_K(m_2), \cdots, h_K(m_s)$，要计算 K 是困难的。

8.1.3　混沌 Hash 函数

密码学领域有两个一般的设计原则：Shannon 的扩散（diffusion）原则和混淆（confusion）原则[8]。前者指的是密码的设计能使密文的不同部分进行交换混合，保证逐段破译密钥是不可能的，而明文每一位的变化也应影响密文很多位的变化；后者指的是密码的设计可使密钥、明文及密文间的依赖性相当复杂，不至于被分析者利用。而混沌系统具有的类随机性，对系统参数和初值的敏感性刚好满足密码系统的扩散性质；混沌系统具有单向性，一个值可以是多个值迭代的结果，而对于同一个混沌系统，若系数和初值有微小差别，经过一段时间后，将产生两个不相关的序列。由此可见，混沌系统有 Hash 函数所必需的初值和参数敏感性、单向性等性质，基于这些，利用混沌可能构造出具有优秀特性的 Hash 函数。

8.2　基于线性延迟反馈超混沌 Chen 系统构建 Hash 函数

采用线性延迟反馈方法对稳定 Chen 系统进行控制可以产生具有多个正 Lyapunov 指数的超混沌系统[9-12]。线性延迟反馈产生的超混沌系统具有丰富的动力学特性，理论上具有无穷维。与仅有一个正 Lyapunov 指数的一般混沌系统相比，超混沌系统具有更多方向的不稳定性，这大大增强了信号的复杂度。利用此性质来设计构造单向 Hash 函数可能获得更好的性能。

8.2.1　线性延迟反馈超混沌 Chen 系统的数学描述

线性延迟反馈 Chen 系统[9]的数学描述如下：

$$\begin{aligned} \dot{x} &= a(y-x) \\ \dot{y} &= (c-a)x - xz + cy \\ \dot{z} &= xy - bz + k(z - z(t-\tau)) \end{aligned} \tag{8-1}$$

其中，x、y、z 为系统的状态变量；a、b、c 为系统的参数；τ 为延迟时间；k 为延迟反馈控制增益。

当 $a=35, b=3, c=18.5, k=0$ 时，系统（8-1）为非混沌系统；当 $a=35$，$b=3$，$c=18.5$，$k=3.8$，$\tau=0.3$ 时，呈现为复合多涡卷混沌吸引子[10]；当 $a=35$，$b=3$，$c=18.5$，$k=2.85$，$\tau=0.3$ 时，呈现为双涡卷混沌吸引子[12]；当 $a=35$，$b=3$，$c=18.35978$，$k=2.85$，$\tau=0.3$ 时，呈现为单涡卷混沌吸引子[9]。各种吸引子的（归一化）三维相图，如图 8-1 所示。

绘制线性延迟反馈超混沌 Chen 系统中复合多涡卷混沌吸引子程序如例程 8-1 所示。

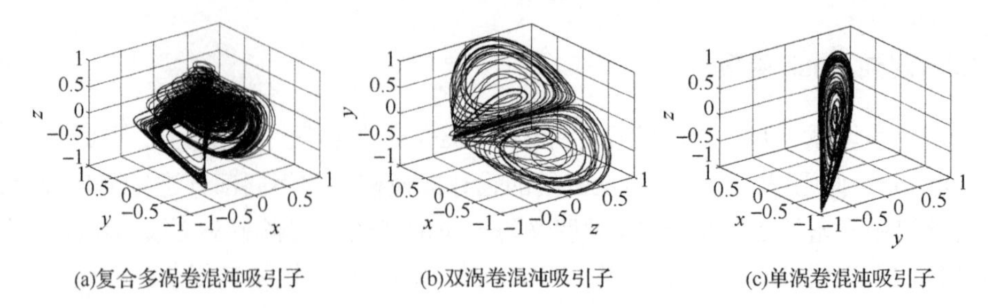

图 8-1　线性延迟反馈超混沌 Chen 系统的各种吸引子三维相图

例程 8-1　Chap8_1.m

```
01. clear all;clc;close all;    %(a)复合多涡卷相图
02. a=35;b=3;c=18.5;k1=3.8;      %延迟系统参数
03. dt=0.0001;tau=3000; %dt 为迭代步长，延迟时间为 0.3，对应 3000 步迭代
04. x(1)=0.271277;y(1)=0.271277;z(1)=0.71956;%混沌系统初值
05. for n=1:1000000                %设置迭代步数循环
06.     if n<=3000        %z(-tau)=0,0<tau<0.3，延迟变量初值设为 0 向量
07.         x(n+1)=x(n)+(a*(y(n)-x(n)))*dt;
08.         y(n+1)=y(n)+(c*(x(n)+y(n))-a*x(n)-x(n)*z(n))*dt;
09.         z(n+1)=z(n)+(x(n)*y(n)-b*z(n))*dt;
10.     else
11.         x(n+1)=x(n)+(a*(y(n)-x(n)))*dt;
12.         y(n+1)=y(n)+(c*(x(n)+y(n))-a*x(n)-x(n)*z(n))*dt;
13.         z(n+1)=z(n)+(x(n)*y(n)-b*z(n)+k1*(z(n)-z(n-tau)))*dt;
14.     end
15. end
16. xx=x(length(x)-20000:end);
17. yy=y(length(x)-20000:end);
18. zz=z(length(x)-20000:end);        %将混沌迭代的值储存
19. gg1=size(xx); gg2=size(yy); gg3=size(zz); %归一化
20. m1=(max(xx)+min(xx))/2;  m11=(max(xx)-min(xx))/2;  gg1=(xx-m1)./
    m11;
21. m2=(max(yy)+min(yy))/2;  m22=(max(yy)-min(yy))/2;  gg2=(yy-m2)./
    m22;
22. m3=(max(zz)+min(zz))/2;  m33=(max(zz)-min(zz))/2;  gg3=(zz-m3)./
    m33;
23. %画图
24. plot3(gg1,gg2,gg3) ; xlabel(['\fontsize{12}\fontname{Times new
    roman}\it{x}']);ylabel(['\fontsize{12}\fontname{Times new roman}\
    it{y}']);zlabel(['\fontsize{12}\fontname{Times new roman}\
    it{z}']); grid on;
```

8.2.2　密钥流迭代函数

为增强 Hash 函数的置乱能力，进一步采用密钥流迭代函数[13]，其数学表述为

$$e(p(t)) = \underbrace{f_1(\cdots f_1(f_1}_{n}(p(t),\underbrace{v(t)),v(t)),\cdots v(t)}_{n}) \tag{8-2}$$

其中，f_1为线性分段函数：

$$f_1(p,v) = \begin{cases} (p+v)+2l, & -2l \leqslant (p+l) \leqslant -l \\ (p+v), & -l \leqslant (p+l) < l \\ (p+v)-2l, & l \leqslant (p+l) \leqslant 2l \end{cases} \tag{8-3}$$

其中，p 为明文；v 为密钥，p 和 v 的值必须限制在$[-l，l]$；n 为迭代次数；l 为参数。

8.2.3　基于线性延迟反馈超混沌 Chen 系统的 Hash 函数构造方法

构造基于线性延迟反馈超混沌 Chen 系统的 Hash 函数算法[14]详细描述如下。

（1）将待处理的明文消息根据 32 位（bit）分块。最后一个分块若不足 32 位，则补足 32 位。补足 32 位的办法是把明文消息变为 0～1 的值，代入 Logistic 映射进行迭代，经过一定的迭代次数后，把后面迭代的值二值化。二值化方法是迭代值大于等于 0.5 时补 1，迭代值小于 0.5 时补 0，直到补足 32 位。将连续的 3 个块分成一组，当明文消息的块数不是 3 的整数倍时，若剩下一块，与前两块结合；若剩下两块，与前一块结合。

（2）给定一个 128 位的初始密钥值，将这个密钥按顺序分成 40 位、40 位、48 位，然后把它们量化到[0,1]的小数。

（3）将分组明文消息作为线性延迟反馈超混沌 Chen 系统的初始值，进行一定时间的演化后，把最后时刻的三个状态进行坐标变换，将变量的值限制在[-1,1]，将演化的最后时刻的三个值作为三个密钥流迭代中的明文。其中，参数 l=1。

（4）采用与第（3）步相似的方法，将第（2）步得到的三个小数作为初始值，经过线性延迟反馈超混沌 Chen 系统的演化和坐标变换得到最后时刻的三个状态值，作为上述三个密钥流迭代中的三个密钥，与第（3）步中得到的三个明文一起送入密钥流迭代，经过 30 次迭代可以得到三个密钥流迭代输出。

（5）将第（4）步最后得到的三个值分别变为 40 位、40 位、48 位的二进制整数，然后通过位连接组成 128 位二进制整数。至此，完成一组三个明文对应的局部 Hash 值。

密码块链接（cipher block chaining，CBC）模型可以将不同长度的明文消息有效地压缩成 128 位 Hash 值输出，其结构如图 8-2 所示，其中，H 表示一个 Hash

单元。而对多组明文利用 CBC 能够得到最终的 128 位结果。

整个基于 CBC 的 Hash 函数可描述为

$$k_0 = \text{Key},\ h_i = H(M_i, k_i),\ k_i = h_{i-1} \oplus k_{i-1}, \cdots,\ h = h_{n-1} \oplus k_{n-1} \tag{8-4}$$

为了使各明文块间的信息更好地混淆、扩散，在 CBC Hash 函数模型中，将前一个环节的密钥和产生的 Hash 值进行异或运算，这一操作不仅保证了混淆与扩散，而且可以将得到的值作为当前环节需要的密钥进行操作。

在本章中，为了得到满足不可逆性、防伪造性、初值敏感性以及混淆、扩散特性的 Hash 函数，将线性延迟反馈产生的超混沌及密钥流函数进行了“混合运算”操作。

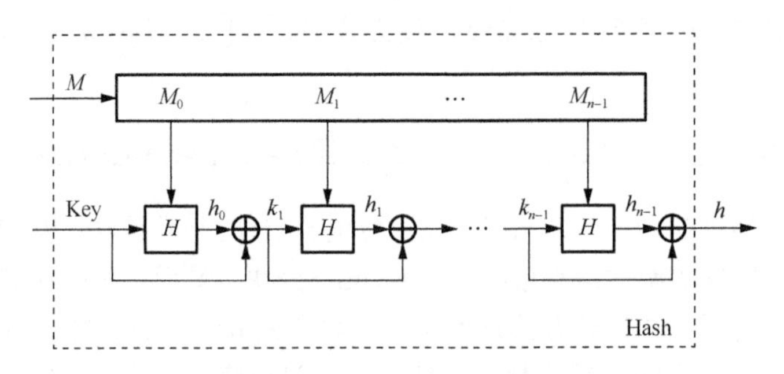

图 8-2　CBC Hash 函数模型

8.3　所提算法的安全性能分析

8.3.1　文章 Hash 结果

根据上述方法，分别计算了下面 5 种情况下文本的 Hash 值。

明文 1[14]：Chaos is a deterministic process, which is ubiquitously present in the world. Because of its random like behavior, sensitivity to initial conditions and parameter values, ergodicity, and confusion and diffusion properties; chaotic cryptography has become an important branch of modern cryptography and has huge potential in protecting the assets.

明文 2：将明文 1 中的 Chaos 变为 chaos。

明文 3：将明文 1 中的 values 变为 value。

明文 4：将明文 1 最后面的句号变为逗号。

明文 5：将明文 1 的最后加一个空格。

密钥值为“2A86D71ECB063FAC589B74132C3874AB”。

基于复合多涡卷混沌吸引子 Chen 系统构造的 Hash 函数得到对应的 Hash 值

十六进制表示分别为

Hash 值 1：E9EA90BC21CB13373D46784A90F76A1C。

Hash 值 2：276065089385BD364846A7F3EDB6C308。

Hash 值 3：07D9BB82659DDF07FDBF69CC0BE2014C。

Hash 值 4：966D9435329EA7EA5A6D6591F9F41625。

Hash 值 5：A13577F257E9E15DC07E0A335F8550CA。

其对应的序位图如图 8-3 所示。从上面的仿真结果可以看出，明文消息发生很微小的变化也会引起 Hash 值发生巨大的改变。

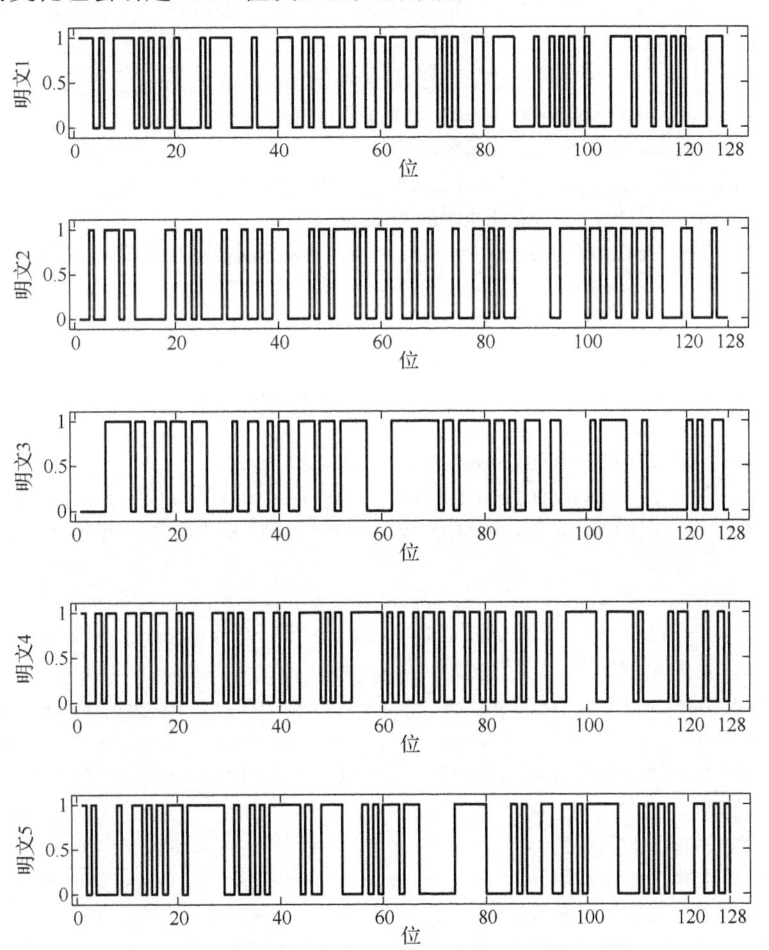

图 8-3 明文 1～5 使用相同密钥得到的 Hash 值比较图

绘制不同明文的 Hash 值输出图形的程序如例程 8-2 所示。

例程 8-2 Chap8_2.m

```
01.  clear all;clc;close all;    %复合多涡卷吸引子构造 Hash 函数
02.  h0=txt_hashxin('mingwen.txt');%将明文消息字符分组，转化到[0,1]内
03.  cE='2A86D71ECB063FAC589B74132C3874AB'; %密钥初值
04.  a=35;b=3;c=18.5;k1=3.8;h=1;k=1;               %延迟系统参数
05.  dt=0.0001; tau=3000;                           %延迟为 0.3
06.  for nn=1:(length(h0)/3)                        %取填充过的信息组数
07.     hex_decv1=hex2dec(cE(1:10));                %密钥分组并转化为十进制
08.     hex_decv2=hex2dec(cE(11:20));
09.     hex_decv3=hex2dec(cE(21:32));
10.  v1=hex_decv1/2^40;v2=hex_decv2/2^40;v3=hex_decv3/2^48;
     %转化到[0,1]内
11.  X0=[v1 v2 v3];%将分解后的密钥储存在 X0 中
12.  x(1)=h0(k);y(1)=h0(k+1);z(1)=h0(k+2);
     %分组明文取出，作为混沌系统的初值
13.  x1(1)=X0(1);y1(1)=X0(2);z1(1)=X0(3);
     %分组密钥取出，作为混沌系统的初值
14.     for n=1:1000000                     %将分组明文代入混沌系统迭代
15.       if n<=3000
16.         x(n+1)=x(n)+(a*(y(n)-x(n)))*dt;
17.         y(n+1)=y(n)+(c*(x(n)+y(n))-a*x(n)-x(n)*z(n))*dt;
18.         z(n+1)=z(n)+(x(n)*y(n)-b*z(n))*dt;
19.       else
20.         x(n+1)=x(n)+(a*(y(n)-x(n)))*dt;
21.         y(n+1)=y(n)+(c*(x(n)+y(n))-a*x(n)-x(n)*z(n))*dt;
22.         z(n+1)=z(n)+(x(n)*y(n)-b*z(n)+k1*(z(n)-z(n-tau)))*dt;
23.       end
24.     end
25.  m1=(max(x)+min(x))/2;m11=(max(x)-min(x))/2;gg1=(x(end)-m1)/
     m11; %归一化
26.  m2=(max(y)+min(y))/2;m22=(max(y)-min(y))/2;gg2=(y(end)-m2)/
     m22;
27.  m3=(max(z)+min(z))/2;m33=(max(z)-min(z))/2;gg3=(z(end)-m3)/
     m33;
28.  XX=[gg1 gg2 gg3];                       %将归一化结果储存在 XX 中
29.     for n=1:1000000                      %将分组密钥代入混沌系统迭代
30.       if n<=3000
31.         x1(n+1)=x1(n)+(a*(y1(n)-x1(n)))*dt;
32.         y1(n+1)=y1(n)+(c*(x1(n)+y1(n))-a*x1(n)-x1(n)*z1(n))*dt;
33.         z1(n+1)=z1(n)+(x1(n)*y1(n)-b*z1(n))*dt;
34.       else
35.         x1(n+1)=x1(n)+(a*(y1(n)-x1(n)))*dt;
36.         y1(n+1)=y1(n)+(c*(x1(n)+y1(n))-a*x1(n)-x1(n)*z1(n))*dt;
```

```
37.          z1(n+1)=z1(n)+(x1(n)*y1(n)-b*z1(n)+k1*(z1(n)-
             z1(n-tau)))*dt;
38.        end
39.      end
40.  m11=(max(x11)+min(x1))/2;m111=(max(x1)-min(x1))/2; %归一化
41.  xx11=(x1(end)-m11)./m111;
42.  m21=(max(y1)+min(y1))/2;m211=(max(y1)-min(y1))/2;
43.  yy11=(y1(end)-m21)./m211;
44.  m31=(max(z1)+min(z1))/2;m311=(max(z1)-min(z1))/2;
45.  zz11=(z1(end)-m31)./m311;
46.  XX1=[xx11 yy11 zz11];          %将归一化结果储存在 XX1 中
47.  %将分组明文混沌迭代结果、分组密钥混沌迭代结果代入密钥流迭代函数
48.    for i=1:30
49.        if and((XX1(1)+XX(1))>=-2*h,(XX1(1)+XX(1))<=-h)
50.                f1=XX1(1)+XX(1)+2*h;
51.        elseif and((XX1(1)+XX(1))>-h,(XX1(1)+XX(1))<h)
52.                f1=XX1(1)+XX(1);
53.        elseif and((XX1(1)+XX(1))>=h,(XX1(1)+XX(1))<=2*h)
54.                f1=XX1(1)+XX(1)-2*h;
55.        end
56.        XX(1)=f1;
57.    end
58.    ep1=f1;
59.    for i=1:30
60.        if and((XX1(2)+XX(2))>=-2*h,(XX1(2)+XX(2))<=-h)
61.                f2=XX1(2)+XX(2)+2*h;
62.        elseif and((XX1(2)+XX(2))>-h,(XX1(2)+XX(2))<h)
63.                f2=XX1(2)+XX(2);
64.        elseif and((XX1(2)+XX(2))>=h,(XX1(2)+XX(2))<=2*h)
65.                f2=XX1(2)+XX(2)-2*h;
66.        end
67.      XX(2)=f2;
68.    end
69.    ep2=f2;
70.    for i=1:30
71.        if and((XX1(3)+XX(3))>=-2*h,(XX1(3)+XX(3))<=-h)
72.                f3=XX1(3)+XX(3)+2*h;
73.        elseif and((XX1(3)+XX(3))>-h,(XX1(3)+XX(3))<h)
74.                f3=XX1(3)+XX(3);
75.        elseif and((XX1(3)+XX(3))>=h,(XX1(3)+XX(3))<=2*h)
76.                f3=XX1(3)+XX(3)-2*h;
77.        end
```

```
78.       XX(3)=f3;
79.       end
80.       ep3=f3;
81.     X01=[ep1 ep2 ep3];k=k+3;     %将密钥流迭代的结果储存在 X01
82.     xx1=abs(X01);h1=HA(xx1);     %将 X01 转为十六进制
83.     cK1=Hashcomp(h1,cE);%新得到密钥流迭代结果与上一步的密钥流结果做异或
84.     cE=cK1;                 %将最新得到的异或结果作为下一步的密钥
85.     end
86.     aaa=zeros(1,32);
87.     for i=1:32
88.         aaa(i)=hex2dec(cE(i));   %将最后得到的密钥转化为 32 个十进制数
89.     end
90.     bbb=[];
91.     for i=1:32
92.         bbb=strcat(bbb,dec2bin((aaa(i)),4));
                                     %将结果转化为 128 位二进制字符
93.     end
94.     ddd=zeros(size(bbb));
95.     for i=1:length(bbb)
96.         ddd(i)=double(bbb(i)-48);%将 128 位字符型转为 128 位 double 型
97.     end
98.     stairs(ddd,'b','LineWidth',1.5)%画图
99.     axis([-1,132,-0.1,1.1]);ylabel('Bit Value','FontSize',12);
100.    xlabel('Hash Bit Number','FontSize',12);
101.    title('plain-text 1','FontSize',12);
102.    set(gcf,'unit','centimeters','position',[10 5 25 4])
```

其中，子函数“txt_hashxin”定义如例程 8-3 所示。

例程 8-3　txt_hashxin.m

```
01.   function h=txt_hashxin(filename)  %将明文消息字符分组，转化到[0,1]内
02.   k=1;fid=fopen(filename,'r');M=fread(fid);
                                        %打开文件'mingwen.txt'
03.   mingwenbin=[];
04.   for i=1:length(M)
05.   mingwenbin=strcat(mingwenbin,dec2bin((M(i)),8));
                                        %转化为二进制字符格式
06.   end
07.   for i=1:length(mingwenbin)
08.   M1(i)=double(mingwenbin(i))-48;%将二进制字符格式转化为 double 型
09.   end
10.   M=M1;                             %N=2760
11.   pak=1;kk=1;N=length(M);           %初始值
```

```
12.  if N<32                              %M 不足 32 位时，填充成需要的数组
13.     n1=32-N;
14.     zmpp=[];
15.     for i=1:N
16.         zmpp=strcat(zmpp,char(M(i))+48);%将 double 型转化为字符型
17.     end
18.     zmpp1=bin2dec(zmpp)/2^(N+1); %转化为十进制数，并转化到[0,1]内
19.     logistic=zmpp1;%将得到十进制小数作为初值进入 logistic 系统迭代
20.     for i=1:60
21.         logistic=4*logistic*(1-logistic);
22.         zmpp2(i)=logistic;          %将迭代的结果储存
23.     end
24.    %利用 logistic 系统迭代出的 60 个结果选取 60-n1 以后的作为符号判决，并
       储存在'pad'中
25.     for i=60-n1+1:60
26.         if zmpp2(i)>0.5
27.           pad(pak)=1;
28.         else
29.           pad(pak)=0;
30.         end
31.           pak=pak+1;
32.     end
33.     for i=1:n1%将 M 不足 32 位的空位，选取'pad'的符号进行填充
34.         M(N+i)=pad(i);
35.     end
36.     zmp3=[];
37.     for i=1:32
38.         zmp3=strcat(zmp3,char(M(i))+48);%将填充后的 M 转化为字符型
39.     end
40.     zmp4=bin2dec(zmp3)/2^33;  %%转化为十进制数，并转化到[0,1]内
41.     vtemp=[zmp4,zmp4,zmp4]; %将填充完的 M,存在一个三组的大数组储存
42.  elseif N==32                    %M 为 32 位时，填充成需要的数组
43.     zmp=[];
44.     for i=1:32
45.        zmp=strcat(zmp,char(M(i)+48));
46.     end
47.        zmp1=bin2dec(zmp)/2^33;
48.        vTemp=[zmp1,zmp1,zmp1];
49.  else %M 大于 32 位时，填充成需要的数组
50.      if mod(N,32)~=0
51.         n=32-rem(N,32);          %需要在 M 后填充的位数
52.         zmp5=[];
```

```
53.         for i=1:32
54.            zmp5=strcat(zmp5,char(M(i))+48);%将M前32位转化为字符型
55.         end
56.         zmp6=bin2dec(zmp5)/2^33;%转化为十进制数，并转化到[0,1]内
57. %利用 logistic 系统迭代出的 60 个结果选取 60-n 以后的作为符号判决，并储存
    在'pad1'中
58.         logistic1=zmp6;
59.         for i=60-n+1:60
60.            logistic1=4*logistic1*(1-logistic1);
61.            zmpp7(i)=logistic1;
62.         end
63.         for i=25:60
64.             if zmpp7(i)>0.5
65.                 pad1(pak)=1;
66.             else
67.                 pad1(pak)=0;
68.             end
69.             pak=pak+1;
70.         end
71.        %M按32位分组后，不足32位的空位，选取'pad1'的符号进行填充
72.         for i=1:n
73.             M(N+i)=pad1(i);       %将M填充为32位的整数倍
74.         end
75.     end
76.     multiple=length(M)/32;        %除以32
77.     multiple1=rem(multiple,3); %对3求余(按照3块的要求填充数组)
78.     switch multiple1              %将M填充数组
79.         case 0                    %3块(96位)的情况
80.      M=M;
81.         case 1                    %1块(32位)的情况
82. M((length(M)+1):(length(M)+64))=M((length(M)-95):(length(M)-32));
83.         case 2                    %2块(64位)的情况
84.      M((length(M)+1):(length(M)+32))=M((length(M)-63):
      (length(M)-32));
85.     end
86.     %转化为十进制小数
87.     for i=1:96:(length(M))
88.         zmp8=[];
89.         for j=i:i+95
90.            zmp8=strcat(zmp8,char(M(j)+48));
91.         end
92.         hex_decv11=bin2dec(zmp8(1:32)); %前32位转化为十进制数
```

```
93.          hex_decv21=bin2dec(zmp8(33:64));
94.          hex_decv31=bin2dec(zmp8(65:96));
95.          v11=hex_decv11/2^33;v21=hex_decv21/2^33;
96.     v31=hex_decv31/2^33;                        %转化到[0,1]
97.          vtemp(kk)=v11;vtemp(kk+1)=v21;vtemp(kk+2)=v31;
                                                    %储存到 vtemp 中
98.          kk=kk+3;
99.      end
100. end
101. h=vtemp;
```

子函数“HA”定义如例程 8-4 所示。

例程 8-4　HA.m

```
01. function h=HA(Y)                                %将 Y 转为十六进制
02. YY1=round(Y*2^40);YY2=round(Y*2^40);YY3=round(Y*2^48);
                                                    %四舍五入
03. hh1=dec2hex(YY1,10);hh2=dec2hex(YY2,10);
04. hh3=dec2hex(YY3,12);                            %转化为十六进制
05. h=strcat(hh1(1,:),hh2(2,:),hh3(3,:));           %排成一行
```

子函数“Hashcomp”定义如例程8-5所示。

例程8-5　Hashcomp.m

```
01. function Z=Hashcomp(h1,h2)                      %将十六进制的h1与h2做异或
02. for i=1:32
03.     u1(i)=hex2dec(h1(i));
04.     u2(i)=hex2dec(h2(i));
05.     u11(i)=bitxor(uint32(u1(i)), uint32(u2(i))); %按位异或
06. end
07. a=dec2hex(u11);                                 %将十进制转化为十六进制
08. Z=a';
```

8.3.2　单向性分析

单向性是指用明文消息 M 和密钥 K，得到 Hash 值是很容易的。对于其逆过程，即利用 Hash 值来计算得到明文消息 M 和密钥 K 是很困难的。

由于 Hash 值的长度有限，而报文空间比 Hash 值空间大得多，因此不同的报文消息有可能得到相同的 Hash 值。但是，当 Hash 值达到一定长度时，如 128 位，Hash 值的空间将会有 $2^{128}\approx3.4028\times10^{38}$ 个，这在现有的计算条件下是无法利用穷举法完成计算的。因此，一般情况下，无论是消息摘要的 Hash 值还是密钥都应该满足不少于 128 位，这样使生日攻击和密钥的穷尽式搜索攻击具有抵抗能力。

8.3.3 混淆与扩散性质的统计分析

超混沌 Chen 系统和密钥流的混合运算，可以使明文和密钥更好地混淆和扩散，保障Hash函数对统计攻击的安全性。混淆和扩散性的好与坏，体现在最终得到的Hash值对明文和密钥的敏感性上。混淆和扩散性越好，则敏感性越强。对二进制的 Hash 值而言，理想的敏感性是指随意改变明文和密钥中的一位，都会使Hash值中接近50%的位发生变化。

测试明文敏感性的具体操作如下。

（1）一个明文消息 M，先计算它的Hash值，记为 h_0。

（2）将明文消息 M 的第 i 位上的“0”（“1”）改变为“1”（“0”），计算得到一个新Hash值，记为 h_i。

（3）计算 h_0 和 h_i 的Hamming距离。

（4）计算Hash值比特变化率 $r(i)$：

$$r(i)=\frac{D(h_0,h_i)}{128}\times 100\% \tag{8-5}$$

（5）i 从1到 N，重复 N 次，N 为明文长度。

对于密钥消息的敏感性分析，也用上述类似的操作。

对于超混沌Chen系统中复合多涡卷混沌吸引子，图8-4给出了明文变化时，N 分别为1024和2048的Hash值比特变化率的变化。当 N=1024时的Hash值平均比特改变数为63.8760；N=2048时的Hash值平均比特改变数为63.9697。当 N=2048时Hash值的比特变化位数 B_i 的分布图，如图8-5所示。从这些结果可以看到，构造的Hash函数有很好、很稳定的明文敏感性。由此可以看出，在选择明文攻击时，由已知明文与密文很难推导出其他的明文与密文，这都是由于发生任一微小改变的明文消息都会引起Hash值50%左右的位数发生变化。

表8-1给出了当 N 为200、512、1024、2048时得到的不同明文长度混淆与扩散的统计数据。其中，$\overline{B}$ 表示明文改变1位的Hash值平均变化位数，P 表示平均变化率，ΔB 表示变化位数的均方差，ΔP 表示平均变化率的均方差。

定义以下四个统计量对算法的特性进行分析，分别是

平均变化位数：$\overline{B}=\frac{1}{N}\sum_{i=1}^{N}B_i$

平均变化率：$P=(\overline{B}/128)\times 100\%$

变化位数的均方差：$\Delta B=\sqrt{\frac{1}{N-1}\sum_{i=1}^{N}(B_i-\overline{B})^2}$

变化率的均方差：$\Delta P=\sqrt{\frac{1}{N-1}\sum_{i=1}^{N}(B_i/128-P)^2}\times 100\%$

其中，B_i 为明文第 i 位变化引起 Hash 值的变化位数。

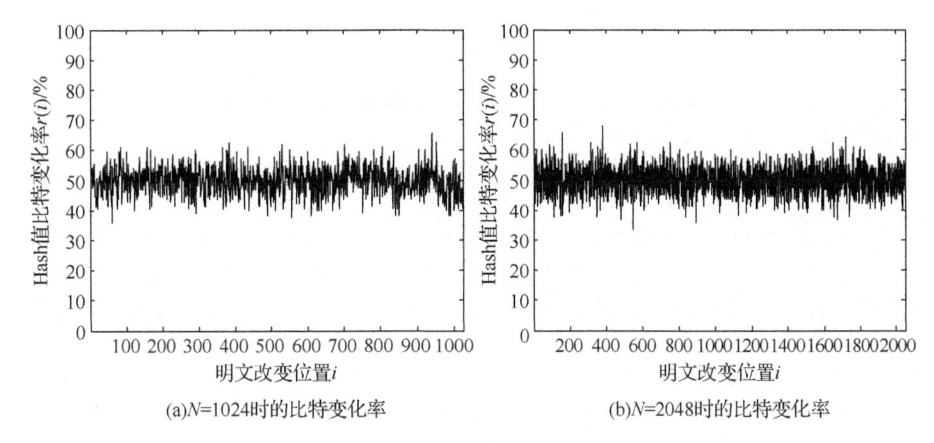

图 8-4　明文敏感性分析

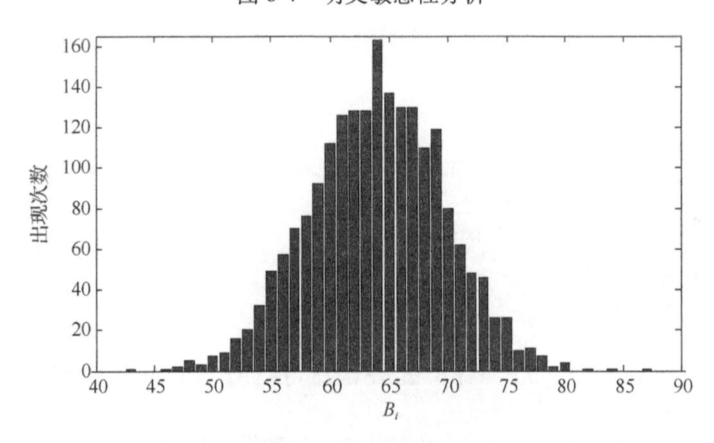

图 8-5　一位明文变化引起 Hash 值比特变化位数 B_i 的分布图

表 8-1　不同明文长度混淆与扩散的统计数据

N	200	512	1024	2048	平均值
$\bar{B}$	63.9550	64.1992	63.8760	63.9697	64.0000
ΔB	5.7897	5.6179	5.8505	5.6861	5.7360
P	49.9648	50.1556	49.9031	49.9763	49.9999
ΔP	4.47	4.38	4.58	4.44	4.4675

绘制明文敏感性分析曲线的程序如例程 8-6 所示。

例程 8-6　Chap8_3.m

```
01.  clear all;clc;close all; %复合多涡卷明文敏感性测试(1024 次)
02.  rand('seed',2050);M=randint(1,1024);%随机产生一行二进制的'明文'
03.  h0=ceshihash(M);          %'明文'生成 Hash 值
04.  for i=1:1024
05.      M1=M; M1(i)=~M(i);    %每次改变一位'明文'
06.      hi=ceshihash(M1);     %生成改变'明文'的 Hash 值
07.      r(i)=Hashcmp(h0,hi)  %对比统计改变的 Hash 值位数
08.  end
09.  plot(r/128*100,'b','LineWidth',1.5);
     %画图 title('(b)', 'FontSize',15)
10.  ylabel('\fontname{Times new roman}Hash\fontname{宋体}值比特变化率
     \fontname{Times new roman}\it{r}\rm(\iti\rm)/%','FontSize',10);
11.  xlabel('明文改变位置\fontname{Times new roman}\iti','FontSize',15);
12.  %dis=histc(r,(40:1:90));% bar(40:90,dis); %画柱状图
13.  %d1=sum(r)/400;%d2=sum(r)/128/400*100;
14.  %d3=sqrt(sum((r-sum(r)/400).^2)/511);
15.  %d4=sqrt(sum((r/128-sum(r)/128/400).^2)/399)*100;
```

其中，子函数“ceshihash”定义如例程 8-7 所示。

例程 8-7　ceshihash.m

```
01.  function cE=ceshihash(M)
02.  pak=1;kk=1;N=length(M);      %初始化
03.  %将 M 进行分块，并填充
04.  if N<32%当 M 不足 32 位的情况
05.     n1=32-N;
06.     zmpp=[];
07.     for i=1:N
08.         zmpp=strcat(zmpp,char(M(i))+48);%将 double 型转化为字符型
09.     end
10.     zmpp1=bin2dec(zmpp)/2^(N+1) ;%转化为十进制数，并转化到[0,1]内
11.     logistic=zmpp1; %将得到的十进制小数作为初值进入 logistic 系统迭代
12.     for i=1:60
13.     logistic=4*logistic*(1-logistic);
14.     zmpp2(i)=logistic;
15.     end
16.    %利用 logistic 系统迭代出的 60 个结果，选取 60-n1 到 60 的数据储存在'pad'中
17.     for i=60-n1+1:60
18.         if zmpp2(i)>0.5
19.           pad(pak)=1;
20.         else
21.           pad(pak)=0;
22.         end
```

```
23.            pak=pak+1;
24.        end
25.        for i=1:n1 %将M不足32位的空位，选取'pad'的符号进行填充
26.            M(N+i)=pad(i);
27.        end
28.        zmp3=[];
29.        for i=1:32
30.            zmp3=strcat(zmp3,char(M(i))+48);
31.        end
32.        zmp4=bin2dec(zmp3)/2^33;
33.        vtemp=[zmp4,zmp4,zmp4];       %将填充完的M,储存在一个三组的大数组
34.    elseif N==32 %M为32位时，填充成需要的数组
35.        zmp=[];
36.        for i=1:32
37.            zmp=strcat(zmp,char(M(i)+48));
38.        end
39.        zmp1=bin2dec(zmp)/2^33;vtemp=[zmp1,zmp1,zmp1];
40.    else                                 %M大于32位时，填充成需要的数组
41.        if mod(N,32)~=0
42.            n=32-rem(N,32);              %需要在M后填充的位数
43.            zmp5=[];
44.            for i=1:32
45.                zmp5=strcat(zmp5,char(M(i))+48);
46.            end
47.            zmp6=bin2dec(zmp5)/2^33;%转化为十进制数，并转化到[0,1]内
48.            logistic1=zmp6;
49.            for i=1:60
50.                logistic1=4*logistic1*(1-logistic1);
51.                zmpp7(i)=logistic1;
52.            end
53.            for i=60-n+1:60
54.                if zmpp7(i)>0.5
55.                    pad1(pak)=1;
56.                else
57.                    pad1(pak)=0;
58.                end
59.                pak=pak+1;
60.            end
61.            %M按32位分组后，不足32位的空位，选取'pad1'的符号进行填充
62.            for i=1:n
63.                M(N+i)=pad1(i);          %将M填充为32位的整数倍
64.            end
```

```
65.        end
66.        multiple=length(M)/32;
67.        multiple1=rem(multiple,3);%对 3 求余(按照 3 块的要求填充数组)
68.        switch multiple1
69.          case 0%3 块(96 位)的情况
70.              M=M;
71.          case 1%1 块(32 位)的情况
72.          M((length(M)+1):(length(M)+64))=M((length(M)-95):
           (length(M)-32));
73.          case 2%2 块(64 位)的情况
74.          M((length(M)+1):(length(M)+32))=M((length(M)-63):
           (length(M)-32));
75.        end
76.        for i=1:96:(length(M))
77.        zmp8=[];
78.          for j=i:i+95
79.             zmp8=strcat(zmp8,char(M(j)+48));
80.          end
81.   hex_decv11=bin2dec(zmp8(1:32));%前 32 位转化为十进制数
82.   hex_decv21=bin2dec(zmp8(33:64));hex_decv31=bin2dec(zmp8(65:96
      ));
83.   v11=hex_decv11/2^33;v21=hex_decv21/2^33;v31=hex_decv31/2^33;%
      转化到[0,1]内
84.   vtemp(kk)=v11;vtemp(kk+1)=v21;vtemp(kk+2)=v31;kk=kk+3;% 储 存 到
      vtemp 中
85.        end
86.   end
87.   h0=vtemp;%明文分组后的结果赋给 h0
88.   a=35;b=3;c=18.5;k1=3.8;h=1;k=1;%延迟系统参数
89.   dt=0.0001;tau=3000;%延迟为 0.3
90.   cE='2A86D71ECB063FAC589B74132C3874AB';%密钥初值
91.   for nn=1:(length(h0)/3)
92.        hex_decv1=hex2dec(cE(1:10));%密钥分组并转化为十进制
93.        hex_decv2=hex2dec(cE(11:20));
94.        hex_decv3=hex2dec(cE(21:32));
95.        v1=hex_decv1/2^40;v2=hex_decv2/2^40;v3=hex_decv3/2^48;
96.        %将分组密钥取出，作为混沌系统的初值
97.        x(1)=h0(k);y(1)=h0(k+1);z(1)=h0(k+2);
98.        x1(1)=v1;y1(1)=v2;z1(1)=v3;
99.        for n=1:1000000%将分组明文代入混沌系统迭代
100.           if n<=3000
101.       x(n+1)=x(n)+(a*(y(n)-x(n)))*dt;
```

```
102.     y(n+1)=y(n)+(c*(x(n)+y(n))-a*x(n)-x(n)*z(n))*dt;
103.     z(n+1)=z(n)+(x(n)*y(n)-b*z(n))*dt;
104.       else
105.     x(n+1)=x(n)+(a*(y(n)-x(n)))*dt;
106.     y(n+1)=y(n)+(c*(x(n)+y(n))-a*x(n)-x(n)*z(n))*dt;
107.     z(n+1)=z(n)+(x(n)*y(n)-b*z(n)+k1*(z(n)-z(n-tau)))*dt;
108.       end
109.     end
110. m1=(max(x)+min(x))/2;m11=(max(x)-min(x))/2;gg1=(x(end)-m1)/m11;
     %归一化
111. m2=(max(y)+min(y))/2;m22=(max(y)-min(y))/2;gg2=(y(end)-m2)/m22;
112. m3=(max(z)+min(z))/2;m33=(max(z)-min(z))/2;gg3=(z(end)-m3)/m33;
113. XX=[gg1 gg2 gg3];
114.     for n=1:1000000%将分组密钥代入混沌系统迭代
115.        if n<=3000
116.     x1(n+1)=x1(n)+(a*(y1(n)-x1(n)))*dt;
117.     y1(n+1)=y1(n)+(c*(x1(n)+y1(n))-a*x1(n)-x1(n)*z1(n))*dt;
118.     z1(n+1)=z1(n)+(x1(n)*y1(n)-b*z1(n))*dt;
119.        else
120.     x1(n+1)=x1(n)+(a*(y1(n)-x1(n)))*dt;
121.     y1(n+1)=y1(n)+(c*(x1(n)+y1(n))-a*x1(n)-x1(n)*z1(n))*dt;
122.     z1(n+1)=z1(n)+(x1(n)*y1(n)-b*z1(n)+k1*(z1(n)-z1(n-tau)))*dt;
123.        end
124.     end
125. m11=(max(x1)+min(x1))/2; %归一化
126. m111=(max(x1)-min(x1))/2;xx11=(x1(end)-m11)/m111;
127. m21=(max(y1)+min(y1))/2;
128. m211=(max(y1)-min(y1))/2;yy11=(y1(end)-m21)/m211;
129. m31=(max(z1)+min(z1))/2;
130. m311=(max(z1)-min(z1))/2;zz11=(z1(end)-m31)/m311;
131. XX1=[xx11 yy11 zz11];
132. %将分组明文混沌迭代结果、分组密钥混沌迭代结果代入密钥流迭代函数
133.     for i=1:30
134.         if and((XX1(1)+XX(1))>=-2*h,(XX1(1)+XX(1))<=-h)
135.             f1=XX1(1)+XX(1)+2*h;
136.         elseif and((XX1(1)+XX(1))>-h,(XX1(1)+XX(1))<h)
137.             f1=XX1(1)+XX(1);
138.         elseif and((XX1(1)+XX(1))>=h,(XX1(1)+XX(1))<=2*h)
139.             f1=XX1(1)+XX(1)-2*h;
140.         end
141.         XX(1)=f1;
142.     end
```

```
143.     ep1=f1;
144.     for i=1:30
145.         if and((XX1(2)+XX(2))>=-2*h,(XX1(2)+XX(2))<=-h)
146.             f2=XX1(2)+XX(2)+2*h;
147.         elseif and((XX1(2)+XX(2))>-h,(XX1(2)+XX(2))<h)
148.             f2=XX1(2)+XX(2);
149.         elseif and((XX1(2)+XX(2))>=h,(XX1(2)+XX(2))<=2*h)
150.             f2=XX1(2)+XX(2)-2*h;
151.         end
152.        XX(2)=f2;
153.     end
154.     ep2=f2;
155.       for i=1:30
156.         if and((XX1(3)+XX(3))>=-2*h,(XX1(3)+XX(3))<=-h)
157.             f3=XX1(3)+XX(3)+2*h;
158.         elseif and((XX1(3)+XX(3))>-h,(XX1(3)+XX(3))<h)
159.             f3=XX1(3)+XX(3);
160.         elseif and((XX1(3)+XX(3))>=h,(XX1(3)+XX(3))<=2*h)
161.             f3=XX1(3)+XX(3)-2*h;
162.         end
163.         XX(3)=f3;
164.     end
165.     ep3=f3;
166. X01=[ep1 ep2 ep3];k=k+3;x1=abs(X01);
167. h1=HA(x1);                  %将 X01 转为十六进制
168. cK1=Hashcomp(h1,cE);        %新得到密钥流迭代结果与上一步的密钥流结果做异或
169. cE=cK1;                     %将最新得到的异或结果作为下一步的密钥
170. end
```

子函数“Hashcmp”定义如例程 8-8 所示。

例程 8-8　Hashcmp.m

```
01. function z=Hashcmp(h1,h2)
02. %对比统计 h1,h2 的不同位数
03. z=0;
04. for i=1:32
05. u1=double(dec2bin(hex2dec(h1(i)),4))-48;
                                 %将十六进制转化为二进制 double 型
06. u2=double(dec2bin(hex2dec(h2(i)),4))-48;
07. z=sum(xor(u1,u2))+z;     %异或后可求得不同位数
08. end
```

图 8-6 是在相同明文下，利用具有复合多涡卷混沌吸引子的超混沌 Chen 系统计算密钥的敏感性分析的结果。密钥每变化一位，相同明文的 Hash 值平均变化率为 50.0244%。由此可见，所提的 Hash 函数具有很好的密钥敏感性。

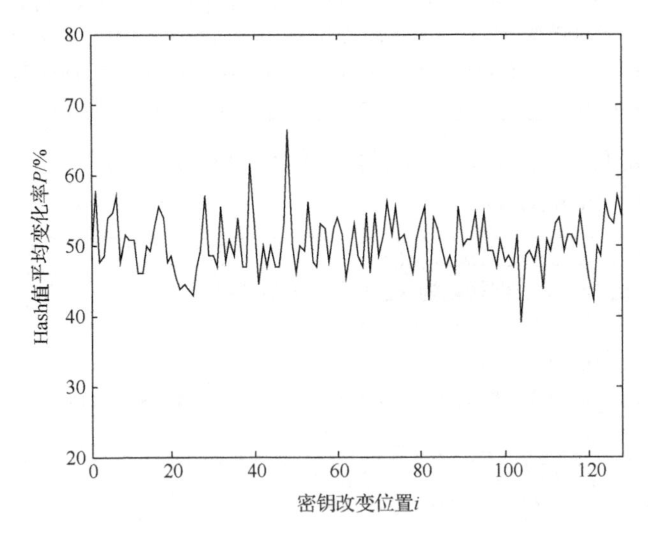

图 8-6　复合多涡卷混沌吸引子的超混沌 Chen 系统密钥敏感性分析

表 8-2 是当 N 为 200、512、1024、2048 时，复合多涡卷混沌吸引子密钥的混淆与扩散的统计数据。其中，$\overline{B}$ 、ΔB 、P 、ΔP 的定义如前所述。

表 8-2　密钥混淆与扩散的统计数据

N	200	512	1024	2048	平均值
$\overline{B}$	63.7500	64.2422	63.8438	64.2891	64.0313
ΔB	5.8471	5.8022	6.1098	5.1667	5.7315
P	49.8047	50.1892	49.8779	50.2258	50.0244
ΔP	4.57	4.53	4.47	4.04	4.4025

密钥敏感性分析程序如例程 8-9 所示。

例程 8-9　Chap8_4.m

```
01.  clear all;clc;close all;          %复合多涡卷吸引子的密钥分析
02.  rand('seed',1024);cK=randint(1,128);%随机生成一行 128 位的二进制密钥
03.  K1=diyimiyao(cK);%将 128 位二进制 double 型转化为 32 位十六进制字符
04.  h0=txt_hashxin('mingwen.txt');  %将明文消息字符分组，转化到[0,1]内
05.  h00=sequence_hash11(h0,K1);      %由 h0 与 K1 生成 Hash 值
06.  for i=1:128
07.      cK1=cK; cK1(i)=~cK(i);       %每次改变一位'密钥'
08.      K=diyimiyao(cK1);            %转化为 32 位十六进制字符，即'新密钥'
```

```
09.     h11=sequence_hash11(h0,K);         %由 h0 与 K 生成新 Hash 值
10.     r(i)=Hashcmp(h00,h11)/128*100     %对比统计改变的 Hash 值位数
11. end
12. plot(r,'k','LineWidth',1.5); axis([1,128, 20,80]); %画图
13. xlabel('密钥改变位置\fontname{Times new roman}\iti','FontSize',15);
14. ylabel('\fontname{Times new roman}Hash\fontname{宋体}值平均变化
    概率\fontname{Times new roman}P','FontSize',15);
```

其中，子函数“diyimiyao”定义如例程 8-10 所示。

例程 8-10　diyimiyao.m

```
01. function p=diyimiyao(cK)
02. %将二进制 double 型转化为 32 位十六进制字符
03. Z=[];
04. for i=1:length(cK)
05.     Z=strcat(Z,char(cK(i)+48));         %换算为二进制字符型
06. end
07. for i=1:4:length(Z) %将 128 位字符型按每四位转化为 32 个 double 型数值
08.     a(floor(i/4)+1)=bin2dec(Z(i:i+3));
09. end
10. p=[];
11. for i=1:32
12.     p=strcat(p,dec2hex(a(i)));          %转化为十六进制字符
13. end
```

子函数“sequence_hash11”定义如例程 8-11 所示。

例程 8-11　sequence_hash11.m

```
01. function h00=sequence_hash11(h0,cE)  %由 h0 与 cE 生成新 Hash 值
02. a=35;b=3;c=18.5;k1=3.8;h=1;k=1;       %延迟系统参数
03. dt=0.0001; tau=3000;                  %延迟为 0.3
04. for nn=1:(length(h0)/3)
05.     hex_decv1=hex2dec(cE(1:10));      %分组的密钥
06.     hex_decv2=hex2dec(cE(11:20));
07.     hex_decv3=hex2dec(cE(21:32));
08.     %将分组密钥转化到[0,1]
09.     v1=hex_decv1/2^40;v2=hex_decv2/2^40;v3=hex_decv3/2^48;
10.     x(1)=h0(k);y(1)=h0(k+1);z(1)=h0(k+2);%分组明文初值
11.     x1(1)=v1;y1(1)=v2;z1(1)=v3;
12.     for n=1:1000000                   %将分组明文代入混沌系统迭代
13.       if n<=3000
14.         x(n+1)=x(n)+(a*(y(n)-x(n)))*dt;
15.         y(n+1)=y(n)+(c*(x(n)+y(n))-a*x(n)-x(n)*z(n))*dt;
```

```
16.         z(n+1)=z(n)+(x(n)*y(n)-b*z(n))*dt;
17.       else
18.     x(n+1)=x(n)+(a*(y(n)-x(n)))*dt;
19.     y(n+1)=y(n)+(c*(x(n)+y(n))-a*x(n)-x(n)*z(n))*dt;
20.     z(n+1)=z(n)+(x(n)*y(n)-b*z(n)+k1*(z(n)-z(n-tau)))*dt;
21.       end
22.     end
23. m1=(max(x)+min(x))/2;m11=(max(x)-min(x))/2;gg1=(x(end)-m1)./
    m11;                            %归一化
24. m2=(max(y)+min(y))/2;m22=(max(y)-min(y))/2;gg2=(y(end)-m2)./
    m22;
25. m3=(max(z)+min(z))/2;m33=(max(z)-min(z))/2;gg3=(z(end)-m3)./
    m33;
26. XX=[gg1 gg2 gg3];
27.     for n=1:1000000             %将分组密钥代入混沌系统迭代
28.       if n<=3000
29.         x1(n+1)=x1(n)+(a*(y1(n)-x1(n)))*dt;
30.         y1(n+1)=y1(n)+(c*(x1(n)+y1(n))-a*x1(n)-x1(n)*z1(n))*dt;
31.         z1(n+1)=z1(n)+(x1(n)*y1(n)-b*z1(n))*dt;
32.       else
33.         x1(n+1)=x1(n)+(a*(y1(n)-x1(n)))*dt;
34.         y1(n+1)=y1(n)+(c*(x1(n)+y1(n))-a*x1(n)-x1(n)*z1(n))*dt;
35.         z1(n+1)=z1(n)+(x1(n)*y1(n)-b*z1(n)+k1*(z1(n)-z1(n-tau)))*dt;
36.       end
37.     end
38. m11=(max(x1)+min(x1))/2;    %归一化
39. m111=(max(x1)-min(x1))/2;xx11=(x1(end)-m11)/m111;
40. m21=(max(y1)+min(y1))/2;
41. m211=(max(y1)-min(y1))/2;yy11=(y1(end)-m21)/m211;
42. m31=(max(z1)+min(z1))/2;
43. m311=(max(z1)-min(z1))/2;zz11=(z1(end)-m31)/m311;
44. XX1=[xx11 yy11 zz11];
45. %将分组明文混沌迭代结果、分组密钥混沌迭代结果代入密钥流迭代函数
46.     for i=1:30
47.         if and((XX1(1)+XX(1))>=-2*h,(XX1(1)+XX(1))<=-h)
48.             f1=XX1(1)+XX(1)+2*h;
49.         elseif and((XX1(1)+XX(1))>-h,(XX1(1)+XX(1))<h)
50.             f1=XX1(1)+XX(1);
51.         elseif and((XX1(1)+XX(1))>=h,(XX1(1)+XX(1))<=2*h)
52.             f1=XX1(1)+XX(1)-2*h;
53.         end
54.         XX(1)=f1;
```

```
55.     end
56.     ep1=f1;
57.     for i=1:30
58.         if and((XX1(2)+XX(2))>=-2*h,(XX1(2)+XX(2))<=-h)
59.             f2=XX1(2)+XX(2)+2*h;
60.         elseif and((XX1(2)+XX(2))>-h,(XX1(2)+XX(2))<h)
61.             f2=XX1(2)+XX(2);
62.         elseif and((XX1(2)+XX(2))>=h,(XX1(2)+XX(2))<=2*h)
63.             f2=XX1(2)+XX(2)-2*h;
64.         end
65.        XX(2)=f2;
66.     end
67.     ep2=f2;
68.       for i=1:30
69.         if and((XX1(3)+XX(3))>=-2*h,(XX1(3)+XX(3))<=-h)
70.             f3=XX1(3)+XX(3)+2*h;
71.         elseif and((XX1(3)+XX(3))>-h,(XX1(3)+XX(3))<h)
72.             f3=XX1(3)+XX(3);
73.         elseif and((XX1(3)+XX(3))>=h,(XX1(3)+XX(3))<=2*h)
74.             f3=XX1(3)+XX(3)-2*h;
75.         end
76.         XX(3)=f3;
77.     end
78.     ep3=f3;
79.     X01=[ep1 ep2 ep3];k=k+3; %将密钥流迭代的结果储存在 X01
80.     x1=abs(X01);h1=HA(x1);   %将 X01 转为十六进制
81.     cK1=Hashcomp(h1,cE);     %新得到密钥流迭代结果与上一步的密钥流结
                                %果做异或
82.     cE=cK1;                  %将最新得到的异或结果作为下一步的密钥
83. end
84. h00=cK1;                     %将最终结果赋予 h00
```

8.3.4　抗生日攻击和碰撞攻击分析

由生日悖论可知，密码系统的安全性是由 Hash 值的位数决定的。对于本书所提的 Hash 函数，它的 Hash 值长度为 128 位，在现有的计算条件下，想要攻击 2^{64} 的空间是非常困难的，但这对于一般应用来说是足够用的。

利用两个不同的明文计算得到相同的 Hash 值是不可能的，这就是 Hash 函数的碰撞性。下面给出一种定量的分析方法。

先在一个明文中任意取出一个 8 位的字节，然后将它化为 ASCII 码 0～255 的对应值。再将 Hash 结果也取为 8 位，同样化为 ASCII 码 0～255 的对应值。于

是，Hash 值所代表的像空间中的任一值就可能对应明文空间（原像空间）中的 k 个原像。这时，记像空间中具有这 k 个原像的点的个数为 $N(k)$。于是，当仅有一个原像的情况表示为 $N(1)$，其值越大，无原像 $N(0)$ 和多个原像的数值越小，说明 Hash 函数的抗碰撞性能力就越强。下面给出 $N(k)$ 的分布结果，同时，定义变量 $n(k)$ 来衡量 Hash 函数的抗碰撞性能。

定义性能指标 $n(k)$ 如式（8-6）所示：

$$n(k) = \frac{N(k)}{\sum_{k=0}^{K} N(k)} \tag{8-6}$$

其中，K 为发生最大碰撞的数值。

利用复合多涡卷混沌吸引子构造 Hash 函数测试得到 $N(0)$ 至 $N(8)$ 依次为 91, 100, 47, 11, 6, 1, 0, 0, 0（$K>8$ 均为 0），可以计算得到 $n(1)=0.3906$，对应的 k - $N(k)$ 的分布图如图 8-7(a)所示。利用双涡卷混沌吸引子构造的Hash函数测试得到 $N(0)$ 至 $N(8)$ 依次为 85, 104, 51, 14, 2, 0, 0, 0, 0（$K>8$ 均为 0），计算得到 $n(1)=0.4063$，对应的 k - $N(k)$ 的分布图如图 8-7（b）所示。利用单涡卷混沌吸引子构造的 Hash 函数测试得到 $N(0)$ 至 $N(8)$ 依次为 91, 99, 45, 17, 4, 0, 0, 0, 0（$K>8$ 均为 0），计算得到 $n(1)=0.3867$，对应的 k - $N(k)$ 的分布图如图 8-7（c）所示。

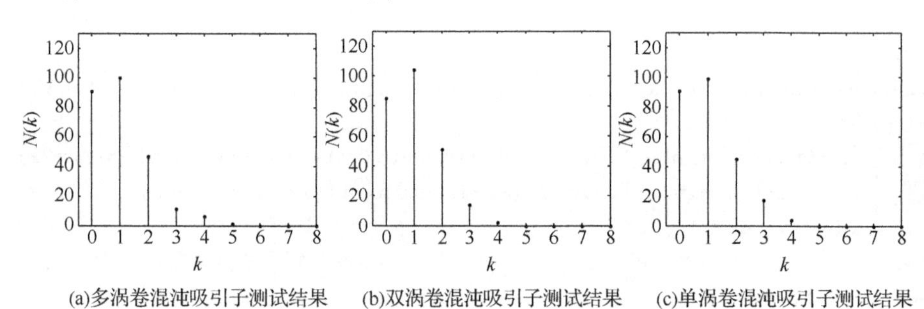

(a)多涡卷混沌吸引子测试结果　(b)双涡卷混沌吸引子测试结果　(c)单涡卷混沌吸引子测试结果

图 8-7　不同吸引子构造 Hash 函数测试得到的 k - $N(k)$ 的分布图

抗碰撞性分析程序如例程 8-12 所示。

例程 8-12　Chap8_5.m

```
01.  %(a)复合多涡卷抗碰撞分析
02.  clc; close all; clear all;
03.  cE='2A86D71ECB063FAC589B74132C3874AB';          %密钥初值
04.  u=zeros(1,2^8);a=35;b=3;c=18.5;k1=3.8;h=1;  %延迟系统参数
05.  dt=0.0001;tau=3000;                           %延迟为 0.3
06.  for i=1:2^8
07.      Mi=i; DA=Mi/2^8;                          %每次改变一位'明文'
08.      hex_decv1=hex2dec(cE(1:10));              %密钥分组
```

```
09.     hex_decv2=hex2dec(cE(11:20));
10.     hex_decv3=hex2dec(cE(21:32));
11.     logistic=DA;                          %明文初值进入logistic系统迭代
12.   for i=1:60
13.     logistic=4*logistic*(1-logistic);
14.     zmpp2(i)=logistic;
15.   end
16. %量化V1，V2，V3为v1,v2,v3;                  %密钥分组转化到[0,1]
17. v1=hex_decv1/2^40;v2=hex_decv2/2^40;v3=hex_decv3/2^48;
18. x(1)=DA;y(1)=zmpp2(40);z(1)=zmpp2(60); %将分组明文作为混沌系统的初值
19. x1(1)=v1;y1(1)=v2;z1(1)=v3;
20.   for n=1:1000000                        %将分组明文代入混沌系统迭代
21.     if n<=3000
22.       x(n+1)=x(n)+(a*(y(n)-x(n)))*dt;
23.       y(n+1)=y(n)+(c*(x(n)+y(n))-a*x(n)-x(n)*z(n))*dt;
24.       z(n+1)=z(n)+(x(n)*y(n)-b*z(n))*dt;
25.     else
26.       x(n+1)=x(n)+(a*(y(n)-x(n)))*dt;
27.       y(n+1)=y(n)+(c*(x(n)+y(n))-a*x(n)-x(n)*z(n))*dt;
28.       z(n+1)=z(n)+(x(n)*y(n)-b*z(n)+k1*(z(n)-z(n-tau)))*dt;
29.     end
30.   end
31. m1=(max(x)+min(x))/2;m11=(max(x)-min(x))/2;gg1=(x(end)-m1)/m11;
    %归一化
32. m2=(max(y)+min(y))/2;m22=(max(y)-min(y))/2;gg2=(y(end)-m2)/m22;
33. m3=(max(z)+min(z))/2;m33=(max(z)-min(z))/2;gg3=(z(end)-m3)/m33;
34. XX=[gg1 gg2 gg3];
35.   for n=1:1000000                        %将分组密钥代入混沌系统迭代
36.     if n<=3000
37.       x1(n+1)=x1(n)+(a*(y1(n)-x1(n)))*dt;
38.       y1(n+1)=y1(n)+(c*(x1(n)+y1(n))-a*x1(n)-x1(n)*z1(n))*dt;
39.       z1(n+1)=z1(n)+(x1(n)*y1(n)-b*z1(n))*dt;
40.     else
41.       x1(n+1)=x1(n)+(a*(y1(n)-x1(n)))*dt;
42.       y1(n+1)=y1(n)+(c*(x1(n)+y1(n))-a*x1(n)-x1(n)*z1(n))*dt;
43.       z1(n+1)=z1(n)+(x1(n)*y1(n)-b*z1(n)+k1*(z1(n)-z1(n-tau)))*dt;
44.     end
45.   end
46. m11=(max(x1)+min(x1))/2; %归一化
47. m111=(max(x1)-min(x1))/2;xx11=(x1(end)-m11)/m111;
48. m21=(max(y1)+min(y1))/2;
49. m211=(max(y1)-min(y1))/2;yy11=(y1(end)-m21)/m211;
```

```
50.  m31=(max(z1)+min(z1))/2;
51.  m311=(max(z1)-min(z1))/2;zz11=(z1(end)-m31)/m311;
52.  XX1=[xx11 yy11 zz11];
53.  %将分组明文混沌迭代结果、分组密钥混沌迭代结果代入密钥流迭代函数
54.    for i=1:30
55.       if and((XX1(1)+XX(1))>=-2*h,(XX1(1)+XX(1))<=-h)
56.              f1=XX1(1)+XX(1)+2*h;
57.       elseif and((XX1(1)+XX(1))>-h,(XX1(1)+XX(1))<h)
58.              f1=XX1(1)+XX(1);
59.       elseif and((XX1(1)+XX(1))>=h,(XX1(1)+XX(1))<=2*h)
60.              f1=XX1(1)+XX(1)-2*h;
61.       end
62.     XX(1)=f1;
63.    end
64.    ep1=f1;
65.    for i=1:30
66.       if and((XX1(2)+XX(2))>=-2*h,(XX1(2)+XX(2))<=-h)
67.              f2=XX1(2)+XX(2)+2*h;
68.       elseif and((XX1(2)+XX(2))>-h,(XX1(2)+XX(2))<h)
69.              f2=XX1(2)+XX(2);
70.       elseif and((XX1(2)+XX(2))>=h,(XX1(2)+XX(2))<=2*h)
71.              f2=XX1(2)+XX(2)-2*h;
72.       end
73.    XX(2)=f2;
74.    end
75.    ep2=f2;
76.    for i=1:30
77.       if and((XX1(3)+XX(3))>=-2*h,(XX1(3)+XX(3))<=-h)
78.              f3=XX1(3)+XX(3)+2*h;
79.       elseif and((XX1(3)+XX(3))>-h,(XX1(3)+XX(3))<h)
80.              f3=XX1(3)+XX(3);
81.       elseif and((XX1(3)+XX(3))>=h,(XX1(3)+XX(3))<=2*h)
82.              f3=XX1(3)+XX(3)-2*h;
83.       end
84.    XX(3)=f3;
85.    end
86.    ep3=f3;
87.  X01=[ep1 ep2 ep3];X01=abs(X01);%将密钥流迭代的结果储存在 X01 四舍五入
88.  YY1=round(X01(1)*2^40);YY2=round(X01(2)*2^40);YY3=round(X01
     (3)*2^48);
89.  YY1=rem(YY1,2^2);YY2=rem(YY2,2^3);YY3=rem(YY3,2^3); %求余
90.  hh1=dec2bin(YY1,2);hh2=dec2bin(YY2,3);hh3=dec2bin(YY3,3);
     %转化为二进制
```

```
91.  hhh=strcat(hh1,hh2,hh3);        %排成一行
92.  nn=bin2dec(hhh);                %将二进制转化为十进制
93.  u(1,nn+1)=u(nn+1)+1;            %对比并进行储存计数
94.  end
95.  dis=histc(u,[0:1:10]);
96.  figure(1)                       %画图
97.  stem([0:1:10],dis,'.','b','LineWidth',1.5); axis([-0.5,8, 0,130]);
98.  xlabel('\fontname{Times new roman}\itk','FontSize',15);
99.  ylabel('\fontname{Times new roman}\itN\rm(\itk\rm)','FontSize',15);
```

8.3.5 与现有方法的对比

1. 混淆与扩散特性对比

利用混沌动力学特性构造 Hash 函数[15-25]的研究得到广泛关注，在这里选取了一些有一定代表性的工作进行对比，对比的结果如表 8-3 所示。

表 8-3 是将基于线性延迟反馈超混沌 Chen 系统构造 Hash 函数算法的仿真实验数据 $\bar{B}, P, \Delta B, \Delta P$（测试 2048 次，Hash 值为 128 位）与表 8-3 中算法的统计数据进行了比较，由表 8-3 可见，与其他算法相比，利用复合多涡卷混沌吸引子所构造的 Hash 函数具有最好的混淆与扩散特性和比较高的稳定性。其他两种超混沌 Chen 系统吸引子构造的 Hash 函数也具有比较好的性能。

表 8-3　本章方法与现有一些方法的混淆与扩散特性对比（测试次数 N=2048）

算法	算法的性能			
	$\bar{B}$	P /%	ΔB	ΔP /%
MD5[1]	63.92	49.94	5.66	4.38
Li 等[15]	64.27	50.21	5.59	4.51
Wang 等[16]	64.15	50.11	5.77	4.51
Li 等[19]	63.17	50.13	5.79	4.53
彭飞等[20]	64.08	50.06	5.23	4.01
刘光杰等[21]	63.88	49.91	5.50	4.30
Chenaghlu 等[22]	64.12	50.09	5.63	4.41
任海鹏等[26]	64.02	50.02	5.57	4.35
Kanso 等[27]	63.94	49.95	5.69	4.44
Yang 等[28]	63.59	49.68	5.58	4.36
刘光杰等[29]	63.91	49.93	5.68	4.44
Xiao 等[30]	63.85	49.88	5.79	4.52
双涡卷吸引子	63.8667	49.8569	5.75	4.50
单涡卷吸引子	63.8179	49.8577	5.68	4.44
复合多涡卷吸引子	63.9697	49.9763	5.6861	4.4423

2. 抗碰撞性能对比

现有的一些方法与本章方法抗碰撞性对比的结果，如表 8-4 所示。

表 8-4 中的明文长度为 8 位，用线性延迟反馈产生的超混沌吸引子构造的 Hash 函数的抗碰撞性与表 8-4 中算法的抗碰撞性进行比较，双涡卷吸引子所构造的 Hash 函数算法具有更好的抗碰撞性。总体而言，利用超混沌 Chen 系统所构造的 Hash 函数算法具有更强的抗碰撞性。

表 8-4　本章方法与现有一些方法的抗碰撞性能对比（明文长度为 8 位）

算法	$\sum_{k=0}^{K} N(k)$	N（1）	n（1）
复合多涡卷吸引子	256	100	0.3906
双涡卷吸引子	256	104	0.4063
单涡卷吸引子	256	99	0.3867
MD5[1]	256	60	0.2344
彭飞等[20]	256	87	0.3398
刘光杰等[21]	256	101	0.3945
Yi[23]	256	26	0.1016
王磊[24]	256	44	0.1718
刘军宁等[25]	256	84	0.3281
任海鹏等[26]	256	95	0.3711
Kanso 等[27]	256	80	0.3125
刘光杰等[29]	256	87	0.3398

8.4　相关程序代码

例程 8-13　文献[1]例程 Chap8_6.m

```
01.  function output=Chap 8_6(input_char)
                                        %通过输入'input_char'获得Hash值
02.  a='67452301';b='efcdab89';c='98badcfe';d='10325476';%初始化
03.  for i=1:8
04.      adec(i)=hex2dec(a(i));         %十六进制转化为十进制
05.      abin(i,:)=dec2bin(adec(i),4);%十进制转化为二进制
06.      bdec(i)=hex2dec(b(i));bbin(i,:)=dec2bin(bdec(i),4);
07.      cdec(i)=hex2dec(c(i));cbin(i,:)=dec2bin(cdec(i),4);
08.      ddec(i)=hex2dec(d(i));dbin(i,:)=dec2bin(ddec(i),4);
09.  end
10.  A=reshape(abin',1,32);             %转化为一行 32 列
11.  B=reshape(bbin',1,32);
```

```
12.  C=reshape(cbin',1,32);
13.  D=reshape(dbin',1,32);
14.  AA=A;BB=B;CC=C;DD=D;
15.  % 输入字符,并转化为数字矩阵
16.  char_num=length(input_char);input_ascii=abs(input_char);
17.  group=ceil((char_num+9)/64);    %判断要分的组数
18.  for k=1:group*64
19.     if k<=char_num                    %小于输入字符的长度
20.         input_ascii_1(k)=input_ascii(k);
21.     elseif k==char_num+1
22.         input_ascii_1(k)=128;
23.     elseif k==group*64-7
24.         input_ascii_1(k)=mod(char_num*8,256);
25.     elseif k==group*64-6
26.         input_ascii_1(k)=char_num*8/256;
27.     else
28.         input_ascii_1(k)=0;
29.     end
30.  end
31.  for g=1:group                        %开始进行分组处理
32.     k=1;
33.     for i=1:16
34.        for j=4:-1:1
35.           input_change(i,j)=input_ascii_1(64*(g-1)+k);
36.           k=k+1;
37.        end
38.     end
39.     input=reshape(dec2bin(input_change',8)',32,16)';
40.  for i=1:64
41.        T(i,:)=dec2bin(floor(2^32*abs(sin(i))),32);
42.  end
43.  M=input;%将分组结果赋给 M;          %对输入进行 4 轮共 64 次计算
44.  A=FF(A,B,C,D,M,7,T,1,1);          %对输入进行第 1 轮共 16 次计算
45.  D=FF(D,A,B,C,M,12,T,2,2);
46.  C=FF(C,D,A,B,M,17,T,3,3);
47.  B=FF(B,C,D,A,M,22,T,4,4);
48.  A=FF(A,B,C,D,M,7,T,5,5);
49.  D=FF(D,A,B,C,M,12,T,6,6);
50.  C=FF(C,D,A,B,M,17,T,7,7);
51.  B=FF(B,C,D,A,M,22,T,8,8);
52.  A=FF(A,B,C,D,M,7,T,9,9);
53.  D=FF(D,A,B,C,M,12,T,10,10);
```

```
54.  C=FF(C,D,A,B,M,17,T,11,11);
55.  B=FF(B,C,D,A,M,22,T,12,12);
56.  A=FF(A,B,C,D,M,7,T,13,13);
57.  D=FF(D,A,B,C,M,12,T,14,14);
58.  C=FF(C,D,A,B,M,17,T,15,15);
59.  B=FF(B,C,D,A,M,22,T,16,16);
60.  A=GG(A,B,C,D,M,5,T,2,17);          %对输入进行第 2 轮共 16 次计算
61.  D=GG(D,A,B,C,M,9,T,7,18);
62.  C=GG(C,D,A,B,M,14,T,12,19);
63.  B=GG(B,C,D,A,M,20,T,1,20);
64.  A=GG(A,B,C,D,M,5,T,6,21);
65.  D=GG(D,A,B,C,M,9,T,11,22);
66.  C=GG(C,D,A,B,M,14,T,16,23);
67.  B=GG(B,C,D,A,M,20,T,5,24);
68.  A=GG(A,B,C,D,M,5,T,10,25);
69.  D=GG(D,A,B,C,M,9,T,15,26);
70.  C=GG(C,D,A,B,M,14,T,4,27);
71.  B=GG(B,C,D,A,M,20,T,9,28);
72.  A=GG(A,B,C,D,M,5,T,14,29);
73.  D=GG(D,A,B,C,M,9,T,3,30);
74.  C=GG(C,D,A,B,M,14,T,8,31);
75.  B=GG(B,C,D,A,M,20,T,13,32);
76.  A=HH(A,B,C,D,M,4,T,6,33);          %对输入进行第 3 轮共 16 次计算
77.  D=HH(D,A,B,C,M,11,T,9,34);
78.  C=HH(C,D,A,B,M,16,T,12,35);
79.  B=HH(B,C,D,A,M,23,T,15,36);
80.  A=HH(A,B,C,D,M,4,T,2,37);
81.  D=HH(D,A,B,C,M,11,T,5,38);
82.  C=HH(C,D,A,B,M,16,T,8,39);
83.  B=HH(B,C,D,A,M,23,T,11,40);
84.  A=HH(A,B,C,D,M,4,T,14,41);
85.  D=HH(D,A,B,C,M,11,T,1,42);
86.  C=HH(C,D,A,B,M,16,T,4,43);
87.  B=HH(B,C,D,A,M,23,T,7,44);
88.  A=HH(A,B,C,D,M,4,T,10,45);
89.  D=HH(D,A,B,C,M,11,T,13,46);
90.  C=HH(C,D,A,B,M,16,T,16,47);
91.  B=HH(B,C,D,A,M,23,T,3,48);
92.  A=II(A,B,C,D,M,6,T,1,49);          %对输入进行第 4 轮共 16 次计算
93.  D=II(D,A,B,C,M,10,T,8,50);
94.  C=II(C,D,A,B,M,15,T,15,51);
95.  B=II(B,C,D,A,M,21,T,6,52);
```

```
96.  A=II(A,B,C,D,M,6,T,13,53);
97.  D=II(D,A,B,C,M,10,T,4,54);
98.  C=II(C,D,A,B,M,15,T,11,55);
99.  B=II(B,C,D,A,M,21,T,2,56);
100. A=II(A,B,C,D,M,6,T,9,57);
101. D=II(D,A,B,C,M,10,T,16,58);
102. C=II(C,D,A,B,M,15,T,7,59);
103. B=II(B,C,D,A,M,21,T,14,60);
104. A=II(A,B,C,D,M,6,T,5,61);
105. D=II(D,A,B,C,M,10,T,12,62);
106. C=II(C,D,A,B,M,15,T,3,63);
107. B=II(B,C,D,A,M,21,T,10,64);
108. %将最后一轮计算结果与初始值相加，再进行级联
109. A_dec=bin2dec(A);                    %二进制转化为十进制
110. B_dec=bin2dec(B);
111. C_dec=bin2dec(C);
112. D_dec=bin2dec(D);
113. AA_dec=bin2dec(AA);BB_dec=bin2dec(BB);
114. CC_dec=bin2dec(CC);DD_dec=bin2dec(DD);
115. A_dec=mod((A_dec+AA_dec),2^32);
116. B_dec=mod((B_dec+BB_dec),2^32);
117. C_dec=mod((C_dec+CC_dec),2^32);
118. D_dec=mod((D_dec+DD_dec),2^32);
119. if g==group%按十六进制输出
120.    output=dec2hex([A_dec;B_dec;C_dec;D_dec],8);
                                           %十进制转化为十六进制
121.    output=output(:,[7 8 5 6 3 4 1 2])';
122.    output=output(:)';
123.    else
124.     A=dec2bin(A_dec,32);              %十进制转化为二进制
125.     B=dec2bin(B_dec,32);
126.     C=dec2bin(C_dec,32);
127.     D=dec2bin(D_dec,32);
128.     AA=A;BB=B;CC=C;DD=D;
129.    end
130. end
```

其中，子函数“FF”定义如例程 8-14 所示。

例程 8-14　FF.m

```
01. function AAA=FF(AAA,BBB,CCC,DDD,M,S,T,m,n)
02. % AAA=circshift((AAA+(BBB&CCC)|(~BBB&DDD)+M+T),[0 -1*S])+BBB;
03. for i=1:32
```

```
04.     AAA_num(i)=str2num(AAA(i));          %把字符串转化为数值
05.     BBB_num(i)=str2num(BBB(i));
06.     CCC_num(i)=str2num(CCC(i));
07.     DDD_num(i)=str2num(DDD(i));
08. end
09. for i=1:32                               %求与后，再求或
10.     U_num(i)=(BBB_num(i)&CCC_num(i))|(~BBB_num(i)&DDD_num(i));
11. end
12. for i=1:32
13.     U(i)=num2str(U_num(i));
14. end
15. AAA_dec=bin2dec(AAA);                    %二进制转化为十进制
16. BBB_dec=bin2dec(BBB);
17. CCC_dec=bin2dec(CCC);
18. DDD_dec=bin2dec(DDD);
19. M_dec=bin2dec(M(m,:));
20. T_dec=bin2dec(T(n,:));
21. U_dec=bin2dec(U);
22. V_dec=AAA_dec+U_dec+M_dec+T_dec;
23. V=dec2bin(V_dec,32);
24. l=length(V);
25. if l>32
26.     V=V(l-31:l);
27. end
28. W=circshift(V,[0 -1*S]);                 %循环移位
29. W_dec=bin2dec(W);
30. AAA_dec=W_dec+BBB_dec;
31. AAA=dec2bin(AAA_dec,32);
32. le=length(AAA);
33. if le>32
34.     AAA=AAA(le-31:le);
35. end
```

子函数“GG”定义如例程 8-15 所示。

例程 8-15　GG.m

```
01. function AAA=GG(AAA,BBB,CCC,DDD,M,S,T,m,n)
02. % AAA=circshift((AAA+(BBB&DDD)|(CCC&~DDD)+M+T),[0 -1*S])+BBB;
03. for i=1:32
04.     AAA_num(i)=str2num(AAA(i));
05.     BBB_num(i)=str2num(BBB(i));
06.     CCC_num(i)=str2num(CCC(i));
07.     DDD_num(i)=str2num(DDD(i));
```

```
08.  end
09.  for i=1:32
10.     U_num(i)=(BBB_num(i)&DDD_num(i))|(CCC_num(i)&~DDD_num(i));
11.  end
12.  for i=1:32
13.     U(i)=num2str(U_num(i));
14.  end
15.  AAA_dec=bin2dec(AAA);BBB_dec=bin2dec(BBB);
16.  CCC_dec=bin2dec(CCC);DDD_dec=bin2dec(DDD);
17.  M_dec=bin2dec(M(m,:));
18.  T_dec=bin2dec(T(n,:));
19.  U_dec=bin2dec(U);
20.  V_dec=AAA_dec+U_dec+M_dec+T_dec;
21.  V=dec2bin(V_dec,32);
22.  l=length(V);
23.  if l>32
24.    V=V(l-31:l);
25.  end
26.  W=circshift(V,[0 -1*S]);
27.  W_dec=bin2dec(W);
28.  AAA_dec=W_dec+BBB_dec;
29.  AAA=dec2bin(AAA_dec,32);
30.  le=length(AAA);
31.  if le>32
32.    AAA=AAA(le-31:le);
33.  end
```

子函数“HH“定义如例程 8-16 所示。

例程 8-16　HH.m

```
01.  function AAA=HH(AAA,BBB,CCC,DDD,M,S,T,m,n)
02.  % AAA=circshift((AAA+xor(xor(BBB,CCC),DDD)+M+T),[0 -1*S])+BBB;
03.  for i=1:32
04.     AAA_num(i)=str2num(AAA(i));
05.     BBB_num(i)=str2num(BBB(i));
06.     CCC_num(i)=str2num(CCC(i));
07.     DDD_num(i)=str2num(DDD(i));
08.  end
09.  for i=1:32
10.     U_num(i)=xor(xor(BBB_num(i),CCC_num(i)),DDD_num(i));
11.  end
12.  for i=1:32
13.     U(i)=num2str(U_num(i));
```

```
14.  end
15.  AAA_dec=bin2dec(AAA);BBB_dec=bin2dec(BBB);
16.  CCC_dec=bin2dec(CCC);DDD_dec=bin2dec(DDD);
17.  M_dec=bin2dec(M(m,:));
18.  T_dec=bin2dec(T(n,:));
19.  U_dec=bin2dec(U);
20.  V_dec=AAA_dec+U_dec+M_dec+T_dec;
21.  V=dec2bin(V_dec,32);
22.  l=length(V);
23.  if l>32
24.     V=V(l-31:l);
25.  end
26.  W=circshift(V,[0 -1*S]);
27.  W_dec=bin2dec(W);
28.  AAA_dec=W_dec+BBB_dec;
29.  AAA=dec2bin(AAA_dec,32);
30.  le=length(AAA);
31.  if le>32
32.      AAA=AAA(le-31:le);
33.  end
```

子函数“II”定义如例程 8-17 所示。

例程 8-17　II.m

```
01.  function AAA=II(AAA,BBB,CCC,DDD,M,S,T,m,n)
02.  % AAA=circshift((AAA+xor(CCC,BBB|~DDD)+M+T),[0 -1*S])+BBB;
03.  for i=1:32
04.      AAA_num(i)=str2num(AAA(i));
05.      BBB_num(i)=str2num(BBB(i));
06.      CCC_num(i)=str2num(CCC(i));
07.      DDD_num(i)=str2num(DDD(i));
08.  end
09.  for i=1:32
10.      U_num(i)=xor(CCC_num(i),BBB_num(i)|~DDD_num(i));
11.  end
12.  for i=1:32
13.      U(i)=num2str(U_num(i));
14.  end
15.  AAA_dec=bin2dec(AAA);BBB_dec=bin2dec(BBB);
16.  CCC_dec=bin2dec(CCC);DDD_dec=bin2dec(DDD);
17.  M_dec=bin2dec(M(m,:));
18.  T_dec=bin2dec(T(n,:));
19.  U_dec=bin2dec(U);
```

```
20.  V_dec=AAA_dec+U_dec+M_dec+T_dec;
21.  V=dec2bin(V_dec,32);
22.  l=length(V);
23.  if l>32
24.    V=V(l-31:l);
25.  end
26.  W=circshift(V,[0 -1*S]);
27.  W_dec=bin2dec(W);
28.  AAA_dec=W_dec+BBB_dec;
29.  AAA=dec2bin(AAA_dec,32);
30.  le=length(AAA);
31.  if le>32
32.    AAA=AAA(le-31:le);
33.  end
```

例程 8-18　文献[13]例程 Chap8_7.m

```
01.  clc; close all; clear all;        %超混沌 Chen 系统 Hash 函数
02.  h0=txt_hashxin('mingwen.txt'); %打开'mingwen.txt',并转化数据格式
03.  cE='8739F31BD105245D69305A7E4DE39A25';      %初始密钥
04.  a=35; b=3; c=12; d=7; r=0.6; dt=0.01; h=1; k=1;
                                      %超混沌 Chen 系统的参数
05.  aa=zeros(17,32); epslon=2/3;     %初始化
06.  for nn=1:(length(h0)/4)
07.      hex_decv1=hex2dec(cE(1:8)); %密钥分组
08.      hex_decv2=hex2dec(cE(9:16));
09.      hex_decv3=hex2dec(cE(17:24));
10.      hex_decv4=hex2dec(cE(25:32));
11.      v1=hex_decv1/2^32;             %转化到[0,1]
12.      v2=hex_decv2/2^32;
13.      v3=hex_decv3/2^32;
14.      v4=hex_decv4/2^32;
15.      X0=[v1 v2 v3 v4];              %储存并形成一个数组
16.      x(1)=h0(k); y(1)=h0(k+1); z(1)=h0(k+2); w(1)=h0(k+3);
                                      %明文变化的初值
17.      x1(1)=v1; y1(1)=v2; z1(1)=v3; w1(1)=v4; %密钥变化的初值
18.      for n=1:3000                   %明文初值进入 Chen 系统
19.        x(n+1)=x(n)+(a*(y(n)-x(n))+w(n))*dt;
20.        y(n+1)=y(n)+(d*x(n)-x(n)*z(n)+c*y(n))*dt;
21.        z(n+1)=z(n)+(x(n)*y(n)-b*z(n))*dt;
22.        w(n+1)=w(n)+(y(n)*z(n)+r*w(n))*dt;
23.      end
24.      m1=(max(x)+min(x))/2;m11=(max(x)-min(x))/2;
```

```
25.     gg1=(x-m1)./m11;
26.     m2=(max(y)+min(y))/2;m22=(max(y)-min(y))/2;
27.     gg2=(y-m2)./m22;
28.     m3=(max(z)+min(z))/2;m33=(max(z)-min(z))/2;
29.     gg3=(z-m3)./m33;
30.     m4=(max(w)+min(w))/2;m44=(max(w)-min(w))/2;
31.     gg4=(w-m4)./m44;
32.     XX=[gg1 gg2 gg3 gg4];
33.     for n=1:3000           %% 密钥初值进入混沌系统
34.       x1(n+1)=x1(n)+(a*(y1(n)-x1(n))+w1(n))*dt;
35.       y1(n+1)=y1(n)+(d*x1(n)-x1(n)*z1(n)+c*y1(n))*dt;
36.       z1(n+1)=z1(n)+(x1(n)*y1(n)-b*z1(n))*dt;
37.       w1(n+1)=w1(n)+(y1(n)*z1(n)+r*w1(n))*dt;
38.     end
39.     m11=(max(x1)+min(x1))/2;m111=(max(x1)-min(x1))/2;
40.     xx11=(x1-m11)./m111;
41.     m21=(max(y1)+min(y1))/2;m211=(max(y1)-min(y1))/2;
42.     yy11=(y1-m21)./m211;
43.     m31=(max(z1)+min(z1))/2;m311=(max(z1)-min(z1))/2;
44.     zz11=(z1-m31)./m311;
45.     m41=(max(w1)+min(w1))/2;m411=(max(w1)-min(w1))/2;
46.     ww11=(w1-m41)./m411;
47.     XX1=[xx11 yy11 zz11 ww11];
48.     for i=1:30              %经过30次迭代进行明文与密钥的置乱
49.       if and((XX1(3001)+XX(3001))>=-2*h,(XX1(3001)+XX(3001))<=-h)
50.             f1=XX1(3001)+XX(3001)+2*h;
51.       elseif and((XX1(3001)+XX(3001))>-h,(XX1(3001)+XX(3001))<h)
52.             f1=XX1(3001)+XX(3001);
53.       elseif and((XX1(3001)+XX(3001))>=h,(XX1(3001)+XX(3001))<=2*h)
54.             f1=XX1(3001)+XX(3001)-2*h;
55.       end
56.         XX(3001)=f1;
57.    end
58.     ep1=f1;
59.    for i=1:30
60.       if and((XX1(6002)+XX(6002))>=-2*h,(XX1(6002)+XX(6002))<=-h)
61.             f2=XX1(6002)+XX(6002)+2*h;
62.       elseif and((XX1(6002)+XX(6002))>-h,(XX1(6002)+XX(6002))<h)
63.             f2=XX1(6002)+XX(6002);
64.       elseif and((XX1(6002)+XX(6002))>=h,(XX1(6002)+XX(6002))<=2*h)
65.             f2=XX1(6002)+XX(6002)-2*h;
66.       end
```

```
67.          XX(6002)=f2;
68.      end
69.       ep2=f2;
70.      for i=1:30
71.         if and((XX1(9003)+XX(9003))>=-2*h,(XX1(9003)+XX(9003))<=-h)
72.               f3=XX1(9003)+XX(9003)+2*h;
73.         elseif and((XX1(9003)+XX(9003))>-h,(XX1(9003)+XX(9003))<h)
74.               f3=XX1(9003)+XX(9003);
75.         elseif and((XX1(9003)+XX(9003))>=h,(XX1(9003)+XX(9003))<=2*h)
76.               f3=XX1(9003)+XX(9003)-2*h;
77.         end
78.           XX(9003)=f3;
79.      end
80.       ep3=f3;
81.      for i=1:30
82.         if and((XX1(12004)+XX(12004))>=-2*h,(XX1(12004)+XX(12004))<=-h)
83.               f4=XX1(12004)+XX(12004)+2*h;
84.         elseif and((XX1(12004)+XX(12004))>-h,(XX1(12004)+XX(12004))<h)
85.               f4=XX1(12004)+XX(12004);
86.         elseif and((XX1(12004)+XX(12004))>=h,(XX1(12004)+XX(12004))<=2*h)
87.               f4=XX1(12004)+XX(12004)-2*h;
88.         end
89.           XX(12004)=f4;
90.      end
91.       ep4=f4;
92.       X01=[ep1 ep2 ep3 ep4]; k=k+4;
93.       x1=abs(X01);h1=HA(x1);   %将 X01 转为十六进制
94.       cK1=Hashcomp(h1,cE);     %新得到密钥流迭代结果与上一步的密钥流做异或
95.       cE=cK1;                  %将最新得到的异或结果作为下一步的密钥
96.   end
97.   aaa=zeros(1,32);
98.   for i=1:32
99.     aaa(i)=hex2dec(cE(i));     %将最后得到密钥转化为 32 个十进制数
100.  end
101.  bbb=[];
102.  for i=1:32
103.  bbb=strcat(bbb,dec2bin((aaa(i)),4)); %将结果转化为128位二进制字符
104.  end
105.  ddd=zeros(size(bbb));
106.  for i=1:length(bbb)
107.    ddd(i)=double(bbb(i)-48); %将 128 位字符型转为 128 位 double 型
108.  end
```

```
109.  stairs(ddd);                                  %画图
110.  axis([-1,132,-0.1,1.1]);ylabel('明文 1','FontSize',15);
```

例程 8-19　文献[14]例程 Chap8_8.m

```
01.  clc; close all; clear all;
02.  Rmax=5;Rmin=3; S=Rmax-Rmin+1;                 %参数设置
03.  x0=[0 0 0 0.1]'; x=x0;                        %x0 为初值
04.  A=[14 6 8 11;24 11 14 20;15 7 9 13;7 3 4 6]; n=128;
05.  H(1,:)=zeros(1,n); u=zeros(1,2^8);            %初始化
06.  input_char='Attack at noon!!';                %填充
07.  char_num=length(input_char);
08.  input_ascii=abs(input_char);
09.  group=ceil((char_num+9)/64);                  %判断要分的组数
10.  for k=1:group*64
11.     if k<=char_num
12.        input_ascii_1(k)=input_ascii(k);
13.     elseif k==char_num+1
14.        input_ascii_1(k)=128;
15.     elseif k==group*64-7
16.        input_ascii_1(k)=mod(char_num*8,256);
17.     elseif k==group*64-6
18.        input_ascii_1(k)=char_num*8/256;
19.     else
20.        input_ascii_1(k)=0;
21.     end
22.  end
23.  for g=1:group                                 %开始进行分组处理
24.     k=1;
25.     for i=1:16
26.        for j=4:-1:1
27.           input_change(i,j)=input_ascii_1(64*(g-1)+k);
28.           k=k + 1;
29.        end
30.     end
31.     input=reshape(dec2bin(input_change',8)',32,16)';
32.  end
33.  mu=4;P=input;P=double(P-48);%mu=512/32 %初值
34.  for i=1: group
35.     C(1,:)=H(i,end-31:end);
36.     R=Rmax;
37.     for Nround=1:2
38.        for j=1:mu
```

```
39.              for t=1:R
40.                  x=mod(A*x,1);
41.              end
42.              xx=abs(x); yy=floor(256*xx); yyy=dec2bin(yy,8);
43.              y(j,:)=strcat(yyy(1,:),yyy(2,:),yyy(3,:),yyy(4,:));
44.              ddd=double(y-48);
45.              C(j+1,:)=bitxor(bitxor(P(j,:),C(j,:)),ddd(j,:));
46.              CC=C;
47.              for ttt=1:32                    %变 double 型为字符型
48.                  if CC(j+1,ttt)==1
49.                      CCC(j+1,ttt)='1';
50.                  else
51.                      CCC(j+1,ttt)='0';
52.                  end
53.              end
54.              for tttt=1:length(CCC)/8
55.               CCCC(j+1,tttt)=bin2dec(CCC(j+1,(tttt-1)*8+1:tttt*8));
56.              end
57.              R=Rmin+mod(CCCC(j+1,:)*[1 1 1 1]',S);
58.          end
59.          C1(i+1,:)=CC(mu+1,:);
60.          for j=1:mu
61.              P1=P(end:-1:1,:);              %反转 P 得到的子块
62.              P11=circshift(P1',-3)';        %向左移动 3 位
63.              for t=1:R
64.                  x=mod(A*x,1);
65.              end
66.              xx1=abs(x);yy1=floor(256*xx1);yyy1=dec2bin(yy1,8);
67.              y1=strcat(yyy1(1,:),yyy1(2,:),yyy1(3,:),yyy1(4,:));
68.              ddd1(j,:)=double(y1-48);
69.              C1(j+1,:)=bitxor(bitxor(P1(j,:),C1(j,:)),ddd1(j,:));
70.              CC1=C1;
71.              for ttt1=1:32                   %变 double 型为字符型
72.                  if CC1(j+1,ttt1)==1
73.                      CCC1(j+1,ttt1)='1';
74.                  else
75.                      CCC1(j+1,ttt1)='0';
76.                  end
77.              end
78.              for tttt1=1:length(CCC1)/8
79.               CCCC1(j+1,tttt)=bin2dec(CCC1(j+1,(tttt-1)*8+1:tttt*8));
80.              end
```

```
81.          R=Rmin+mod(CCCC1(j+1,:)*[1 1 1 1]',S);
82.        end
83.        P111=P11(end:-1:1,:);
84.        P1111=circshift(P111',3)';        %向左移动 3 位
85.        C(1,:)=CC1(mu+1,:);
86.        ss=[];
87.        for j=1:mu
88.            ss=strcat(ss,CCC1(j+1,:));    %排成一行
89.        end
90.    end
91.    H(i+1,:)=ss-48;
92. end
93. BB=[];
94. for i=1:length(ss)/8
95.    AA(i)=bin2dec(ss((i-1)*8+1:8*i));   %二进制转化为十进制
96.    BB=strcat(BB,dec2hex(AA(i)));
97. end
```

例程 8-20　文献[16]例程 Chap8_9.m

```
01. clear all;clc;close all;                  %基于时空混沌构造Hash函数
02. cK='8739F31BD105245D69305A7E4DE39A25'; %初始密钥
03. h0=txt_hash('mingwen.txt');               %h0为文本的已量化过的96个值
04. for t=1:(length(h0)/4)                    %16 个格子迭代初始值
05.   K=generate_key(cK);
06.   epslon=2/3; aa=zeros(16,24); aa(1:16,1)=K;
07.   for i=2:24
08.     for j=2:16
09.       switch j
10.          case 2
11.           aa(j,i)=(1-epslon)*feixianxing(aa(j,i-1));
12.           aa(j,i)=aa(j,i)+epslon*feixianxing(mod(aa(j-1,i-1)+
              h0(k),1));
13.          case 6
14.           aa(j,i)=(1-epslon)*feixianxing(aa(j,i-1));
15.           aa(j,i)=aa(j,i)+epslon*feixianxing(mod(aa(j-1,i-1)+
              h0(k+1),1));
16.          case 10
17.           aa(j,i)=(1-epslon)*feixianxing(aa(j,i-1));
18.           aa(j,i)=aa(j,i)+epslon*feixianxing(mod(aa(j-1,i-1)+
              h0(k+2),1));
19.          case 14
20.           aa(j,i)=(1-epslon)*feixianxing(aa(j,i-1));
```

```
21.             aa(j,i)=aa(j,i)+epslon*feixianxing(mod(aa(j-1,i-1)+
                h0(k+3),1));
22.           otherwise
23.             aa(j,i)=(1-epslon)*feixianxing(aa(j,i-1));
24.             aa(j,i)=aa(j,i)+epslon*feixianxing(aa(j-1,i-1));
25.             aa(1,i)=aa(16,i);
26.         end
27.       end
28.     end
29.     x1=aa(1:16,24); h=compress(x1);    %压缩
30.     cK1=Hashcomp(h,cK); cK=cK1;        %做异或
31.   end
```

其中，子函数“compress”定义如例程 8-21 所示。

例程 8-21　compress.m

```
01. function h=compress(Y)
02. YY=round(Y.*2^32);                    %四舍五入
03. %hh1、hh2、hh3、hh4 均表示十进制数，因 bitxor 必须要用十进制表示
04. hh12=bitxor(bitxor(uint32(YY(1)),uint32(YY(2))),uint32(YY(3))));
05. hh1=bitxor(hh12, uint32(YY(4));
06. hh22=bitxor(bitxor(uint32(YY(5)),uint32(YY(6))),uint32(YY(7))));
07. hh2=bitxor(hh22, uint32(YY(8));
08. hh32=bitxor(bitxor(uint32(YY(9)),uint32(YY(10))),uint32(YY(11))));
09. hh3=bitxor(hh32, , uint32(YY(12));
10. hh42=bitxor(bitxor(uint32(YY(13)),uint32(YY(14))),uint32(YY(15))));
11. hh4=bitxor(hh42, , uint32(YY(16));
12. H1=dec2hex(hh1,8);                     %把十进制转化为十六进制数
13. H2=dec2hex(hh2,8);
14. H3=dec2hex(hh3,8);
15. H4=dec2hex(hh4,8);
16. h=strcat(H1,H2,H3,H4);                %排成一行
```

子函数“txt_hash”定义如例程 8-22 所示。

例程 8-22　txt_hash.m

```
01. function h=txt_hash(filename)
02. fid=fopen(filename,'r');
03. M=fread(fid);                 %M 代表文本的 ASCII 码值，如 S 表示为 83
04. M=char(M); N=length(M);       %把 M 再变为字符，如 83 变为 S
05. if rem(N,16)~=0
06.     n=16-rem(N,16);
07.     for i=1:n
```

```
08.        M(N+i)='0';
09.     end
10. end
11. M=double(M);                          %把字符变为ASCII码
12. for i=1:4:length(M)                   %P为32位对应的整数
13.     M1=((M(i)*256+M(i+1))*256+M(i+2))*256+M(i+3);
14.     P(floor(i/4)+1)=M1;
15. end
16. Const=2^32;h=P./Const; %量化后的值
```

例程 8-23　文献[22]例程 Chap8_10.m

```
01. clear all;clc;close all;              %基于二维混沌映射构造Hash函数
02. T=txt_hash('erweihash.txt');          %打开文件
03. N=length(T); k=256; R=64; K=30;%初始化
04. r=R*((floor(N/R))+K);                 %轮数
05. a(1,1)=T(1); a(1,2)=T(2);            %初始化
06. for j=3:r
07.     if j<=N
08.         a(j)=mod(1+0.3*(a(1,j-2)-T(j))+2917*(a(1,j-1))^2,2)-1;
09.     else
10.         a(j)=mod(1+0.3*(a(1,j-2)-a(1,j-3))+2917*(a(1,j-1))^2,2)-1;
11.     end
12. a(1,j)=a(j);
13. end
14. x(1)=1.045*a(1,r-1)-0.55; y(1)=1.245*a(1,r)+0.615;
15. aa(1,1)=x(1); bb(1,1)=y(1);         %储存
16. for m=1:(3*R-1)
17.    aa(1,m+1)=1.66*bb(1,m)-1.3*(bb(1,m))^2;
18.    bb(1,m+1)=-1.1*aa(1,m)+0.1*bb(1,m);
19. end
20. aa11=[abs(aa(1,R))abs(aa(1,2*R))abs(aa(1,3*R))];
21. aa12=[abs(bb(1,R))abs(bb(1,2*R))abs(bb(1,3*R))];
22. aa1=[aa11 aa12];
23. aa1=aaa(1)*2^39; aa2=aaa(2)*2^39; aa3=aaa(3)*2^47;
24. bb1=aaa(4)*2^39; bb2=aaa(5)*2^39; bb3=aaa(6)*2^47;
25. BR=dec2bin(aa1,40);                   %十进制转化为二进制
26. B2R=dec2bin(aa2,40);
27. B3R=dec2bin(aa3,48);
28. BR1=dec2bin(bb1,40);
29. B2R1=dec2bin(bb2,40);
30. B3R1=dec2bin(bb3,48);
31. w1=BR(15:34); w2=B2R(15:34); w3=B3R(13:36);
```

```
32.  w4=BR1(15:34); w5=B2R1(15:34); w6=B3R1(13:36);
33.  ww1=bin2dec(w1);                           %二进制转化为十进制
34.  ww2=bin2dec(w2);
35.  ww3=bin2dec(w3);
36.  ww4=bin2dec(w4);
37.  ww5=bin2dec(w5);
38.  ww6=bin2dec(w6);
39.  cc1=dec2hex(ww1,5);                        %十进制转化为十六进制进制
40.  cc2=dec2hex(ww2,5);
41.  cc3=dec2hex(ww3,6);
42.  cc4=dec2hex(ww4,5);
43.  cc5=dec2hex(ww5,5);
44.  cc6=dec2hex(ww6,6);
45.  erweihash=strcat(cc1,cc2,cc3,cc4,cc5,cc6);%排成一行
```

其中，子函数“txt_hash”定义如例程 8-24 所示。

例程 8-24　“txt_hash.m

```
01.  function P1=txt_hash(filename)
02.  fid=fopen(filename,'r');      %M 代表文本的 ASCII 码值，如 S 表示为 83
03.  M=fread(fid); M=char(M);      %把 M 再变为字符，如 83 变为 S
04.  P=double(M); % Const=2^8;     %把字符变为 ASCII 码
05.  b111=max(P); a111=min(P);     %量化后的值；% P1=M./Const;
06.  P1=(1/(b111-a111))*(P-(a111+b111)/2);
```

例程 8-25　文献[23]例程 Chap8_11.m

```
01.  clear all;clc;close all;      %基于神经网络的方法构造 Hash 函数
02.  cK='1691AF0F13475A384CBCEA022ACF3F8A'; %初始密钥
03.  h0=txt_hash('shenjing.txt');             %打开文件
04.  W1=[1/2^8 1/2^16 1/2^24 1/2^32];         %权值
05.  epslon=1/3; k=1;
06.  for i=1:4:(length(h0)-3)
07.      x=W1*[h0(i)h0(i+1)h0(i+2)h0(i+3)]';
08.      for tau=1:40
09.          x=feixianxing(x,1/3);
10.      end
11.      M(floor(i/4)+1)=x;         %全部量化后的值即 u0、u1、u2、u3、...、un(128)
12.  end
13.  for ttt=1:length(M)/32
14.      K=generate_key(cK);
15.      aa=zeros(4,300);
16.      aa(:,1)=K;
```

```
17.    for i=2:300
18.    for j=1:4
19.        switch j
20.            case 1
21.   aa(j,i)=(1-epslon)*logistic(aa(j,i-1))+epslon*logistic
      (aa(4,i-1));
22.            otherwise
23.   aa(j,i)=(1-epslon)*logistic(aa(j,i-1))+epslon*logistic
       (aa(j-1,i-1));
24.         end
25.      end
26.    end
27.    for t=1:30:300
28.       bb(:,floor((t/30)+1))=aa(:,t);
29.    end
30.    for u=1:4
31.       w2(u,:)=bb(u,1:8);
32.    end
33.    theta=bb(:,9); Q2=bb(:,10);                    %初始化
34.    for ii=1:4
35.       ww=mod(((w2(ii,:)*(M(k:k+7))')+theta(ii)),1);
36.       for tau1=1:40
37.          ww=feixianxing(ww,Q2(ii));              %非线性函数
38.       end
39.       CC(1,ii)=ww; k=k+8;
40.    end
41.    C=round(CC.*2^32);                             %四舍五入
42.    d1=C(1); d2=C(2); d3=C(3); d4=C(4);
43.    d11=dec2hex(d1,8);                             %十进制转化为十六进制
44.    d12=dec2hex(d2,8);
45.    d13=dec2hex(d3,8);
46.    d14=dec2hex(d4,8);
47.    CC1=strcat(d11,d12,d13,d14); cK=CC1;          %排成一行
48. end
```

其中，子函数“feixianxing”定义如例程 8-26 所示。

例程 8-26　feixianxing.m

```
01. function  z=feixianxing(x,q)                     %非线性函数
02. if and(x>=0,x<q)
03.     x=x/q;
04. elseif and(x>=q,x<0.5)
05.     x=(x-q)/(0.5-q);
```

```
06.  elseif and(x>=0.5,x<1-q)
07.      x=(1-q-x)/(0.5-q);
08.  elseif and(x>=1-q,x<=1)
09.      x=(1-x)/q;
10.  end
```

子函数“logistic”定义如例程 8-27 所示。

例程 8-27　logistc.m

```
01.  function y=logistic(x)
02.  y=4*x*(1-x);
```

例程 8-28　文献[25]例程 Chap8_12.m

```
01.  clear all;clc;close all;                         %基于帐篷映射构造Hash函数
02.  mi=txt_hashxin('mingwen.txt');                   %打开文件
03.  sum=0; sum1=0; sum2=0; sum3=0; k1=1;             %初始化
04.  rand('seed',1024); M1=randint(1,32);             %随机生成一行
05.  for i=1:32
06.      sum2=sum2+M1(i)*2^(-i)
07.  end
08.  s0=sum2;
09.  for i=32:-1:1
10.      sum3=sum3+M1(i)*2^(-k1);
11.      k1=k1+1;
12.  end
13.  t0=sum3;
14.  for i=1:4:length(mi)
15.      z=[];
16.      for j=i:i+3
17.          z=strcat(z,dec2bin(mi(j),8));            %排成一行
18.      end
19.      for i=1:32
20.          sum=sum+str2num(z(i))*2^(-i);            %字符转化为数值
21.      end
22.      mi1=sum; k=1;
23.      for i=32:-1:1
24.          sum1=sum1+str2num(z(i))*2^(-k);
25.          k=k+1;
26.      end
27.      mii1=sum1;
28.      Ga=mod((s0+mi1),1);                          %求余
29.      alpha0=(mod((t0+mii1),1))*0.1+0.5;
```

```
30.     for i=1:75
31.         if and(Ga>=0,Ga<=alpha0)
32.            Ga=Ga/alpha0;
33.         elseif and(Ga>alpha0,Ga<=1)
34.            Ga=(1-Ga)/(1-alpha0);
35.         else
36.            Ga=0.65;
37.         end
38.     end
39.     t01=mod((Ga+s0),1); Twd=mod((Ga+mii1),1);
40.     MAX1=max(t0,Twd); MIN1=(min(t0,Twd))*0.1+0.5;
41.     if and(MAX1>=0,MAX1<=MIN1)
42.         XandY=MAX1/MIN1;
43.     elseif and(MAX1>MIN1,MAX1<=1)
44.         XandY=(1-MAX1)/(1-MIN1);
45.     else
46.         XandY=0.65;
47.     end
48.     s0=XandY; t0=t01;
49. end
50. hash1=quantizer([33 32]); aaa=num2bin(hash1, s0);
                                                 %数值转化为二进制
51. hash2=quantizer([33 32]); bbb=num2bin(hash2,t0);
52. hash=strcat(aaa(2:33),bbb(2:33));   %排成一行
53. hashhash=[]; bbww=[];
54. for i=1:4:length(hash)
55.     hashhash=strcat(hashhash,dec2hex(bin2dec(hash(i:(i+3)))))
56. end
57. aaww=zeros(1,16); ddww=zeros(size(bbww));
58. for i=1:16
59.     aaww(i)=hex2dec(hashhash(i));    %十六进制转化为二进制
60. end
61. for i=1:16
62.     bbww=strcat(bbww,dec2bin((aaww(i)),4));
63. end
64. for i=1:length(bbww)
65.     ddww(i)=double(bbww(i)-48);       %字符转化为 double 型
66. end
67. stairs(ddww,'k','LineWidth',1.5)
68. axis([-1,65,-0.1,1.1]);
69. ylabel('plain-text 1','FontSize',16);
```

其中，子函数“txt_hashxin”定义如例程 8-29 所示。

例程 8-29　txt_hashxin.m

```
01. function mi=txt_hashxin(filename)
02. rand('seed',1024); M1=rand(1,4)*100;    %随机生成一行
03. fid=fopen(filename,'r'); M=fread(fid); %打开文件
04. N=length(M);
05. if mod(N,4)~=0
06.     n=4-rem(N,4);                       %求余
07.     for i=1:n
08.         M(N+i)=M1(i);
09.     end
10. end
```

例程 8-30　文献[26]例程 Chap8_13.m

```
01. clear all;clc;close all;      %基于 logistic 映射构造 Hash 函数
02. h0=txt_hash('test1.txt');     %打开文件
03. x(1)=h0(1)/2^8;               %转化为小数
04. k=1;                          %初值
05. for i=1:132                   %混沌迭代
06.     x(1)=logistic(x(1));
07.     b(1,k)=x(1);
08.     k=k+1;
09. end
10. bb=b(1,101:132);
11. for j=1:32
12.     aa(1,j)=sequencebiao(bb(j));
13. end
14. for t=1:32
15.     x(1,t)=dec2hex(aa(t));    %十进制转化为十六进制
16. end
17. x=char(x); xx(1)=bb(1,32);
18. for ww=2:length(h0)
19.     for cc=1:(h0(ww)+20)
20.        xx(1)=logistic(xx(1));
21.     end
22.     k=1;
23.     for ccc=1:32
24.        xx(1)=logistic(xx(1));
25.        bbb(1,k)=xx(1);
26.        k=k+1;
27.     end
```

```
28.        for j=1:32
29.           aa(1,j)=sequencebiao(bbb(j));
30.        end
31.        for t=1:32
32.           x11(1,t)=dec2hex(aa(t));
33.        end
34.        x1=char(x11);
35.        xindiedai=Hashcomp(x,x1);    %做异或
36.        x=x1;
37.    end
38.    xindiedai
```

例程 8-31　文献[27]例程 Chap8_14.m

```
01.  clear all;clc;close all;              %基于 Henon 映射构造 Hash 函数
02.  S=txt_hash('henon.txt');              %打开文件
03.  N=length(S); R=64;                    %初始化
04.  r=R*((floor(N/R))+1);                 %轮数
05.  a=zeros(1,r); a(1,1)=S(1); a(1,2)=S(2); %初值
06.  for j=3:r
07.      if j<=N
08.          a(j)=1+0.3*(a(1,j-2)-S(j))-1.08*a(1,j-1)*a(1,j-1);
09.      else
10.          a(j)=1+0.3*(a(1,j-2)-a(1,j-3))-1.08*a(1,j-1)*a(1,j-1);
11.      end
12.       a(1,j)=a(j);
13.  end
14.  b=zeros(1,3*64);b(1,1)=a(1,r-2);b(1,2)=a(1,r-1);b(1,3)=a(1,r);
                                           %赋新初值
15.  for j=4:3*R
16.      b(1,j)=1+0.3*(b(1,j-2)-b(1,j-3))-1.08*b(1,j-1)*b(1,j-1);
17.  end
18.  aa=[abs(b(1,R))abs(b(1,2*R))abs(b(1,3*R))];
19.  aa1=aa(1)*2^39;aa2=aa(2)*2^39; aa3=aa(3)*2^47;
20.  BR=dec2bin(aa1,40);                   %十进制转化为二进制
21.  B2R=dec2bin(aa2,40);
22.  B3R=dec2bin(aa3,48);
23.  BR1=bin2dec(BR);B2R=bin2dec(B2R);B3R=bin2dec(B3R);
                                           %二进制转化为十进制
24.  bb1=dec2hex(BR1,10);                  %十进制转化为十六进制
25.  bb2=dec2hex(B2R,10);
26.  bb3=dec2hex(B3R,12);
27.  henonhash=strcat(bb1,bb2,bb3);
```

例程 8-32　文献[28]例程 Chap8_15.m

```
01. clear all;clc;close all;            %变参构造 Hash 函数
02. text=textread('test.txt','%s','whitespace', ''); %打开文件
03. str=text{1}; N=length(str);
04. num=abs(str); %字符转 ASCII 码值，ASCII 码值转字符用 char(str)
05. for i=1:1:N
06.     num(1,i)=num(1,i)/256;
07. end
08. X=0.232323; C=num; H=0.1;          %初始值
09. P(1)=(C(1)+ H)/4; X(1)=alg(X,P(1));
10. for i=2:1:N
11.     P(i)=(C(i)+X(i-1))/4;
12.     X(i)=alg(X(i-1), P(i));
13. end
14. P(N+1)=(C(N)+ X(N))/4;
15. X(N+1)=alg(X(N),P(N+1));
16. for i=(N+2):1:2*N
17.     P(i)=(C(2*N-i+1)+ X(i-1))/4;
18.     X(i)=alg(X(i-1), P(i));
19. end
20. P(2*N+1)=(C(1)+ H)/4;
21. X(2*N+1)=alg(X(2*N),P(2*N+1));
22. for i=(2*N+2):1:3*N
23.     P(i)=(C(i-2*N)+ X(i-1))/4;
24.     X(i)=alg(X(i-1),P(i));
25. end
26. bin1=dectobin(X(N));                %十进制转化为二进制
27. bin2=dectobin(X(2*N));
28. bin3=dectobin(X(3*N));
29. for j=1:1:40
30.     value(1,j)=bin1(1,j);
31. end
32. for j=1:1:40
33.     value(1,40+j)=bin2(1,j);
34. end
35. for j=1:1:48
36.     value(1,80+j)=bin3(1,j);
37. end
38. base=4;                             %十进制转化为十六进制
39. for i=1:1:128/base
40.     hexmax(i)=dec2hex(bin2dec(num2str(value(1,4*(i-1)+1:4*i))));
```

```
41.  end
42.  hexmax
```

其中，子函数“dectobin”定义如例程 8-33 所示。

例程 8-33　dectobin.m

```
01.  function  record=dectobin(num)   %十进制小数转换为二进制数
02.  integer=floor(num);              %输入参数为 innum 和 N
03.  innum=num - integer;             %innum 为输入的十进制小数
04.  N=256;                           %N 为指定转换后二进制的位数
05.  if (innum>1)|(N==0)              %判断输入的有效性
06.      disp('error!');
07.      return;
08.  end
09.  count=0; record=zeros(1,N);tempnum=innum;
10.  while(N)
11.      count=count+1;               %长度小于 N
12.      if count>N
13.          N=0;
14.      end
15.      tempnum=tempnum*2;           %小数转换为二进制,乘 2 取整
16.      if tempnum>1
17.         record(count)=1;
18.         tempnum=tempnum-1;
19.      elseif tempnum==1
20.         record(count)=1;
21.         N=0;
22.      else
23.         record(count)=0;
24.      end
25.  end
```

子函数“alg”定义如例程 8-34 所示。

例程 8-34　alg.m

```
01.  function result=alg(x,p)         %分段函数
02.  if 0<=x && x<p
03.      result=x/p;
04.  elseif p<=x && x<0.5
05.      result=(x-p)/(0.5-p);
06.  elseif 0.5<=x && x<1-p
07.      result=(1-x-p)/(0.5-p);
08.  elseif 1-p<=x && x<=1
```

```
09.     result=(1-x)/p;
10. end
```

参考文献

[1] RIVEST R. The MD5 Message-Digest Algorithm[M]. Boston: RFC Editor, 1992.

[2] MENDEL F, SCHLÄFFER M. Improving local collisions: New attacks on reduced SHA-256[C].The 32nd Annual International Conference on the Theory and Applications of Cryptographic Techniques, Athens,2013:262-278.

[3] MENEZES A J, VANSTONE S A, VAN OORSCHOT P C. Handbook of Applied Cryptography[M]. Florida: CRC,1996.

[4] WANG X Y, LAI X J, FENG D G, et al. Cryptanalysis of the hash functions MD4 and RIPEMD[C]. The 24th Annual International Conference on the Theory and Applications of Cryptographic Techniques, Aarhus, 2005: 1-18.

[5] WANG X Y, YU H B. How to break MD5 and other hash functions[C]. Proceedings of the 24th Annual International Conference on Theory and Applications of Cryptographic Techniques, Heidelberg, 2005: 19-35.

[6] BELLARE M, GOLDREICH O, KRAWCZYK H. Stateless evaluation of pseudorandom functions: Security beyond the birthday barrier[C]. The 19th Annual International Cryptology Conference, Santa Barbara, 1999:270-287.

[7] OHTA K, MATSUI M. Differential attack on message authentication codes[C]. The 13th Annual International Cryptology Conference, Santa Barbara, 1993:200-211.

[8] SHANNON C E. Communication theory of secrecy systems[J]. The Bell System Technical Journal, 1949, 28(4): 656-715.

[9] 任海鹏, 刘丁, 韩崇昭. 基于直接延迟反馈的混沌反控制[J]. 物理学报, 2006, 55(6):2694-2701.

[10] REN H P, BAI C, TIAN K, et al. Dynamics of delay induced composite multi-scroll attractor and its application in encryption[J]. International Journal of Non-Linear Mechanics, 2017, 94:334-342.

[11] REN H P, BAI C, HUANG Z Z, et al. Secure communication with hyper-chaotic Chen system[J]. International Journal of Bifurcation and Chaos, 2017, 14(5): 1750076.

[12] REN H P, LI W C. Heteroclinic orbits in Chen circuit with time delay[J]. Communications in Nonlinear Science and Numerical Simulation, 2010, 15(10):3058-3066.

[13] YANG T, WU C W, CHUA L O. Cryptography based on chaotic systems[J]. IEEE Transactions on Circuits and Systems I: Fundamental Theory and Applications, 1997, 44(5):469-472.

[14] 庄元. 利用超混沌构造单向散列函数的方法研究[D]. 西安: 西安理工大学, 2008.

[15] LI Y T, LI X, LIU X W. A fast and efficient hash function based on generalized chaotic mapping with variable parameters[J]. Neural Computing and Applications, 2016, 28(6):1405-1415.

[16] WANG Y, WONG K W, XIAO D. Parallel hash function construction based on coupled map lattices[J]. Communications in Nonlinear Science and Numerical Simulation, 2011, 16(7):2810-2821.

[17] LI Y T, XIAO D, DENG S J, et al. Parallel hash function construction based on chaotic maps with changeable parameters[J]. Neural Computing and Applications, 2011, 20(8):1305-1312.

[18] XIAO D, SHIH F Y, LIAO X F. A chaos-based hash function with both modification detection and localization capabilities[J]. Communications in Nonlinear Science and Numerical Simulation, 2010, 15(9):2254-2261.

[19] LI Y T, LI X. Chaotic hash function based on circular shifts with variable parameters[J]. Chaos Solitons & Fractals, 2016, 91:639-648.

[20] 彭飞, 丘水生, 龙敏. 基于二维超混沌映射的单向 Hash 函数构造[J]. 物理学报, 2005, 54(10):4562-4568.

[21] 刘光杰, 单梁, 戴跃伟, 等. 基于混沌神经网络的单向 Hash 函数[J]. 物理学报, 2006, 55(11):5688-5693.

[22] CHENAGHLU M A, JAMALI S, KHASMAKHI N N. A novel keyed parallel hashing scheme based on a new chaotic system[J]. Chaos Solitons & Fractals, 2016, 87:216-225.

[23] YI X. Hash function based on chaotic tent maps[J]. IEEE Transactions on Circuits and Systems Ⅱ: Express Briefs, 2005, 52(6): 354-357.

[24] 王磊. 基于 Logistic 映射的单向散列函数研究[J]. 计算机工程与设计, 2006, 27(5):774-776.

[25] 刘军宁, 谢杰成, 王普. 基于混沌映射的单向 Hash 函数构造[J]. 清华大学学报(自然科学版), 2000, 40(7):55-58.

[26] 任海鹏, 庄元. 基于超混沌 Chen 系统和密钥流构造单向散列函数的方法[J]. 通信学报, 2009, 30(10):100-106.

[27] KANSO A, GHEBLEH M. A fast and efficient chaos-based keyed hash function[J]. Communications in Nonlinear Science and Numerical Simulation, 2013, 18(1): 109-123.

[28] YANG Y G, XU P, YANG R, et al. Quantum hash function and its application to privacy amplification in quantum key distribution, pseudo-random number generation and image encryption[J]. Scientific Reports, 2016, 6:19788.

[29] 刘光杰, 单梁, 孙金生, 等. 基于时空混沌系统构造 Hash 函数[J]. 控制与决策, 2006, 21(11):1244-1248.

[30] XIAO D, LIAO X F, DENG S J. One-way hash function construction based on the chaotic map with changeable-parameter[J]. Chaos Solitons & Fractals, 2005, 24(1):65-71.

第 9 章　线性延迟反馈产生混沌应用于智能家居信息加密

物联网技术的飞速发展潜移默化地改变着我们的生活方式，人们开始追求智能化的居住环境，这给智能家居带来很大的发展空间。近几年，这个新兴的行业方向得到了广泛关注，相关技术和产品的研发投入了大量的人力、财力、物力。人工智能技术也极大地促进了智能家居行业的发展。智能家居通过物联网技术将家中的各种设备（如音视频、照明、空调、安防系统等）连接在一起，提供多种家居自动化功能。而控制方法也逐渐由手机、手势控制等发展为语音甚至智能控制。整个智能家居市场将得到快速发展，前景十分广阔。在智能家居产品迅速发展的同时，用户数据安全的问题也变得日益严峻。当用户在选择使用智能家居产品时，自己的家居环境接入了互联网，用户数据信息被窃取的风险增加，可能侵犯到用户的个人隐私和造成用户的经济损失。目前，对智能家居控制系统的研究大多集中于产品的研发、功能的扩展，对智能家居系统中数据的安全关注不够。如今对用户数据的保护机制远不能满足实际应用的需求，大多数研究主要集中于密钥管理、路由安全，而能够直接应用于智能家居控制系统用户数据的加密算法较少，因此，智能家居中数据保密处理方法的研究具有重要的现实意义。要推广实现家居智能化，解决用户的信息安全是首要问题。

9.1　智能家居系统

本章介绍一种低成本、可扩展性好的智能家居系统。其系统结构框图如图 9-1 所示。该智能家居系统由五部分组成，分别为手机 App 客户端、云端服务器、智能控制中心、下端执行器和传感器。功能实现的整体流程如下。

（1）用户在手机 App 客户端根据需求按下相应按键，App 通过协议将其转换成相应指令发往云端服务器。

（2）云端服务器接到指令后将其储存下来。

（3）智能控制中心连接到云端服务器将指令取回本地，并通过 ZigBee 无线网络将指令转发至下端执行器。

（4）对应功能的下端执行器收到指令后完成相应的动作并返回数据。

（5）手机 App 客户端收到数据，并将数据显示出来。

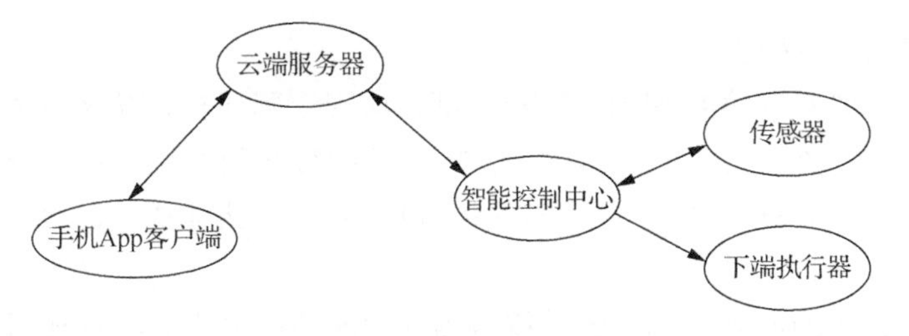

图 9-1　智能家居系统结构框图

设计的系统硬件实物图如图 9-2 所示。

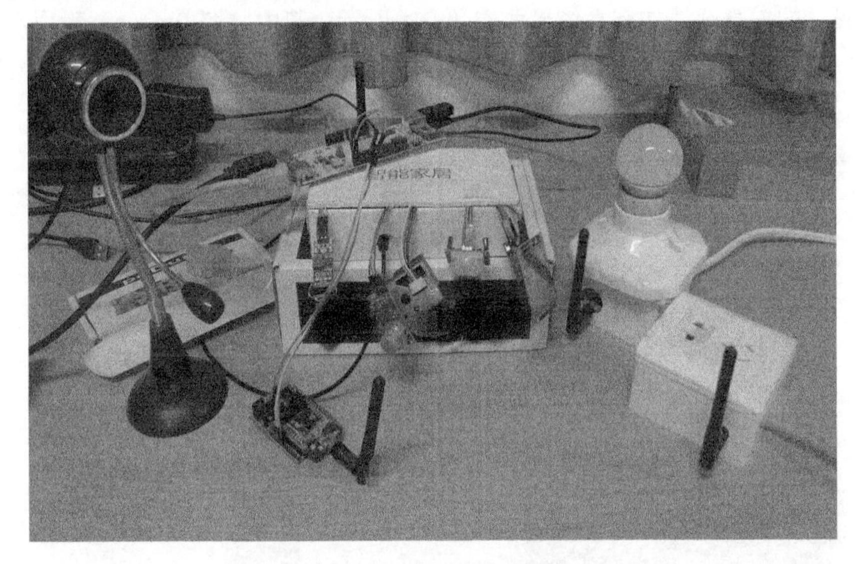

图 9-2　系统硬件实物图

为提高安全性，系统利用基于超混沌 Hash 函数的用户认证与超混沌加密通信提高系统信息安全性，具有数据加密和合法性认证功能的智能家居系统结构框图如图 9-3 所示。

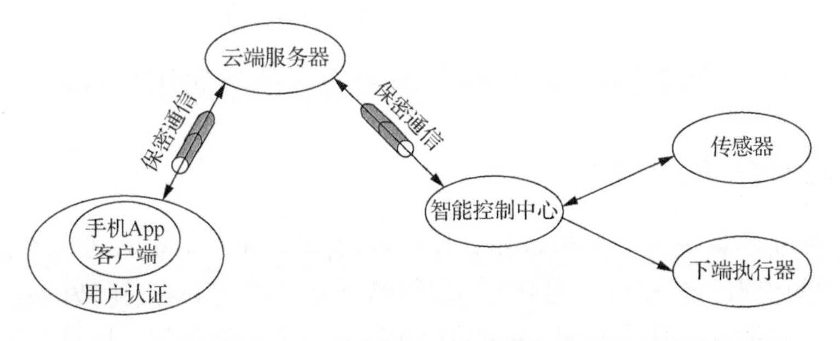

图 9-3　具有数据加密和合法性认证功能的智能家居系统结构框图

具体实现方案如下。

（1）在手机 App 客户端加入用户认证，实现密码保护，从系统入口提高安全性，注册时设置密码，并通过 Hash 算法[1]产生 Hash 值存储在服务器中，在手机登录系统时，如果 Hash 值与存储的 Hash 值相同，则认证成功，可登录智能家居系统。

（2）在手机 App 客户端与云端服务器、智能控制中心与云端服务器数据交换过程中采用超混沌保密通信方法。使在网络中传输的数据均为加密后的数据[2]，可以提高系统安全性。

设计的安卓软件加密系统界面如图 9-4 所示，其中，图 9-4（a）为用户认证系统，图 9-4（b）为混沌加密系统操作界面。

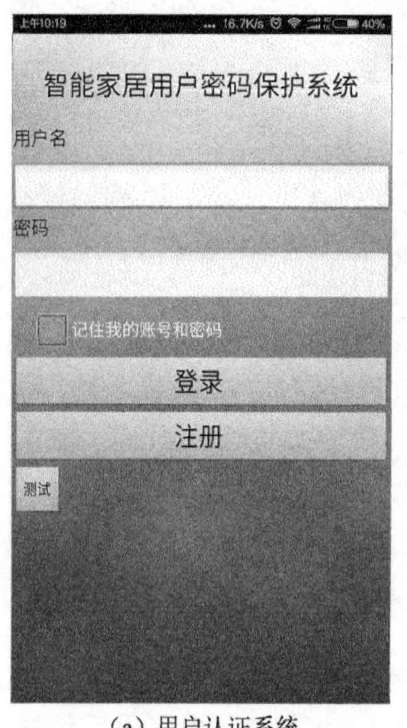

（a）用户认证系统

（b）混沌加密系统

图 9-4　安卓软件加密系统界面

9.2　基于超混沌的 Hash 函数的智能家居用户认证

9.2.1　Hash 函数构建步骤

用户注册和认证方法实现框图如图 9-5 所示，可以看到注册与登录时产生 Hash 函数的步骤完全相同。图 9-6 为采用第 8 章中构建 Hash 函数的方法在智能家居中的实现框图。具体 Hash 函数的构建过程与第 8 章类似，这里不再赘述。

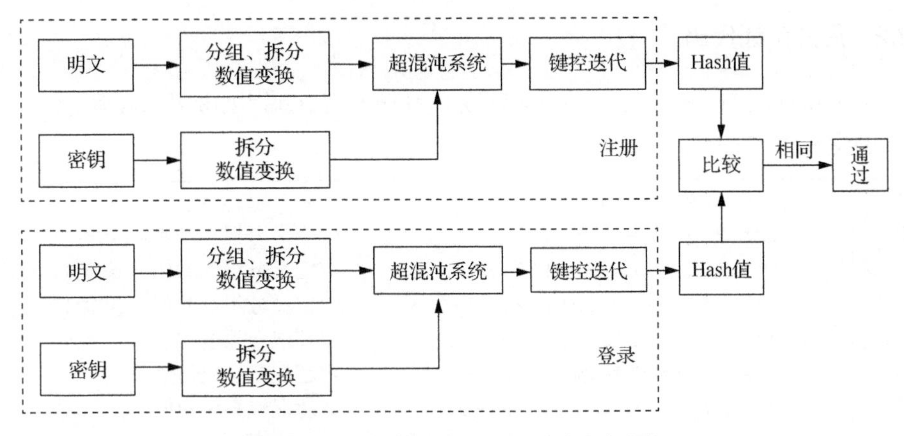

图 9-5　用户注册和认证方法实现框图

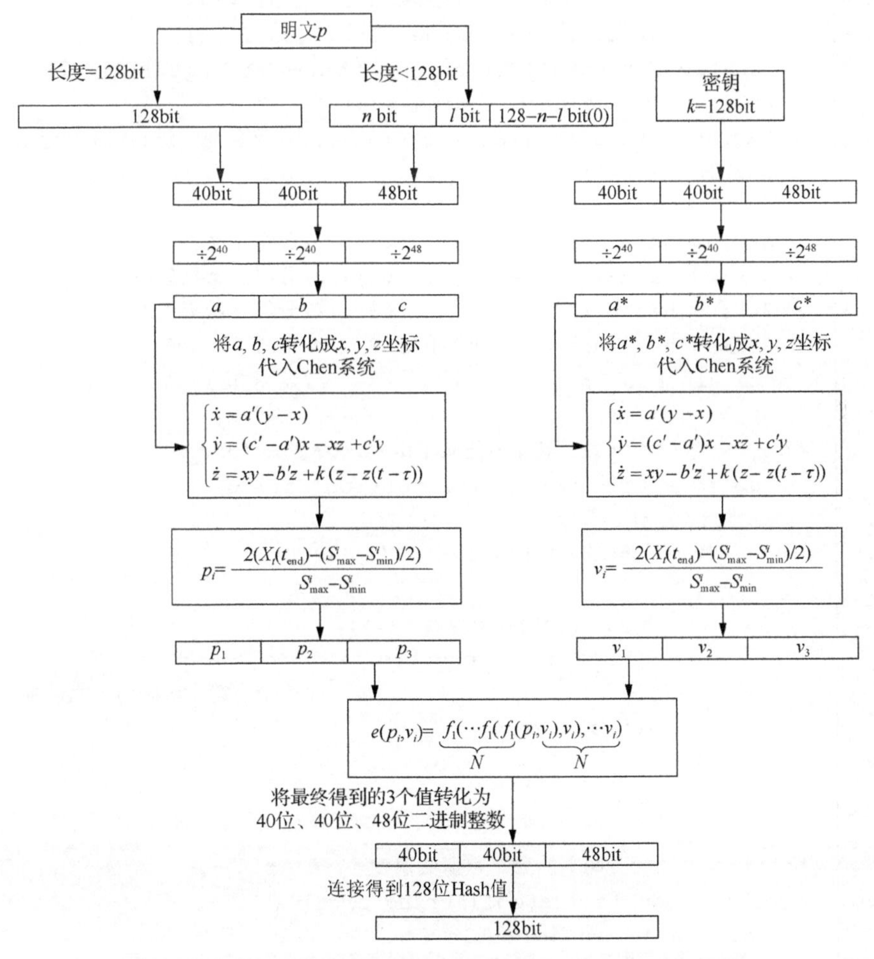

图 9-6　第 8 章中 Hash 函数构建方法在智能家居中的实现框图

9.2.2 用户认证代码

基于超混沌 Hash 函数的用户认证安卓系统开发代码[3]如例程 9-1 所示。

例程 9-1 Hash.java

```
01.  public class Hash {
02.      int B1[]=new int[10];            //定义分组 1 数组，长度 10
03.      int C1[]=new int[10];            //定义分组 2 数组，长度 10
04.      int D1[]=new int[12];            //定义分组 3 数组，长度 12
05.      static double v1=0.3792;         //超混沌系统初值
06.      static double v2=0.8752;         //超混沌系统初值
07.      static double v3=0.9169;         //超混沌系统初值
08.      StringBuffer string_b=new StringBuffer();
09.      StringBuffer string_b1=new StringBuffer();
10.      StringBuffer string_b2=new StringBuffer();
11.      static StringBuilder string_b3=new StringBuilder();
12.     public  String main(String args){
13.     String a=this.toHexString(args);//明文信息十进制转十六进制
14.     double [] B=this.step1(a);       //分组、拆分、数值变换
15.     double [] C=this.step2(B);       //代入超混沌系统演化
16.     String hash1=this.e1(C[0], v1); //分组 1 数据处理
17.     String hash2=this.e1(C[1], v2); //分组 2 数据处理
18.     String hash3=this.e2(C[2], v3); //分组 3 数据处理
19.     String hash=hash1+hash2+hash3;  //生成 Hash 值
20.      return hash1;                   //返回 Hash 值
21.      }
22.  /*************十进制转十六进制子函数*************/
23.     public static String toHexString(String s) {
24.       String str="";
25.          for (int i=0;i<s.length();i++)
26.          {
27.            int ch=(int)s.charAt(i);
28.              String s4=Integer.toHexString(ch);
                                           //单个字符十进制转十六进制
29.              str=str + s4;
30.          }
31.      return str;
32.      }
33.  /*************分组、拆分、数值变换*************/
34.     public double[] step1(String args) {
35.       double A []=new double[3];
36.         int b=args.length();            //获取明文长度
```

```
37.     for (int i=b; i < 32; i++)
38.         {
39.         args=args+"0";                    //数据类型格式转换
40.         }
41.     char [] c=args.toCharArray();         //转换为字符数组
42.       for (int i=0; i < 10; i++)  {
43.         B1[i]=c[i]- 48;                   //数据类型格式转换
44.         }
45.       For (int i=0; i < B1.length; i++) {
46.             string_b. append(B1[i]);
47.         }
48.       String B2=string_b.toString();
49.         for (int i=10; i < 20; i++)  {
50.             C1[i-10]=c[i]-48;             //数据类型格式转换
51.         }
52.       for(int i=0; i < 10; i++){
53.           string_b1. append(C1[i]);
54.                 }
55.       String C2=string_b1.toString();
56.       for (int i=20; i < 32; i++) {
57.           D1[i-20]=c[i]-48;               //数据类型格式转换
58.       }
59.       for(int i=0; i < 12; i++)  {
60.           string_b2. append(D1[i]);
61.       }
62.       String D2=string_b2.toString();
63.   double B3=Double.parseDouble(B2);    //字符转换为 double 型
64.   double C3=Double.parseDouble(C2);    //字符转换为 double 型
65.   double D3=Double.parseDouble(D2);    //字符转换为 double 型
66.       double a1=Math.pow(2,40);           //2 的 40 次方
67.       double a2=Math.pow(2,48);           //2 的 48 次方
68.       double s1=B3/a1;                    //组 1 数值变换
69.       double s2=C3/a1;                    //组 2 数值变换
70.       double s3=D3/a2;                    //组 3 数值变换
71.       A[0]=s1;
72.       A[1]=s2;
73.       A[2]=s3;
74.       return A;
75.     }
76.   /*************代入超混沌系统演化*************/
77.   public double [] step2(double[]  str)
78.   {   int a=36;                           //控制参数
```

```
79.          int b=3;                          //控制参数
80.          double  c=18.5;                   //控制参数
81.          double  dt=0.001;                 //控制参数
82.          int tau=300;                      //时延
83.          int N=1999;                       //控制参数
84.         double x1[]=new double[2000];//x1 振子状态
85.         double x2[]=new double[2000];//x2 振子状态
86.        double x3[]=new double[2000]; //x3 振子状态
87.        double s[]=new double [2000];
88.        double p[]=new double[3];
89.        x1[0]=(Double) str[0];
90.        x2[0]=(Double) str[1];
91.        x3[0]=(Double) str[2];
92.        double k1=2.85;
93.          //超混沌系统
94.      for (int n=0; n<N; n++) {
95.              if (n<=tau) {
96.              x1[n+1]=x1[n]+(a*(x2[n]-x1[n]))*dt;
97.              x2[n+1]=x2[n]+((c-a)*x1[n]-x1[n]*x3[n]+c*x2[n])*dt;
98.              x3[n+1]=x3[n]+(x1[n]*x2[n]-b*x3[n])*dt;
99.          } else {
100.             x1[n+1]=x1[n]+(a*(x2[n]-x1[n]))*dt;
101.             x2[n+1]=x2[n]+((c-a)*x1[n]-x1[n]*x3[n]+c*x2[n])*dt;
102.             x3[n+1]=x3[n]+(x1[n]*x2[n]-b*x3[n]+k1*(x3[n]-
                 x3[n-tau]))*dt;
103.              }
104.                            }
105.       double max_x1=this.getMax(x1); //获得分组 1 最大值
106.       double min_x1=this.getMin(x1); //获得分组 1 最小值
107.       double max_x2=this.getMax(x2); //获得分组 2 最大值
108.       double min_x2=this.getMin(x2); //获得分组 2 最小值
109.       double max_x3=this.getMax(x3); //获得分组 3 最大值
110.       double min_x3=this.getMin(x3); //获得分组 3 最小值
111.       p[0]=((x1[N]-(max_x1-min_x1)/2)*2)/(max_x1-min_x1);
           //组 1 超混沌系统终值
112.       p[1]=((x2[N]-(max_x2-min_x2)/2)*2)/(max_x2-min_x2);
           //组 2 超混沌系统终值
113.       p[2]=((x3[N]-(max_x3-min_x3)/2)*2)/(max_x3-min_x3);
           //组 3 超混沌系统终值
114.         return p;
115.   }
116.   /*************分组 1 和分组 2 数据处理子函数*************/
```

```
117.        public String e1(double p,double v) {
118.      int N=30;
119.      double [] d=new double[30];
120.      double k=Math.pow(2,39);              //2 的 39 次方
121.      d[0]=this.zhiluan(p, v);              //键控迭代初值
122.      for (int i=1; i < N; i++) {
123.          d[i]=this.zhiluan(d[i-1],v); //N 次键控迭代
124.        }
125.        double  e_final=d[29];              //获得 e(N 次键控迭代终值)
126.        e_final=(e_final+1)*k;
127.        BigDecimal bigDecimal=new BigDecimal(e_final);
            //新建 BigDecimal 对象
128.        String result=bigDecimal.toString();
            //返回对象字符串形式
129.        int ff[]=new int[12];
130.        char[]ss=result.toCharArray();  //转换为字符数组
131.        for (int i=0; i<12; i++) {
132.            ff[i]=ss[i]-48;
133.            }
134.        StringBuffer string_b=new StringBuffer();
135.        for(int i=0; i<ff.length; i++){
136.        string_b. append(ff[i]);
137.        }
138.        String newStr=string_b.toString();
139.        return newStr;
140.    }
141. /*************分组 3 数据处理子函数*************/
142.      public String e2(double p,double v) {
143.      int N=30;
144.      double [] d=new double[30];
145.      double k=Math.pow(2,47);              //2 的 47 次方
146.      d[0]=this.zhiluan(p, v);              //键控迭代初值
147.      for (int i=1; i<N; i++) {
148.          d[i]=this.zhiluan(d[i-1],v); //N 次键控迭代
149.        }
150.        double e_final=d[29];               //获得 e(N 次键控迭代终值)
151.        e_final=(e_final+1)*k;
152.        BigDecimal bigDecimal=new BigDecimal(e_final);
            //新建 BigDecimal 对象
153.        String result=bigDecimal.toString();//返回对象字符串形式
154.        int ff[]=new int[12];
155.        char[]ss=result.toCharArray();  //转换为字符数组
```

```
156.            for (int i=0; i<12; i++) {
157.                ff[i]=ss[i]-48;
158.                }
159.            StringBuffer string_b=new StringBuffer();
160.            for(int i=0; i<ff.length; i++){
161.            string_b. append(ff[i]);
162.            }
163.            String newStr=string_b.toString();
164.            return newStr;
165.          }
166.        /*************键控迭代子函数*************/
167.        public double zhiluan(double x,double k) {
168.          double m=x+k;
169.          double h=0.0;
170.        /移位映射
171.          if    (m>=-2&&m<=-1){
172.                 h=m+2;
173.                 }
174.        else if    (m>-1&&m<1){
175.                 h=m;
176.                 }
177.          else  {
178.                 h=m-2;
179.                 }
180.            return h;
181.        }
182.      /*************取最大值子函数*************/
183.        public static double getMax(double[] x1)
184.        {
185.            double max=x1[0];
186.            for(int x=1; x<x1.length; x++)
187.            {
188.                if(x1[x]>max)
189.                    max=x1[x];
190.            }
191.            return max;
192.        }
193.        /*************取最小值子函数*************/
194.        public static double getMin(double[] x1)
195.        {
196.            double min=x1[0];
197.            for(int x=1; x<x1.length; x++)
```

```
198.         {
199.             if(x1[x]<min)
200.                 min=x;
201.         }
202.         return min;
203.     }
204. }
```

9.3　基于超混沌的保密通信方法在智能家居信息传输中的应用

9.3.1　混沌通信方法

采用第 7 章中的超混沌加密通信方法实现智能家居的数据保密通信[4, 5]，其实现框图如图 9-7 所示，其中，超混沌系统采用文献[6]的方法产生。具体的实现步骤在第 7 章中已经描述，这里不再赘述，只给出实现框图。

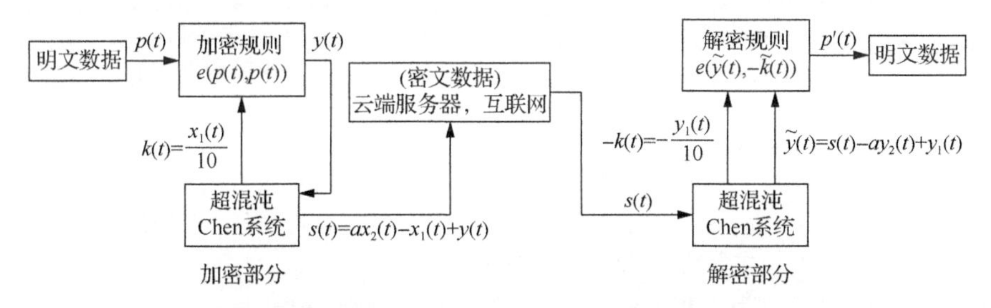

图 9-7　超混沌加密通信方法实现智能家居的数据保密通信框图

9.3.2　混沌通信方法程序代码

上述加密和解密分别在智能控制中心和安卓系统中运行，智能控制中心为 C 语言加密程序[7]，安卓系统解密 Java 程序，分别如例程 9-2 和例程 9-3 所示。

例程 9-2　jiami.c

```
01. #include <stdio.h>
02. #define Length 80000
03. /*发射端系统---------------------------------------------------*/
04.  float x1[80000];              //x1 系统状态
05.  float x2[80000];              //x2 系统状态
06.  float x3[80000];              //x3 系统状态
07.  float p[80000];               //明文数据
08.  float f1[80000];              //加密中间状态 1
09.  float xx1[80000];             //加密中间状态 2
10.  float ep[80000];              //加密信号
```

```
11.   float s[80000];                                //待发送信号
12.   float s_sent[80000];                           //传输信号
13.  /*---------------------------------------------------------*/
14.  void main()
15.  {
16.  /*****************参数初始化******************/
17.       int i=0,n=0;
18.       int N_shift=30;                            //键控迭代次数
19.       float v22,P22;
20.       float a=35, b=3, c=18, dt=0.001, h=0.5, tau=500, k1=2.4;
                                                     //控制参数
21.       float gain=2000;                           //输入增益控制
22.       float h11,h12,h13,h21,h22,h23;
23.       float p[7]={20,25,200,1,0,1,0};            //明文数据
24.  /**************发射端混沌振子初值*************/
25.       x1[0]=0.1;                                 //x1 振子初值
26.       x2[0]=1;                                   //x2 振子初值
27.       x3[0]=0.1;                                 //x3 振子初值
28.       xx1[0]=x1[0]/10;                           //中间状态初值
29.  /*****************预同步*********************/
30.  for (n=0;n<80000;n++)
31.       {
32.           s[n]=a*x2[n]-x1[n];                    //通信中传输信号
33.           //发射端超混沌 Chen 系统
34.           //预同步迭代
35.           if (n<tau)
36.           {
37.  x1[n+1]=x1[n]+(s[n]-(a-1)*x1[n])*dt;     //x1 系统状态
38.  x2[n+1]=x2[n]+((c-a+1)*x1[n]-x1[n]*x3[n]+(c-a)*x2[n]+s[n])*dt;
39.  //x2 振子状态
40.  x3[n+1]=x3[n]+(x1[n]*x2[n]-b*x3[n])*dt;  //x3 状态更新
41.           }
42.           else if (n>=tau)
43.           {
44.  x1[n+1]=x1[n]+(s[n]-(a-1)*x1[n])*dt;     //x1 状态更新
45.  x2[n+1]=x2[n]+((c-a+1)*x1[n]-x1[n]*x3[n]+(c-a)*x2[n]+s[n])*dt;
46.  //x2 状态更新
47.  x3[n+1]=x3[n]+(x1[n]*x2[n]-b*x3[n]+k1*(x3[n]-x3[(int)((n)-
     tau)]))*dt;
48.  //x3 状态更新
49.           }
50.      h11=x1[n+1];h12=x2[n+1];h13=x3[n+1];
```

```
51. }
52.      x1[0]=h11;                          //预同步结束 x1 状态
53.     x2[0]=h12;                           //预同步结束 x2 状态
54.     x3[0]=h13;                           //预同步结束 x3 状态
55. /****************加密规则*******************/
56.     xx1[0]=h11;
57.     for (n=0;n<7;n++)                    //数据长度
58.     {
59.         for (i=0;i<N_shift;i++)          //键控迭代
60.         {
61.             if (((v22+xx1[n])>=-2*h)&&((v22+xx1[n])<=-h))
62.             {
63.                 f1[n]=xx1[n]+v22+2*h;
64.             }
65.             else if (((v22+xx1[n])>-h)&&((v22+xx1[n])<h))
66.             {
67.                 f1[n]=xx1[n]+v22;
68.             }
69.             else if (((v22+xx1[n])>=h)&&((v22+xx1[n])<=2*h))
70.             {
71.                 f1[n]=xx1[n]+v22-2*h;
72.             }
73.             else if ((v22+xx1[n])<-2*h)
74.             {
75.                 f1[n]=0;
76.             }
77.             else if ((v22+xx1[n])>2*h)
78.             {
79.                 f1[n]=0;
80.             }
81.             v22=f1[n];
82.         }
83.         ep[n]=f1[n];                     //加密信号
84.         s[n]=a*x2[n]-x1[n]+ep[n];        //待传输信号
85.         //发射端超混沌系统
86.         if (n<tau)
87.         {
88.     x1[n+1]=x1[n]+(s[n]-(a-1)*x1[n])*dt;
89.     x2[n+1]=x2[n]+((c-a+1)*x1[n]-x1[n]*x3[n]+(c-a)*x2[n]+
        s[n])*dt;
90.     x3[n+1]=x3[n]+(x1[n]*x2[n]-b*x3[n])*dt;
91.         }
```

```
92.          else if (n>=tau)
93.          {
94.       x1[n+1]=x1[n]+(s[n]-(a-1)*x1[n])*dt;
95.       x2[n+1]=x2[n]+((c-a+1)*x1[n]-x1[n]*x3[n]+(c-a)*x2[n]+
          s[n])*dt;
96.  x3[n+1]=x3[n]+(x1[n]*x2[n]-b*x3[n]+k1*(x3[n]-x3[(int)((n)-
     tau)]))*dt;
97.          }
98.          xx1[n+1]=x1[n+1]/10;              //超混沌系统 x1 状态
99.          v22=p[n+1]/gain;
100.      }
101.    for(i=0;i<7;i++)//得到传输信号 s_sent，该信号传送至云端服务器
102.      {
103.           s_sent[i]=(int)(s[i]*1000000);
104. }}
```

例程 9-3　安卓系统 JAVA 解密程序 jiemi.java

```
01.  public class jiemi {
02.     float a=35f,b=3f,c=18f,dt=0.001f,k1=2.4f; //控制参数
03.     int tau=500;
04.     float P22;
05.     float h=0.5f;
06.     float h11,h12,h13,h21,h22,h23;
07.      static int N_shift=30;         //键控迭代次数
08.      static float gain=2000f;           //输入增益控制
09.      static float y1[]=new float[8000]; //y1 系统状态 1
10.     static float y2[]=new float[8000];  //y2 系统状态 2
11.     static float y3[]=new float[8000];  //y3 系统状态 3
12.     float s_receive[]=new float[8000];  //接收传输信号
13.     float EP[]=new float[8000];         //恢复的待解密信号
14.     static float yy1[]=new float[8000]; //解密中间状态 1
15.     float ff1[]=new float[8000];        //解密中间状态 2
16.     float decode[]=new float[8000];     //解密信号
17.     public static void main(String[] args) {
18.        // TODO 自动生成的方法存根
19.        y1[0]=-0.1f;                     //y1 振子赋初值
20.        y2[0]=-10f;                      //y2 振子赋初值
21.        y3[0]=-0.1f;                     //y3 振子赋初值
22.        yy1[0]=y1[0]/10f;                //解密中间状态赋初值
23.     }
24.  /*****************预同步********************/
25.     public float[]  tongbu(float[]  str)
```

```
26.      {
27.          float [] y=new float [3];
28.          //接收端混沌系统超混沌 Chen 系统
29.          //预同步迭代
30.              for (int n=0;n<80000;n++)
31.          {
32.         if (n<tau)
33.                {
34.    y1[n+1]=y1[n]+(s_receive[n]-(a-1)*y1[n])*dt;//y1 系统状态更新
35.    y2[n+1]=y2[n]+((c-a+1)*y1[n]-y1[n]*y3[n]
36.               +(c-a)*y2[n]+s_receive[n])*dt;        //y2 系统状态更新
37.    y3[n+1]=y3[n]+(y1[n]*y2[n]-b*y3[n])*dt;         //y3 系统状态更新
38.                 }
39.         else if (n>=tau)
40.                {
41.    y1[n+1]=y1[n]+(s_receive[n]-(a-1)*y1[n])*dt;     //y1 系统状态更新
42.    y2[n+1]=y2[n]+((c-a+1)*y1[n]-y1[n]*y3[n]
43.               +(c-a)*y2[n]+s_receive[n])*dt;        //y2 系统状态更新
44.    y3[n+1]=y3[n]+(y1[n]*y2[n]-b*y3[n]
45.               +k1*(y3[n]-y3[(int)((n)-tau)]))*dt;    //y3 系统状态更新
46.                  }
47.    h21=y1[n+1];h22=y2[n+1];h23=y3[n+1];
48.        }
49.          y1[0]=h21; y[0]=y1[0]; //预同步结束 y1 系统状态
50.          y2[0]=h22; y[1]=y2[0]; //预同步结束 y2 系统状态
51.          y3[0]=h23; y[2]=y3[0]; //预同步结束 y3 系统状态
52.        return y;
53.      }
54.  /*****************解密规则********************/
55.      public float yanhua(float[]  str)
56.      {
57.        yy1[0]=h21;
58.        for (int n=0; n<7; n++)
59.        {
60.        EP[n]=s_receive[n]-a*y2[n]+y1[n];       //恢复的加密信号
61.                P22=EP[n];
62.      for (int i=0;i<N_shift;i++)                //i 次键控迭代
63.    {
64.         if (((P22-yy1[n])>=-2*h)&&((P22-yy1[n])<=-h))
65.        {
66.          ff1[n]=-yy1[n]+P22+2*h;
67.        }
```

```
68.      else if (((P22-yy1[n])>-h)&&((P22-yy1[n])<h))
69.        {
70.          ff1[n]=-yy1[n]+P22;
71.        }
72.      else if (((P22-yy1[n])>=h)&&((P22-yy1[n])<=2*h))
73.        {
74.          ff1[n]=-yy1[n]+P22-2*h;
75.        }
76.      else if ((P22-yy1[n])<-2*h)
77.        {
78.          ff1[n]=0;
79.        }
80.      else if ((P22-yy1[n])>2*h)
81.        {
82.          ff1[n]=0;
83.        }
84.          P22=ff1[n];
85.      }
86.          decode[n]=ff1[n]*gain;        //解密信号
87.    if (n<tau)
88.      {
89.       y1[n+1]=y1[n]+(s_receive[n]-(a-1)*y1[n])*dt;
90.       y2[n+1]=y2[n]+((c-a+1)*y1[n]-y1[n]*y3[n]
91.             +(c-a)*y2[n]+s_receive[n])*dt;
92.       y3[n+1]=y3[n]+(y1[n]*y2[n]-b*y3[n])*dt;
93.       }
94.        else if (n>=tau)
95.        {
96.       y1[n+1]=y1[n]+(s_receive[n]-(a-1)*y1[n])*dt;
97.       y2[n+1]=y2[n]+((c-a+1)*y1[n]-y1[n]*y3[n]
98.             +(c-a)*y2[n]+s_receive[n])*dt;
99.       y3[n+1]=y3[n]+(y1[n]*y2[n]-b*y3[n]
100.            +k1*(y3[n]-y3[(int)((n) -tau)]))*dt;
101.                }
102.          }
103.            return P22;                    //解密后的明文数据
104.     }
105. }
```

9.3.3　通信结果测试

接收端与发送端超混沌 Chen 系统只有在实现完全同步后才能用于加密/解

密，图 9-8 为发送端与接收端 Chen 系统第三个状态的同步过程。系统在暂态过后即可实现预同步。

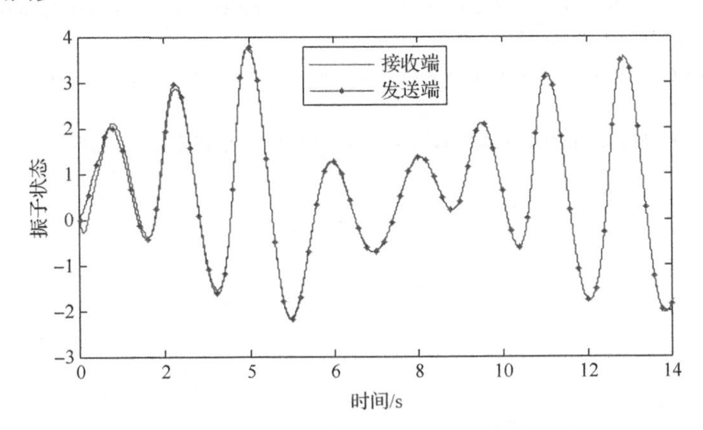

图 9-8　发送端与接收端 Chen 系统预同步过程

图 9-9 是对一组传感器数据（温度 22℃、湿度 25%、$PM_{2.5}$：300、灯亮 1、门关 0、下雨 1、无气体泄漏 0）进行 5 次加密/解密的结果，可以看出系统在不同时间对相同数据加密后的密文值不同，且均可成功解密。

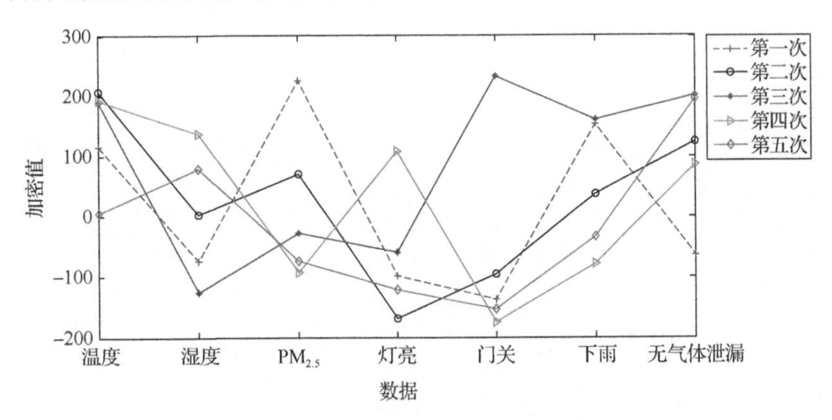

图 9-9　智能家居系统不同时间加密结果

参 考 文 献

[1] 任海鹏, 庄元. 基于超混沌 Chen 系统和密钥流构造单向散列函数的方法[J]. 通信学报, 2009, 30(10): 100-106.

[2] JIA H H, REN H P, BAI C, et al. Hyper-chaos encryption application in intelligent home system[C]. International Conference on Smart Technologies on Smart Nation, Bengaluru, 2017: 1004-1009.

[3] 任海鹏, 贾航辉. 智能家居用户密码保护系统 V1.0: 2017SR678155[P]. 2017-12-11.

[4] REN H P, BAI C, TIAN K, et al. Dynamics of delay induced composite multi-scroll attractor and its application in encryption[J]. International Journal of Non-Linear Mechanics, 2017, 94:334-342.

[5] REN H P, BAI C, HUANG Z Z, et al. Secure communication with hyper-chaotic Chen system[J]. International Journal of Bifurcation and Chaos, 2017,14(5): 1750076.

[6] REN H P, HAN C Z, LIU D. Anticontrol of chaos via direct time delay feedback control[J]. Acta Physica Sinica, 2006, 55(6):2694-2701.

[7] 任海鹏, 贾航辉. 智能家居信息混沌加密系统 V1.0: 2017SR681945[P]. 2017-12-12.

第 10 章　线性延迟反馈产生超混沌的压实应用

10.1　振动压实基础

压实机械是一种重要的施工设备，基础设施建设、港口建设、矿山等都离不开压实作业[1]。为提高安全保障，消除地面沉降的隐患，人们一直都在探索有效的压实方法，压实机械随着现代化的需要也在不断更新换代。人们对压路机的研究已有一百多年的历史，在这段时间里，相继出现了蒸汽式压路机、静作用钢轮压路机、轮胎压路机、振动压路机、振动平板夯、蛙式打夯机、快速冲击夯等压实机械。振动压实原理摒弃了传统的依靠质量或静压力的方法，振动压路机的出现可谓是压实机械发展过程中的革命性成果。随着减振材料和振动压实理论的日趋完善，振动压路机在 20 世纪 60 年代迅速占领了压实机械市场，机型品种也向多样化发展，可满足不同施工场合的需要[2]。

传统的振动压实机械原理如图 10-1 所示。其主要是利用固定的振动器产生高频振动，将振动压力传递给被压实材料，被压实材料的颗粒在共振中内摩擦减小，排列变得紧密，使材料的体积达到尽可能小的状态，压实度增大。

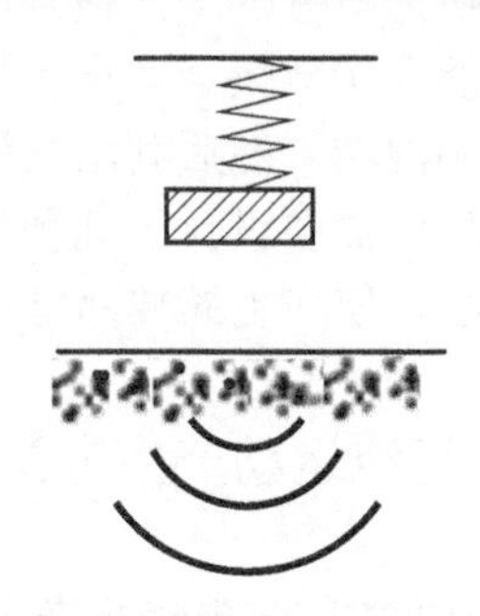

图 10-1　传统的振动压实机械原理[2]

振动压实机理可以从以下两个方面解释：①共振理论：被压实材料的固有频率等于激振机构的振动频率，提高压实效果；②内摩擦理论：被压实材料的内摩擦因振动而变弱，剪切强度下降。因此，需要被压材料的振动频率、振幅与压实机械的振动频率、振幅相同，才能发挥压实机械的最大优势。

由于被压实土壤的组分不同，不同的组分，如砾石、沙、土和灰粉之间的自振频率各不相同，而且差别很大。传统的周期振动压实机械，能够产生的共振频率范围有限，无法使各种组分充分共振，减小摩擦力，进而压实。

为了得到更好的振动压实效果，钟春彬等[3]提出了双频振动压实方法，并进行了工程化设计。双频双幅合成振动压实比传统单一频率振动压实具有更好的效果，原因是获得了两个频率的振动信号，能够实现这两个频率附近的共振。利用混沌信号具有宽频谱的特点，中国农业大学龙运佳等[4]提出基于三连杆机构的混沌振动产生方法，设计了相应的机械，并与徐州等地的厂家合作进行了工程化应用，获得了更好的压实效果，实践表明该方法具有更低的能耗[5]。混沌振动在更宽的频谱范围内产生振动能量，能够引起不同组分的共振，减小颗粒之间的摩擦力，得到更好的压实效果。

利用复杂的机械结构产生混沌振荡，机构庞大，设计不够灵活，参数也难以在线调整。近年来，混沌产生方法的研究有了长足进步（参见文献[6]和[7]），其中，非线性延迟反馈[8]和跟踪混沌给定信号[9]两种方法具有应用简单、适应性好的特点，展示了良好的应用前景。利用混沌反控制方法在电动机中产生混沌运动已经有了一些理论研究成果，对利用非线性延迟反馈控制方法在电动机中产生混沌进行了一些研究[10-13]，仿真结果表明该方法的有效性。

2006 年线性延迟反馈控制方法被发表用于产生混沌[6]。通过线性延迟反馈，可以产生具有真正意义的无穷维超混沌[14]，与采用复杂的时空耦合关系得到复杂网络和时空混沌相比，应用简单的方法，在相对简单的系统中产生具有无穷维的超混沌的研究更具有理论的吸引力和更好的应用前景。

利用线性延迟反馈控制方法在永磁同步电动机中产生混沌运动，利用偏心转子将永磁同步电动机的运动转换为机械振动，该方法产生的混沌振动具有更加复杂的运动特性，能够产生更好的压实效果。本章首先介绍永磁同步电动机中的混沌现象和利用线性延迟反馈控制混沌，然后利用线性延迟反馈在永磁同步电动机中产生混沌，最后根据工程实际的需要设计了几种实现混沌振动的机构，同时，改进线性延迟反馈混沌控制方法，使产生的转速更加符合工程需要。

10.2　混沌运动产生方法研究

10.2.1　利用线性延迟反馈控制永磁同步电动机产生混沌

$$\begin{cases}\dfrac{\mathrm{d}\tilde{i}_{\mathrm{d}}}{\mathrm{d}\tilde{t}}=-\tilde{i}_{\mathrm{d}}+\tilde{\omega}\tilde{i}_{\mathrm{q}}+\tilde{u}_{\mathrm{d}}\\ \dfrac{\mathrm{d}\tilde{i}_{\mathrm{q}}}{\mathrm{d}\tilde{t}}=-\tilde{i}_{\mathrm{q}}-\tilde{\omega}\tilde{i}_{\mathrm{d}}+\gamma\tilde{\omega}+\tilde{u}_{\mathrm{q}}\\ \dfrac{\mathrm{d}\tilde{\omega}}{\mathrm{d}\tilde{t}}=\sigma(\tilde{i}_{\mathrm{q}}-\tilde{\omega})-\tilde{T}_{\mathrm{L}}\end{cases}\tag{10-1}$$

其中，$\tilde{i}_{\rm d}$、$\tilde{i}_{\rm q}$ 为定子电流直轴、交轴分量；$\tilde{u}_{\rm d}$、$\tilde{u}_{\rm q}$ 为定子电压直轴、交轴分量；$\tilde{\omega}$ 为电动机电角速度；$\tilde{T}_{\rm L}$ 为负载转矩；σ、γ 为系统参数。

当 $\tilde{u}_{\rm d}=0,\tilde{u}_{\rm q}=0,\tilde{T}_{\rm L}=0,\ \sigma=5.46,\gamma=20$，初始条件为 $(\tilde{i}_{\rm d}(0),\tilde{i}_{\rm q}(0),\tilde{\omega}(0))=(20,0.01,-5)$ 时，PMSM 系统（10-1）产生混沌吸引子，如图 10-2 所示。

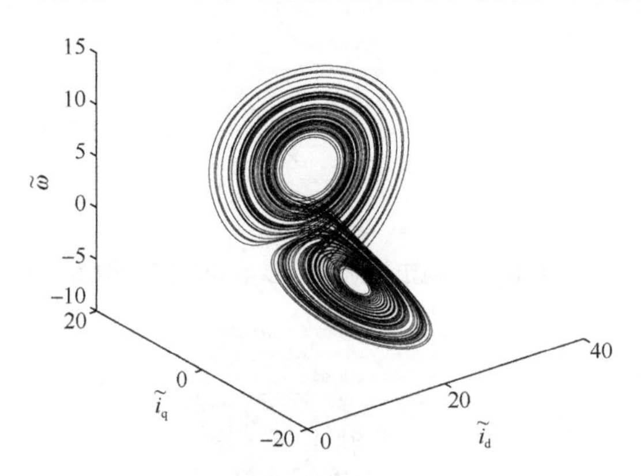

图 10-2　永磁同步电动机中混沌吸引子

本小节提出在非混沌的永磁同步电动机系统中，加入线性延迟反馈控制，使之产生混沌吸引子。令

$$\begin{cases}\tilde{u}_{\rm d}=K_{\rm d}(\tilde{i}_{\rm d}(t)-\tilde{i}_{\rm d}(t-\tau_{\rm d}))\\ \tilde{u}_{\rm q}=K_{\rm q}(\tilde{i}_{\rm q}(t)-\tilde{i}_{\rm q}(t-\tau_{\rm q}))\end{cases}\tag{10-2}$$

则系统（10-1）写为

$$\begin{cases}\dfrac{{\rm d}\tilde{i}_{\rm d}}{{\rm d}\tilde{t}}=-\tilde{i}_{\rm d}+\tilde{\omega}\tilde{i}_{\rm q}+K_{\rm d}(\tilde{i}_{\rm d}(t)-\tilde{i}_{\rm d}(t-\tau_{\rm d}))\\ \dfrac{{\rm d}\tilde{i}_{\rm q}}{{\rm d}\tilde{t}}=-\tilde{i}_{\rm q}-\tilde{\omega}\tilde{i}_{\rm d}+\gamma\tilde{\omega}+K_{\rm q}(\tilde{i}_{\rm q}(t)-\tilde{i}_{\rm q}(t-\tau_{\rm q}))\\ \dfrac{{\rm d}\tilde{\omega}}{{\rm d}\tilde{t}}=\sigma(\tilde{i}_{\rm q}-\tilde{\omega})-\tilde{T}_{\rm L}\end{cases}\tag{10-3}$$

当参数 $K_{\rm d}=0,K_{\rm q}=0,\tilde{T}_{\rm L}=0,\ \sigma=5.46,\gamma=3$，初始条件 $(\tilde{i}_{\rm d}(0),\tilde{i}_{\rm q}(0),\tilde{\omega}(0))$=(20,0.01,−5) 时，无延迟反馈的 RMSM 系统为稳定的，其三维相图如图 10-3 所示。

令控制参数 $K_{\rm d}=1,K_{\rm q}=-0.1,\tau_{\rm d}=0.9,\tau_{\rm q}=0.8,\tilde{T}_{\rm L}=0$，在系统参数 $\sigma=5.46,\gamma=3$ 保持不变情况下，永磁同步电动机中产生混沌吸引子，如图 10-4 所示。其角速度时域波形及其功率谱图如图 10-5 所示。

由图 10-5 可见，线性延迟反馈控制在非混沌的永磁同步电动机模型中可以产生混沌，由功率谱图可见，其连续的宽频谱表明角速度波形具有混沌特性。

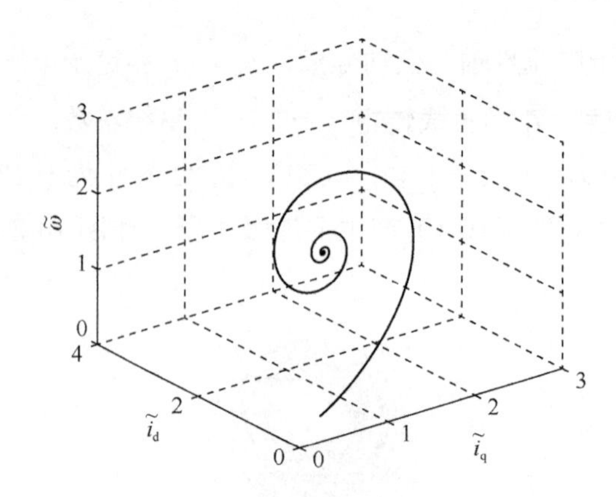

图 10-3　稳定的永磁同步电动机三维相图

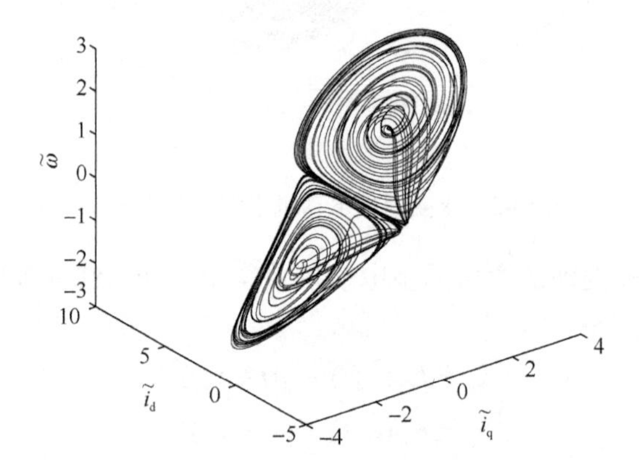

图 10-4　线性延迟反馈控制下永磁同步电动机产生混沌吸引子

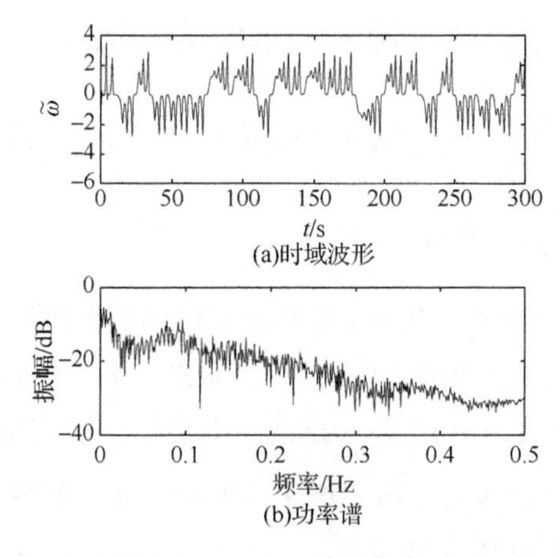

图 10-5　永磁同步电动机角速度时域波形及其功率谱图

下面绘出不同参数的分岔图。

（1）$K_q = 1, \tau_d = 0.9, \tau_q = 0.8$，关于参数 K_d 的分岔图如图 10-6 所示。

（2）$K_d = 1, \tau_d = 0.9, \tau_q = 0.8$，关于参数 K_q 的分岔图如图 10-7 所示。

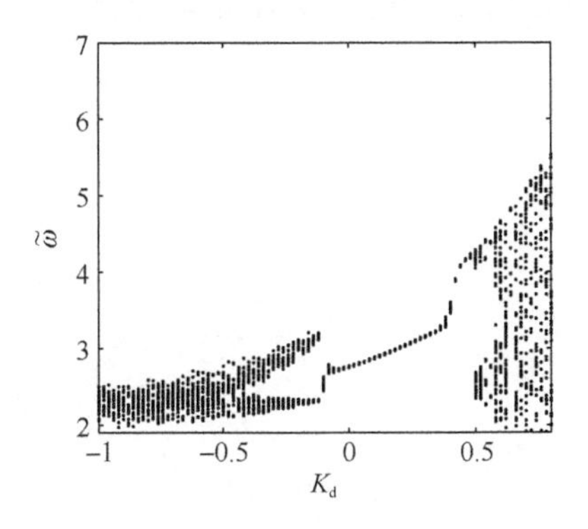

图 10-6　参数 K_d 的分岔图

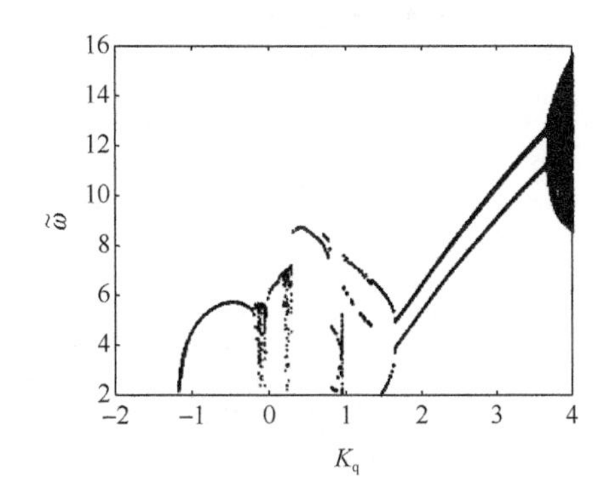

图 10-7　参数 K_q 的分岔图

（3）$K_d = 1, \tau_d = 0.9, K_q = 1$，关于参数 τ_q 的分岔图如图 10-8 所示。

（4）$K_d = 1, \tau_q = 0.8, K_q = 1$，关于参数 τ_d 的分岔图如图 10-9 所示。

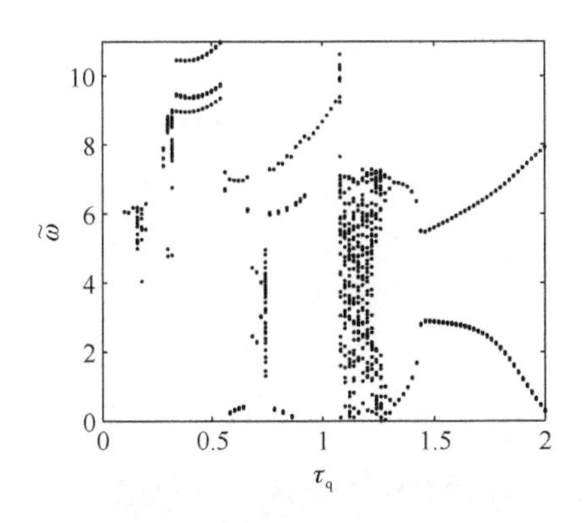

图 10-8　参数 τ_q 的分岔图

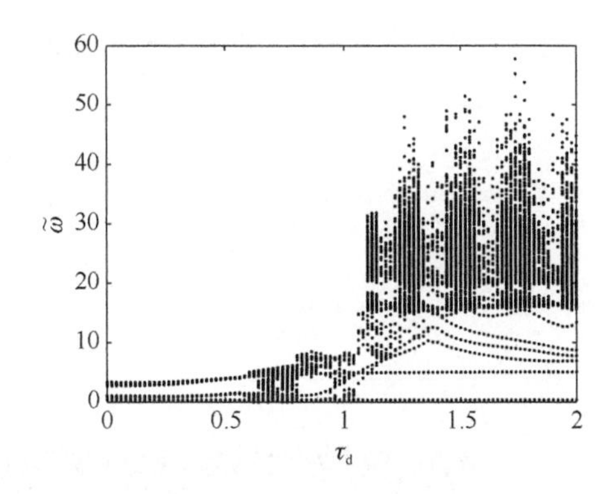

图 10-9　参数 τ_d 的分岔图

10.2.2　永磁同步电动机转速跟踪混沌给定信号

对于双电动机实验（见 10.3.2 小节），只有当两个电动机同步时，两个偏心块才同步反向做旋转运动，其产生的作用力在竖直方向上叠加，在水平方向上抵消，从而使得双电动机振动具有更高效的压实性。对于混沌产生和同步方法可以有如下两种选择。

方法一　通过 Logistic 映射产生的混沌，分别作为驱动电动机和响应电动机的矢量跟踪控制的速度指令，使两个电动机跟踪相同的混沌指令（给定）信号，从而实现同步控制，实验结果如图 10-10 所示。

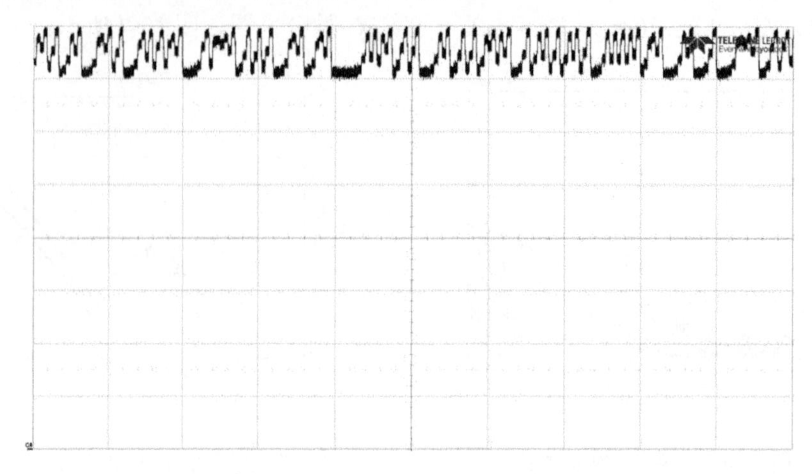

图 10-10　Logistic 映射产生混沌信号作为两电动机速度指令得到同步结果

方法二　通过给定响应电动机矢量控制方法。驱动电动机使用线性延迟反馈控制方法产生单向混沌运动，将驱动电动机的转速作为响应电动机的转速指令，从而使得响应电动机跟踪驱动电动机，使两电动机达到同步，实验结果如图 10-11 所示。

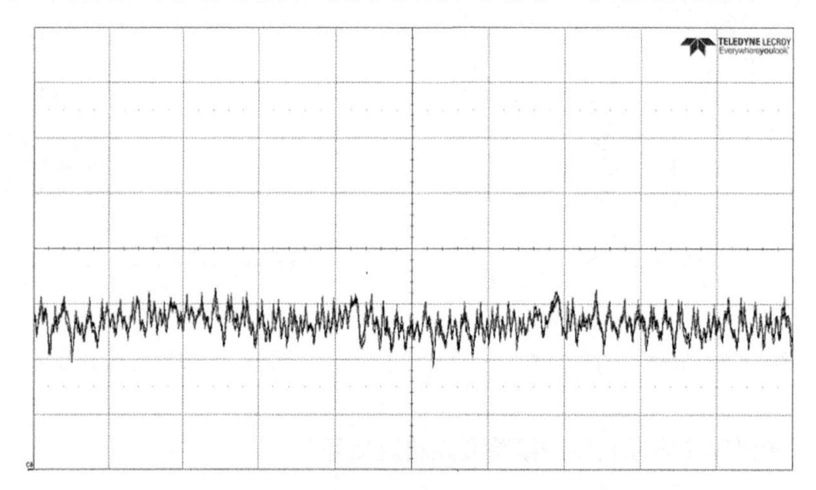

图 10-11　混沌给定两电动机同步单向转速波形

10.2.3　基于非线性延迟反馈的单向混沌反控制

在线性延迟反馈控制器下的永磁同步电动机产生混沌同步运动是双向的。在实际应用中，对于振动压实这样的工业过程只需要电动机单向转动。电动机不断地正反转，一方面这对振动压实没有实际意义，导致振动的能量均匀化；另一方面电动机的正反非周期转动对压实装置和电动机寿命都有较大影响。电动机单向宽频振动，使电动机振动频率控制在被压物体的固有振动频率范围内，这样压实过程更容易引起被压物体共振，所需压实能量小，但压实效果更好。因此，通过研究电动机驱动的单向混沌产生方法，从而获得单向宽频振动具有更重要的工程实践意义。

前几章已经介绍几种延迟反馈控制方法，本小节利用非线性延迟反馈实现永磁同步电动机单向混沌反控制[15,16]。

1. 仿真研究

利用交轴电压实现间接延迟反馈的方法，即在延迟环节后增加了一个限幅函数 $\sin u$，并在此基础上增加了一个基值分量 u_{q}，得到控制量 $U_{\mathrm{q}}(t)$ 的表达式为

$$U_{\mathrm{q}}(t) = u_{\mathrm{q}} + K_2 \sin(K_1(i_{\mathrm{q}}(t) - i_{\mathrm{q}}(t-\tau))) \tag{10-4}$$

采用非线性延迟反馈控制方法实现永磁同步电动机混沌反控制的仿真研究，如图 10-12 所示。仿真中得到永磁同步电动机单向混沌运动的转速波形如图 10-13 所示，得到该系统产生的单涡卷混沌吸引子如图 10-14 所示。

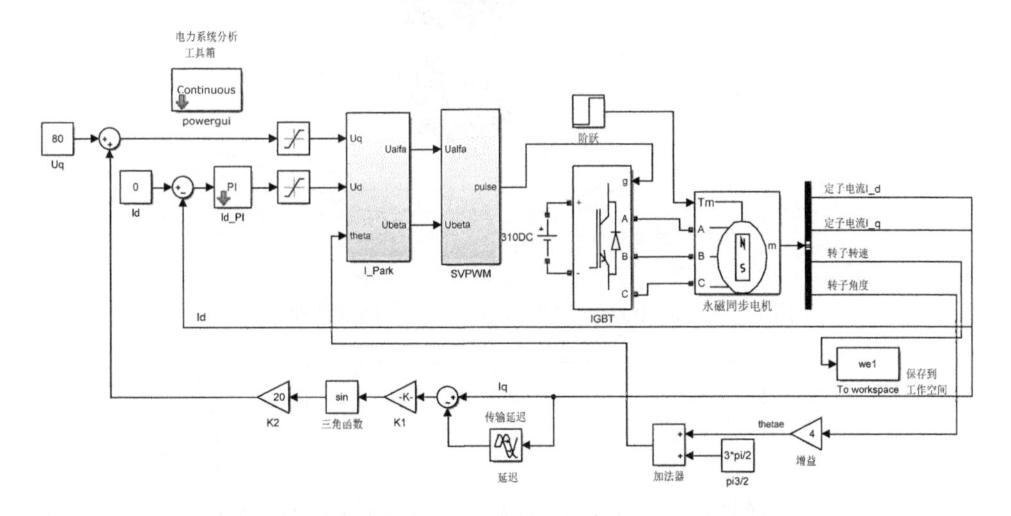

图 10-12　永磁同步电动机非线性延迟反馈单向混沌反控制仿真模型

2. 实验结果

本小节在基于 TMS320F28335 DSP 的实验平台上实现了基于非线性延迟反馈的永磁同步电动机单向混沌反控制算法[17]。控制系统在运行过程中，将数字信号处理器中计算得到的电动机转速通过 D/A 转换器送出，用示波器观测得到的电动机转速波形如图 10-15 所示。

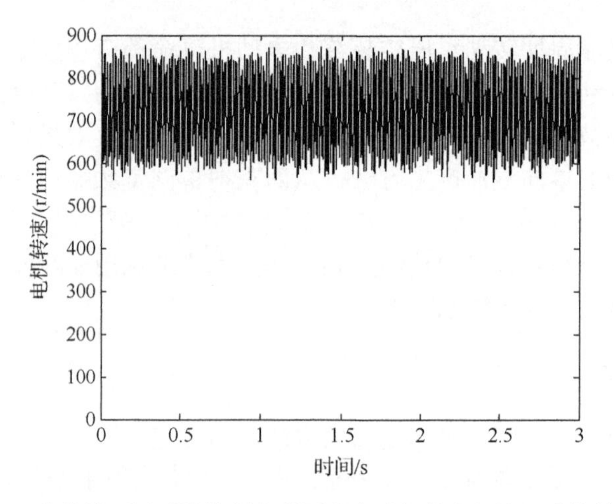

图 10-13　非线性延迟反馈控制永磁同步电动机单向混沌运动的转速波形

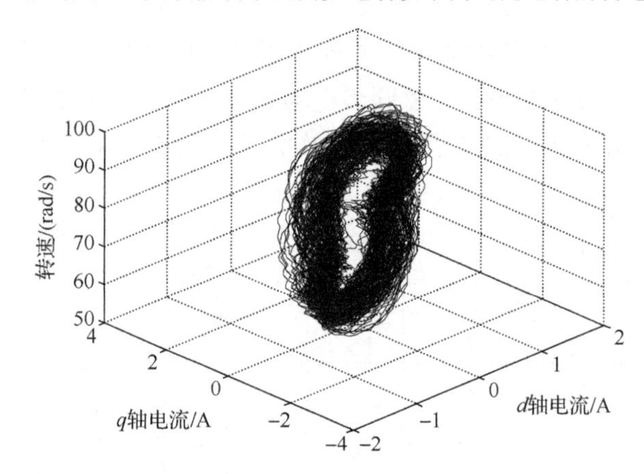

图 10-14　非线性延迟反馈控制产生的单涡卷混沌吸引子

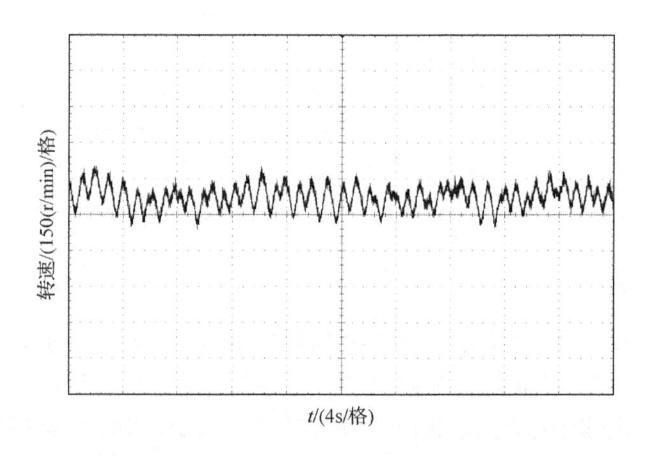

图 10-15　非线性延迟反馈控制算法实现电动机输出混沌转速的实验波形

10.2.4 基于线性延迟反馈的单向混沌反控制实验研究

本小节研究以振动压实为背景的线性延迟反馈控制方法。设控制量为$U_q(t)$，其控制系统原理图如图 10-16 所示。与间接延迟反馈控制相比，无须限幅函数对其进行限幅处理。

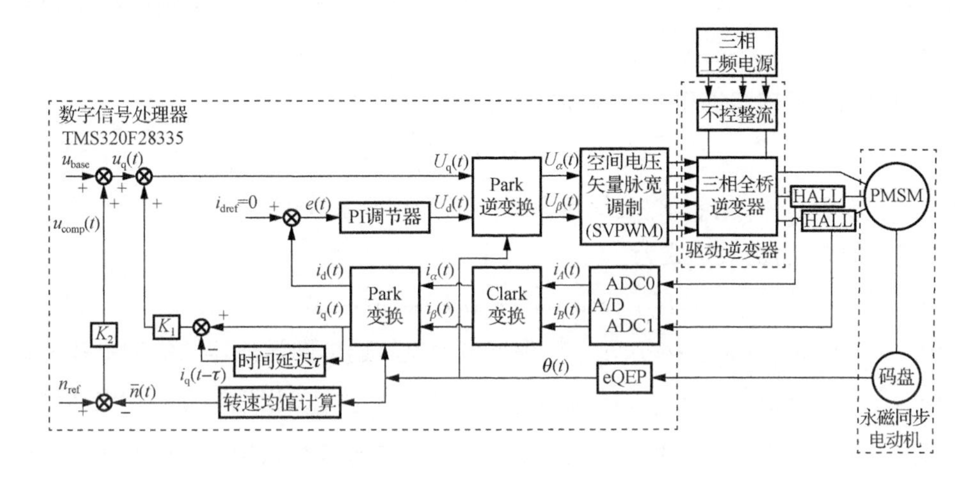

图 10-16　线性延迟反馈的永磁同步电动机单向混沌反控制系统原理图

实现永磁同步电动机转速单向混沌运动的系统包括数字信号处理器、驱动逆变器和永磁同步电动机三大部分，分别如图 10-16 中虚线框所示。其中，数字信号处理器包括并列设置的两路模/数转换器（ADC）、正交编码脉冲（eQEP）输入电路和六路驱动信号发生器（SVPWM 信号发生器）。两路模/数转换器通过 Clark 变换模块与 Park 变换模块连接，Park 变换模块一路输出i_d，与给定量i_{dref}作差后，通过比例-积分（PI）调节器与 Park 逆变换模块连接。另一路输出通过与本身的时间延迟作差后乘比例因子K_1，再和u_q相加与 Park 逆变换模块连接，正交编码脉冲输入电路的输出除送至 Park 变换模块和 Park 逆变换模块外，还送入转速均值计算模块得到平均转速$\bar{n}(t)$，平均转速与平均转速期望值n_{ref}作差后乘比例因子K_2，再与电压基值相加得到u_q。

永磁同步电动机上设置有用来检测转速的码盘，码盘的输出信号进入正交编码脉冲输入电路，得到电动机的电角度$\theta(t)$，正交编码脉冲输入电路同时与 Park 逆变换模块、Park 变换模块、转速均值计算模块分别连接。电动机三相电流中的两相对应通过两个电流霍尔传感器采集，进入两路模/数转换器（分别通过 ADC0 和 ADC1 端口进入），得到两相电流$i_A(t)$和$i_B(t)$。

驱动逆变器中包括三相全桥逆变器，其通过不控整流与三相工频电源连接。

六路驱动信号发生器产生的驱动信号驱动三相全桥逆变器给永磁同步电动机供电（控制永磁同步电动机）。

另外，采用矢量控制的框架，令直轴电流给定值$i_{\mathrm{dref}}=0$，通过电流环 PI 调节器构成直轴电流闭环，得到直轴电流控制量$U_{\mathrm{d}}(t)$；交轴电流采用直接延迟反馈的方法，并在此基础上增加了一个基值分量$u_{\mathrm{q}}(t)$，从而得到交轴电流控制量$U_{\mathrm{q}}(t)$。

数字信号处理器选用 TMS320F28335。

$$U_{\mathrm{d}}(t)=K_{\mathrm{p}}e(t)+K_{\mathrm{i}}\int_{0}^{t}e(t)\mathrm{d}t \tag{10-5}$$

其中，$e(t)=i_{\mathrm{dref}}-i_{\mathrm{d}}(t)$；$K_{\mathrm{p}}$为比例系数；$K_{\mathrm{i}}$为积分系数。

控制量$U_{\mathrm{q}}(t)$的表达式为

$$U_{\mathrm{q}}(t)=u_{\mathrm{q}}(t)+K_{1}(i_{\mathrm{q}}(t)-i_{\mathrm{q}}(t-\tau)) \tag{10-6}$$

其中，$u_{\mathrm{q}}(t)=u_{\mathrm{base}}+u_{\mathrm{comp}}(t)$，$u_{\mathrm{base}}$为根据电动机转速单向混沌运动的期望基速确定的一个电压基值量；$u_{\mathrm{comp}}(t)=K_{2}(n_{\mathrm{ref}}-\overline{n}(t))$，$K_{2}$为比例因子，$n_{\mathrm{ref}}$为电动机平均转速期望值，在数字信号处理器中经过转速均值计算模块得到T段时间内电动机的转速均值$\overline{n}(t)$。

在基于 TMS320F28335 DSP 的实验平台上，按照以上算法的步骤设计软件程序实现永磁同步电动机单向混沌运动基速可调的混沌反控制算法[17]。控制系统在运行过程中，将数字信号处理器中计算得到的电动机转速通过数/模转换器送出，用示波器观测得到的电动机转速波形如图 10-17 所示。

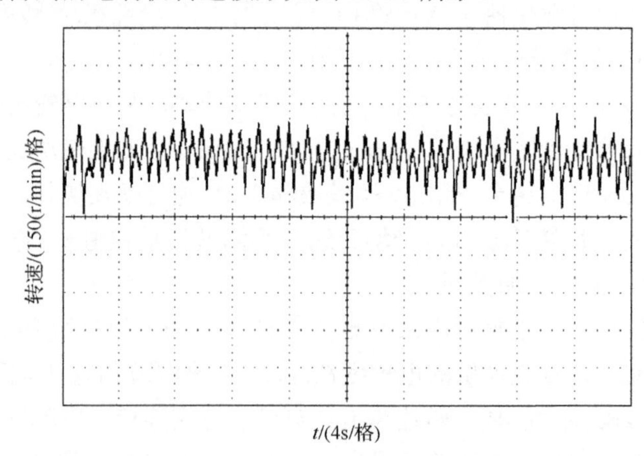

图 10-17　线性延迟反馈算法实现电动机混沌运动实验波形

将数字信号处理器中得到的电动机转速和交轴电流分别通过数/模转换器输出，并在示波器观测得到的 ω_r-i_q 平面的混沌吸引子，如图 10-18 所示。

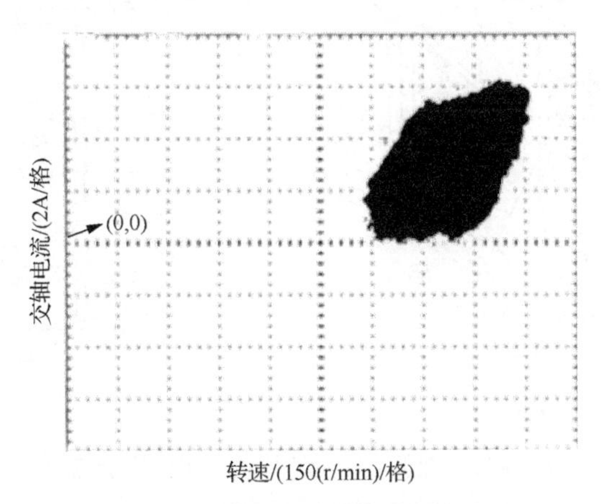

图 10-18　线性延迟反馈算法混沌吸引子

通过设计线性延迟反馈控制方法，可令永磁同步电动机产生单向混沌运动，并在实验平台上分别验证了非线性延迟和线性延迟单向混沌反控制的可实现性。由于线性延迟算法不受限幅函数限制和系统响应时间制约，电动机转速波形的幅值大、频率快，因此更有利于振动压实。

10.3　振动压实机构设计

10.3.1　基于单电动机的混沌压实机构设计

为提高压实效率，本小节设计单电动机驱动的四偏心轮和两偏心轮的振动压实机构[18]。

1. 四偏心轮混沌振动压实机构

四偏心轮混沌振动压实机构包括底座、传动部分、电动机及控制器，实现两组偏心轮的反向等速转动[18]。设计四个从动皮带轮可以方便地实现配重和改变输出转动方向。一个两层的“吕”型框式（也可为封闭箱式）支架用来支撑电动机、离合器和主动锥齿轮。另外两个竖直支架和“吕”型框式支架一起用以支撑主动皮带轮和从动锥齿轮。双轴四偏心轮做转子，产生单向非周期振动。其结构如图 10-19 所示，元件列表如表 10-1 所示。

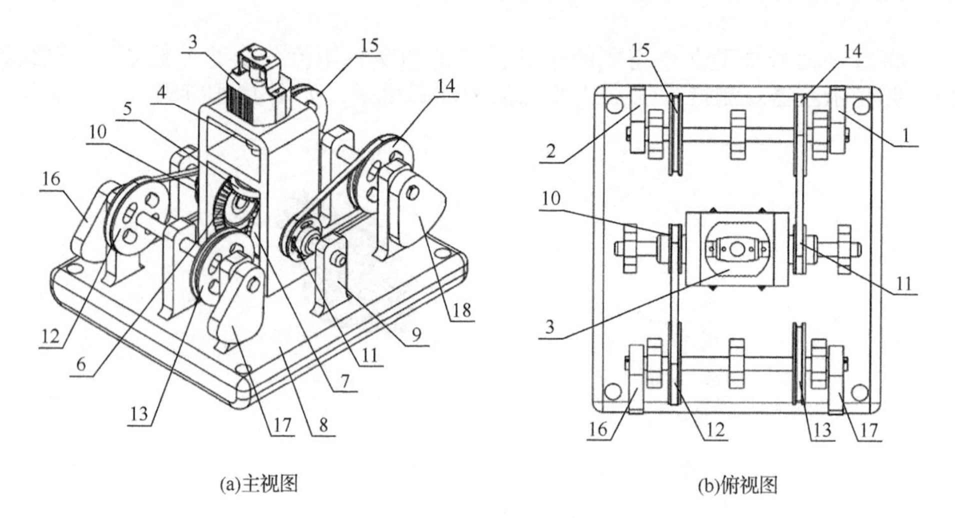

(a)主视图　　(b)俯视图

图 10-19　四偏心轮混沌振动压实机构示意图

表 10-1　四偏心轮振动压实机构元件列表

序号	名称	数量
1	偏心轮 c	1
2	偏心轮 d	1
3	电动机	1
4	离合器	1
5	主动锥齿轮	1
6	从动锥齿轮 a	1
7	从动锥齿轮 b	1
8	底座	1
9	支架	1
10	主动皮带轮 a	1
11	主动皮带轮 b	1
12	从动皮带轮 a	1
13	从动皮带轮 b	1
14	从动皮带轮 c	1
15	从动皮带轮 d	1
16	偏心轮 a	1
17	偏心轮 b	1

该传动部分包括一个主动锥齿轮、两个从动锥齿轮和两个主动皮带轮、四个从动皮带轮和一个离合器。两个主动皮带轮将获得的两个方向相反、速度相同的同轴线转动力，分别传递给前后两组（四个）从动皮带轮，获得两组从动皮带轮的反向等速转动。两组从动皮带轮将获得的反向等速转动传给偏心轮，实现两组

偏心轮的反向等速转动。

电动机可以采用永磁同步电动机或异步电动机，通过使用线性延迟反馈控制方法，使电动机转速出现混沌运动。这种运动通过传动机构带动偏心轮实现两组偏心轮的相向等速转动。

2. 四偏心轮单电动机混沌振动压实机构受力分析

两个偏心轮的相向等速转动可以按照图 10-20 中两个偏心轮 ew1 和 ew2 来分析。

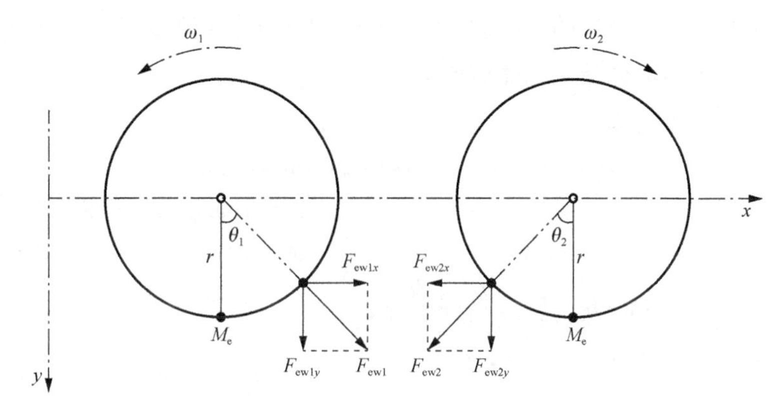

图 10-20　两偏心轮受力分析图

偏心轮转动时将产生偏心力，偏心力的大小可以用如下公式描述：

$$F_{\mathrm{ew1}} = M_{\mathrm{e}} r \omega_1^2 \tag{10-7}$$

$$F_{\mathrm{ew2}} = M_{\mathrm{e}} r \omega_2^2 \tag{10-8}$$

其中，$F_{\mathrm{ew}i}(i=1,2)$ 为偏心轮转动时的离心力；M_{e} 为偏心质量；r 为偏心距（所有偏心轮相同）；$\omega_i(i=1,2)$ 表示偏心轮角速度。可见两个偏心轮 x 方向合力为

$$F_{\sum x} = F_{\mathrm{ew1}x} + F_{\mathrm{ew2}x} = F_{\mathrm{ew1}}\cos\theta_1 - F_{\mathrm{ew2}}\cos\theta_2 \tag{10-9}$$

y 方向合力为

$$F_{\sum y} = F_{\mathrm{ew1}y} + F_{\mathrm{ew2}y} = F_{\mathrm{ew1}}\sin\theta_1 - F_{\mathrm{ew2}}\sin\theta_2 \tag{10-10}$$

由此可见，如果初始时刻两偏心轮质心和轴心连线与水平方向垂直，并且转速方向相反、大小相等，那么任意时刻有 $\omega_2=\omega_1$，$\theta_1=\theta_2$，$F_{\sum x}=0$。而 y 方向的合力为 $F_{\sum y}=2M_{\mathrm{e}}r\omega_1^2\sin\theta_1=2M_{\mathrm{e}}r\omega_1^2\sin(\omega_1 t)$，因此只有单方向的振动。如果是四个偏心轮，两两分析与上述情况类似，水平方向合力仍然为零，而竖直方向合力为 $F_{\sum y}=4M_{\mathrm{e}}r\omega_1^2\sin(\omega_1 t)$，振动仍为单向（沿 y 方向）的。可见，这种相向等速转动的结果是使得偏心轮离心力分解成的水平分量为零，即无水平方向振动，而竖直

分量为单个偏心轮离心力的竖直分量的 4 倍，从而产生单向振动。如果电动机恒速转动，即 $\omega = N_b\omega_1$，其中，ω 为恒定的电动机转速，ω_1 为偏心轮转速，N_b 为传动机构变比，那么，上述机构产生了单向周期振动。

如果电动机转速 ω 为非周期的，这时 $F_{\sum y} = 4M_e r(\omega / N_b)^2 \sin(\omega t / N_b)$ 也为非周期的，这样就产生了单向非周期振动。

以线性延迟反馈控制永磁同步电动机产生混沌方法为例，在 $K_d = 15$，$K_q = 15$，$\tau_d = 0.28$ 和 $\tau_q = 0.49$ 时，得到电动机转速的波形如图 10-21 所示。

图 10-21（a）为转速的时域图，图 10-21（b）为转速的频谱图，可见该转速中含有无穷多个周期分量，为非周期信号。

被压实物料受力为

$$F_c = M_m g + 4M_e r(\omega / N_b)^2 \sin(\omega t / N_b) \tag{10-11}$$

其中，M_m 为压实装置总重；g 为重力加速度。在图 10-21 的转速值下，通过传动机构，得到压实力的波形图如图 10-22 所示（其中 $M_m = 450\text{kg}, M_e r = 4\text{kg·m}$）。由图 10-22 可见，单向振动的力为非周期信号。

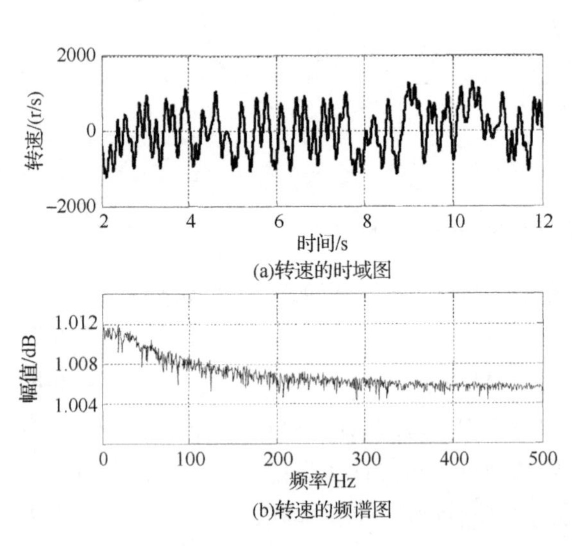

图 10-21 永磁同步电动机驱动系统转速波形图

3. 两偏心轮单电动机混沌振动压实机构

两偏心轮单电动机单向混沌振动装置[19]包括电动机、主动齿轮、直传齿轮、介齿轮和反向齿轮。该装置利用电动机产生混沌运动，通过与电动机同轴的主动齿轮将电动机的转动分别传递给直传齿轮和通过一个介齿轮传递给反向齿轮，使得直传齿轮与反向齿轮的转速相同，转向相反。与直传齿轮和反向齿轮同轴连接的有偏心距相同的两个偏心轮，分别为第二偏心轮和第一偏心轮，这两个偏心轮在同一个竖直平面内反向同速旋转产生的两个偏心力在水平方向相互抵消，竖直方向加倍，从而产生混沌（非周期）单向振动。具体的结构如图 10-23 所示。

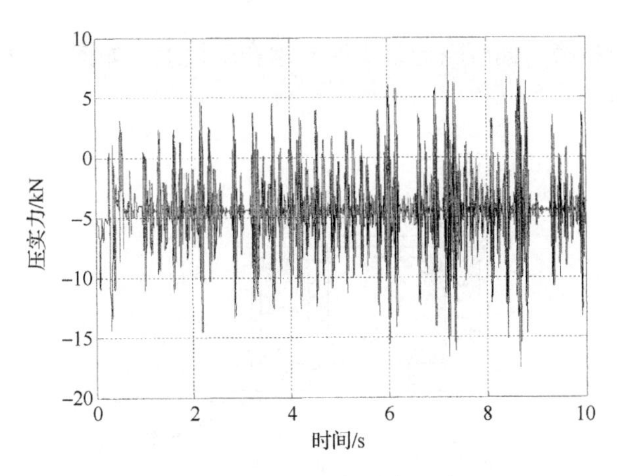

图10-22　单向非周期振动力的波形图

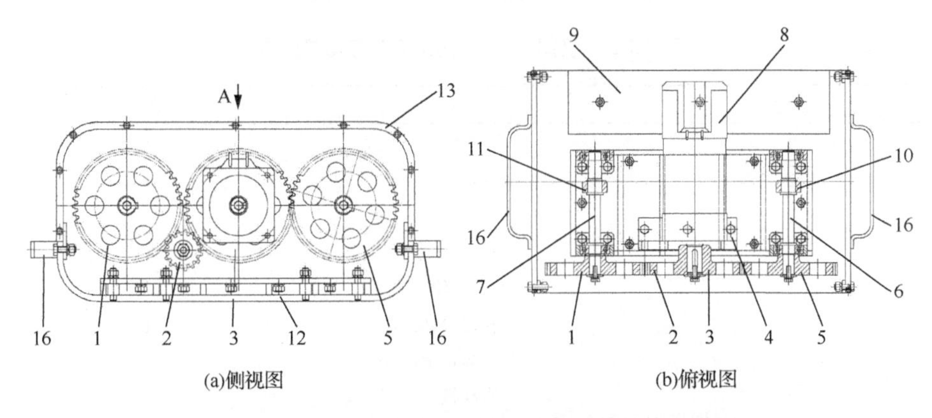

图 10-23　单电动机两偏心轮振动装置的结构示意图

电动机通过电动机支座安装在底板上，底板上还固定有配重块，如图 10-24 所示。直传齿轮轴和第一偏心轮通过支座支承在底板上，如图 10-25 所示。

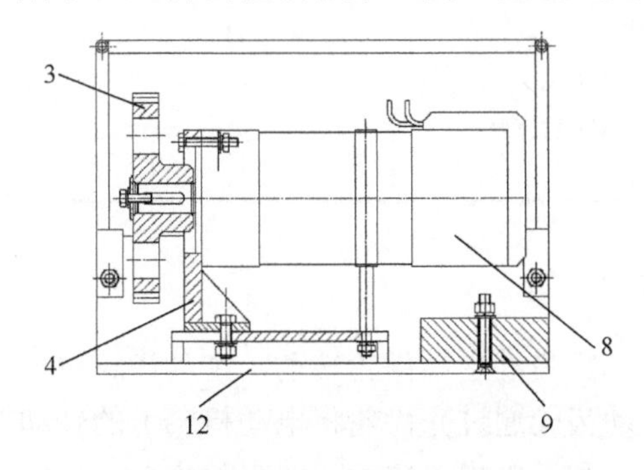

图 10-24　振动装置中的电动机和主动齿轮连接的同轴结构示意图

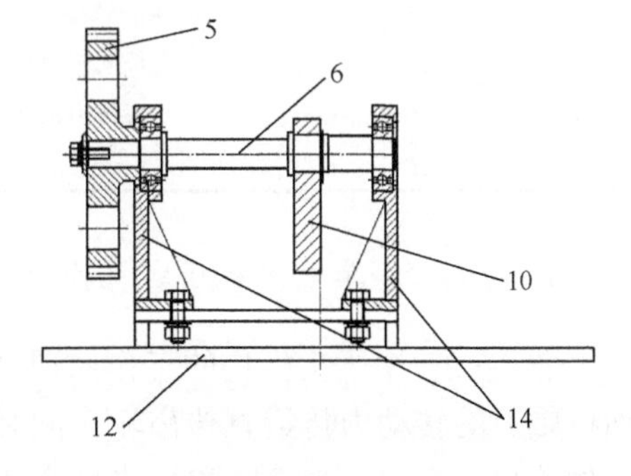

图 10-25　振动装置中的直传齿轮轴与第一偏心轮连接的结构示意图

反向齿轮轴和第二偏心轮通过支座支承在底板上，如图 10-26 所示。元件列表如表 10-2 所示。

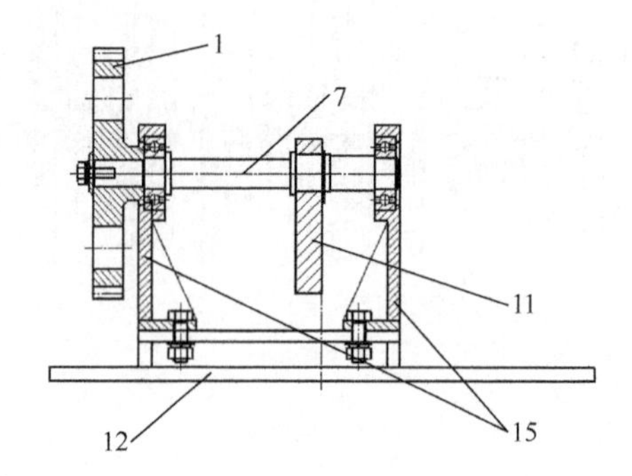

图 10-26　振动装置中的反向齿轮轴与第二偏心轮同轴连接的结构示意图

表 10-2　双偏心块振动压实机构元件列表

序号	名称	数量
1	反向齿轮	1
2	介齿轮	1
3	主动齿轮	1
4	电动机支座	1
5	直传齿轮	1
6	直传齿轮轴	1
7	反向齿轮轴	1
8	电动机	1
9	配重块	1
10	第一偏心轮	1
11	第二偏心轮	1
12	底板	1
13	栅栏	1
14	反向齿轮轴和第一偏心轮支座	1
15	直传齿轮轴和第二偏心轮支座	1
16	手柄	1

4. 两偏心轮单电动机压实机构受力分析

图 10-23 中压实机构的工作原理是电动机带动主动齿轮转动，主动齿轮将电动机轴上的转动力传给直传齿轮。同时主动齿轮通过介齿轮将电动机轴上的转动力传给反向齿轮，当主动齿轮带动直传齿轮和反向齿轮转动时，直传齿轮和反向齿轮转速相同，但转向相反。调整底板上固定的配重块的位置，可以使整个振动装

置的重心位于第一偏心轮和第二偏心轮的轴心连线的中点处，这样就使整个装置受通过中心的非周期振动力驱动进行振动。第一偏心轮和第二偏心轮的受力分析图如图 10-27 所示。

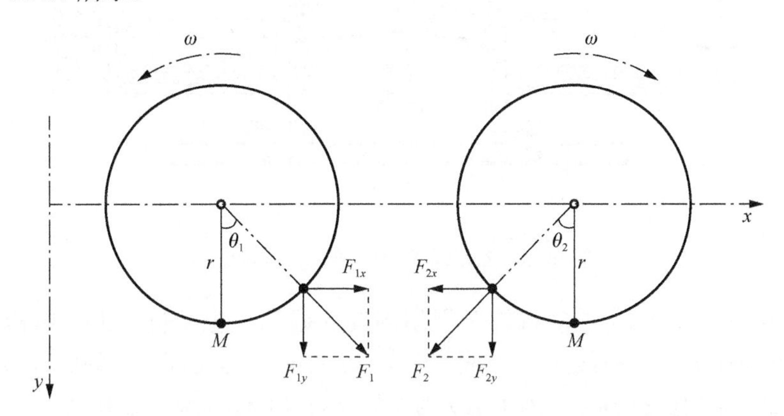

图 10-27　第一偏心轮和第二偏心轮的受力分析图

直传齿轮和反向齿轮同速反向转动时，第一偏心轮和第二偏心轮也同速反向转动，由于两个偏心轮的偏心距 $M \times r$（M 为偏心块质量，r 为偏心块的中心到旋转轴线的偏心距离）相同，转速也相同（两个偏心轮的转速为 ω），因此旋转产生的偏心力 F_1 和 F_2（F_1 是第一偏心轮产生的偏心力，F_2 是第二偏心轮产生的偏心力）的大小也相同，两个偏心力 F_1 和 F_2 分别沿水平 x 轴和竖直 y 轴分解，得到的 x 轴方向分力 F_{1x} 和 F_{2x} 大小相等，方向相反，因此抵消。而竖直方向的合力为 $F_y = F_{1y} + F_{2y} = 2Mr\omega^2\cos(\omega t)$，其中，$t$ 为时间。如果 ω 为非周期（混沌）信号，则竖直方向的振动力 F_y 也是非周期的，这样的宽频谱振动力能够产生更好的压实效果。

10.3.2　基于双电动机的混沌压实机构设计及受力分析

1. 基于双电动机的混沌压实机构设计

10.3.1 小节中的单电动机压实机构采用一个电动机和复杂的偏心力变换机构，电动机的混沌运动和齿轮转动机构使得系统运行时噪声剧烈，为改进这一情况，本小节设计了双电动机混沌压实机构。该压实机构的两个电动机分别带有一块偏心块，在工作时两块偏心块同步反向旋转，其产生的偏心力在竖直方向相互叠加，在水平方向相互抵消，从而只产生垂直方向的振动，这样对颗粒的垂直压实作用效果最好，而能量损失最小，进而获得更佳的压实效果[20]。双电动机混沌压实机构示意图如图 10-28 所示，其对应序号元件列表如表 10-3 所示。

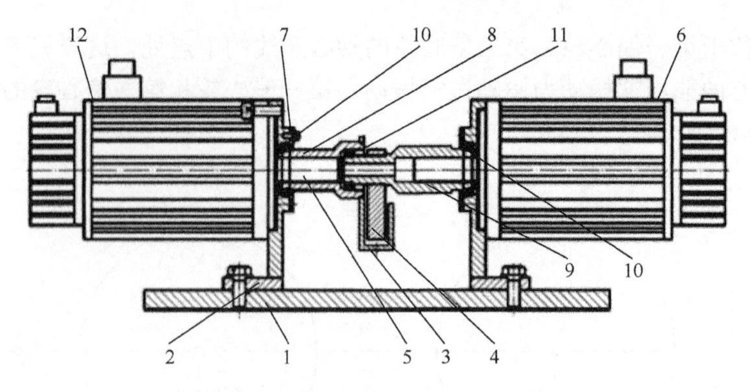

图 10-28　双电动机混沌压实机构示意图

图 10-28 中，两个电动机均选用相同的永磁同步电动机，上述结构保证两个电动机轴在同一条直线上，实现同轴滚动套接。具体元部件之间的连接设计图如图 10-29～图 10-31 所示。图 10-29 为左焊接件 13 的结构示意图。图 10-30 为右

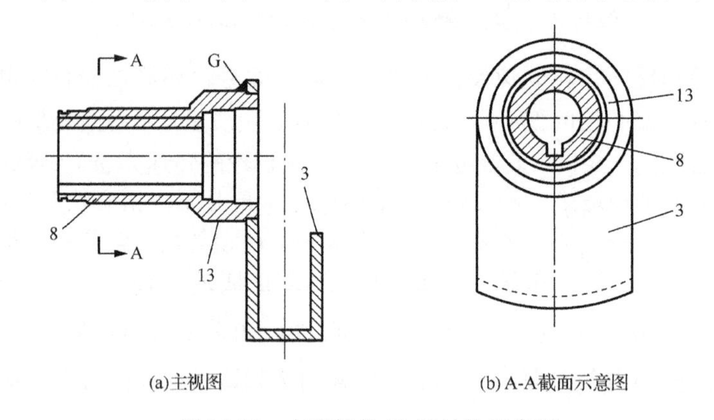

图 10-29　左焊接件 13 的结构示意图

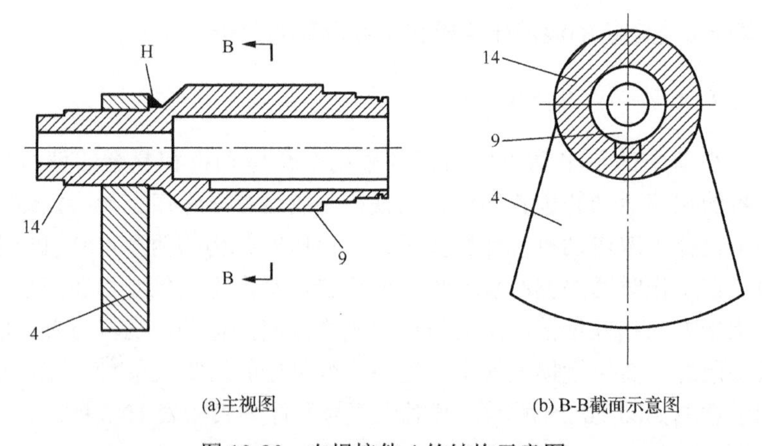

图 10-30　右焊接件 4 的结构示意图

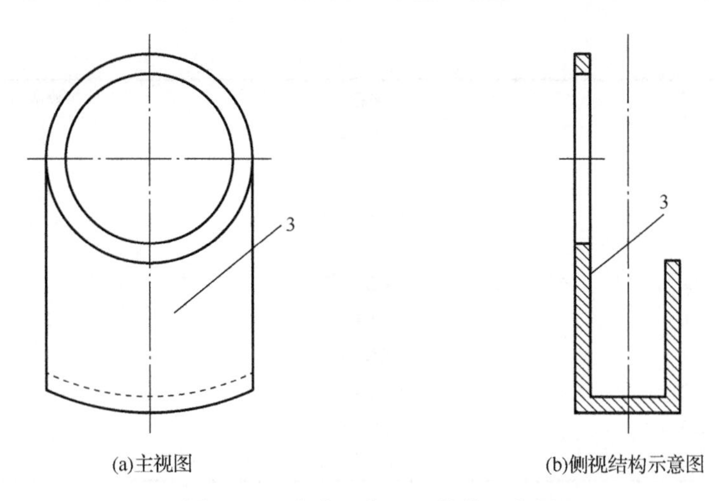

图 10-31　左偏心块 U 形结构示意图

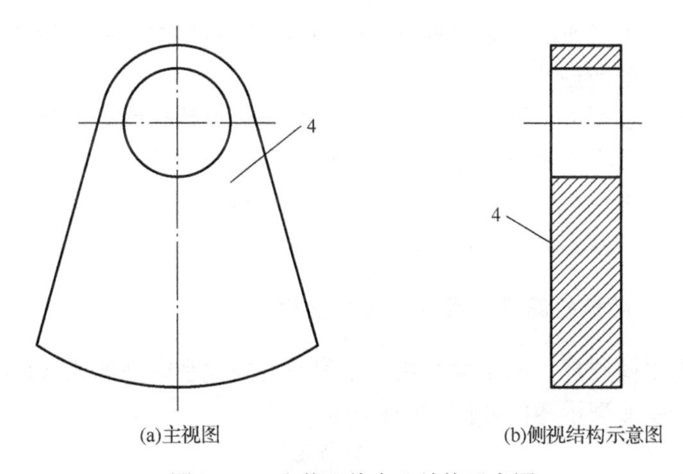

图 10-32　右偏心块实心结构示意图

焊接件 4 的结构示意图。图 10-31 为左偏心块 U 形结构设计图。图 10-32 为右偏心块实心结构设计图。在图 10-32 中，右偏心块为实心偏心块，并且右偏心块套装在左偏心块的 U 形空间内，能够沿左偏心块的 U 形空间实现不接触的转动，这样能够保证两个电动机旋转时，实现两个偏心块的重心所在平面重合。

表 10-3　双电动机振动压实机构元件列表

序号	名称	数量
1	底座	1
2	电动机支架	2
3	左偏心块	1
4	右偏心块	1

续表

序号	名称	数量
5	普通平键	2
6	右电动机	1
7	电动机轴头压盖	2
8	左焊接块轴	1
9	右焊接块轴	1
10	轴承	2
11	内轴承	1
12	左电动机	1
13	左焊接件	1
14	右焊接件	1

上述机构中电动机转速同步时，两个偏心块旋转方向相反，瞬时转速相同，并且两个偏心块的（重心）轨迹在同一平面内。分析可知，两个偏心块的合力为垂直方向，产生单向振动。

在同步控制过程中，其中一个电动机采用延迟反馈控制方法使其出现混沌运动，作为驱动电动机；另一个电动机作为响应电动机，通过控制方法实现电动机同步。由于两个电动机同轴相对安装，两个电动机转速的同步会使得分别与两个电动机同轴相连的偏心块反向同速转动。

2. 基于双电动机的混沌压实机构受力分析

根据受力平衡原理，两个偏心块产生偏心力的大小分别如式（10-12）所示。单向振动力产生原理示意图如图 10-33 所示。

$$
\begin{aligned}
F_{\mathrm{ew1}} &= M_{\mathrm{e1}} r_1 \omega_1^{\ 2} \\
F_{\mathrm{ew2}} &= M_{\mathrm{e2}} r_2 \omega_2^{\ 2}
\end{aligned}
\tag{10-12}
$$

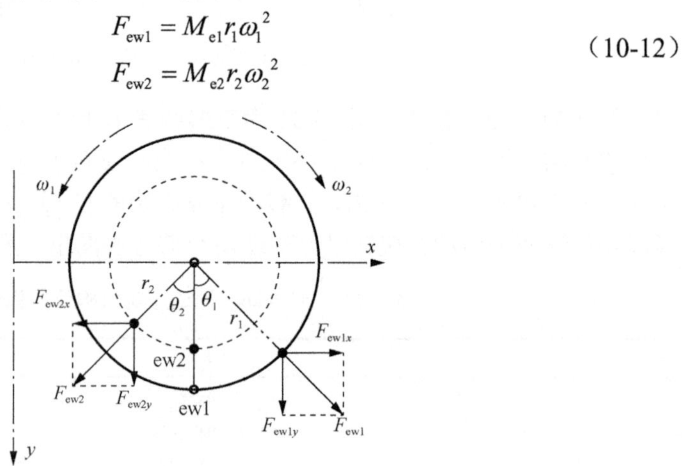

图 10-33　单向振动力产生原理示意图

如图 10-33 所示，实心圆代表实心偏心块 ew1，空心圆代表 U 形偏心块 ew2，设两个偏心块初始状态竖直向下，重心处于同一条铅垂线上，即角位置重合，由于角速度相同（相对安放，实际角速度方向相反），相同时间内转过的角度分别为 θ_1 和 θ_2，于是有 $\theta_1=\theta_2$，两个偏心块相向等速转动，能够按照图 10-33 中的两个偏心块 ew1 和 ew2 来分析。其中，$F_{\mathrm{ew}i}(i=1,2)$ 为偏心块转动时的离心力，$M_{\mathrm{e}1}$ 为 U 形偏心块的质量，$M_{\mathrm{e}2}$ 为实心偏心块的质量，r_1 为 U 形偏心块的偏心距，r_2 为实心偏心块的偏心距，$\omega_i(i=1,2)$ 表示偏心块的角速度，即两个电动机角速度。

令 $M_{\mathrm{e}1}r_1=M_{\mathrm{e}2}r_2$，两个电动机采用下述控制算法实现角速度同步，即 $\omega_1=\omega_2$，则 $F_{\mathrm{ew}1}=F_{\mathrm{ew}2}$，$\theta_1=\theta_2$，可见两个偏心轮在 x 方向的合力为

$$F_{\Sigma x}=F_{\mathrm{ew}1x}+F_{\mathrm{ew}2x}=F_{\mathrm{ew}1}\cos\theta_1+F_{\mathrm{ew}2}\cos\theta_2 \tag{10-13}$$

在 y 方向的合力为

$$F_{\Sigma y}=F_{\mathrm{ew}1y}+F_{\mathrm{ew}2y}=F_{\mathrm{ew}1}\sin\theta_1+F_{\mathrm{ew}2}\sin\theta_2 \tag{10-14}$$

可见 $F_{\Sigma x}=0$，y 方向的合力为 $F_{\Sigma y}=2F_{\mathrm{ew}1}\sin\theta_1=2F_{\mathrm{ew}2}\sin(\omega_1 t)$，因而只有单方向的振动。如果两个电动机均以固定转速旋转，那么上述装置就会产生单向周期振动。如果两个电动机转速 ω 为非周期的，那么 $F_{\Sigma y}=2F_{\mathrm{ew}1}\sin\theta_1$ 也为非周期的，这样就能够实现单向非周期的振动。

10.4　双电动机同步实现方法

10.4.1　基于反步控制算法的双电动机混沌同步控制

1. RBF 神经网络简介

径向基函数（RBF）神经网络是一种前馈神经网络，它具有逼近任意光滑非线性函数的能力。其网络结构如图 10-34 所示[21]。

RBF 神经网络的输入层将输入向量引入网络；隐含层实现 $x\to\varphi_j(x)$ 的非线性映射，其中 $\varphi_j(x)$ 为所选取的高斯基函数，如式（10-15）所示；输出层实现 $\varphi_j(x)\to y$ 的线性映射，如式（10-16）所示：

$$\varphi_j(x)=\exp\left(\frac{-\left\|x-c_j\right\|^2}{\sigma_j^2}\right) \tag{10-15}$$

$$y_i=\sum_{j=1}^{n}\omega_{ij}\varphi_j(x),\quad i=1,2,\cdots,r \tag{10-16}$$

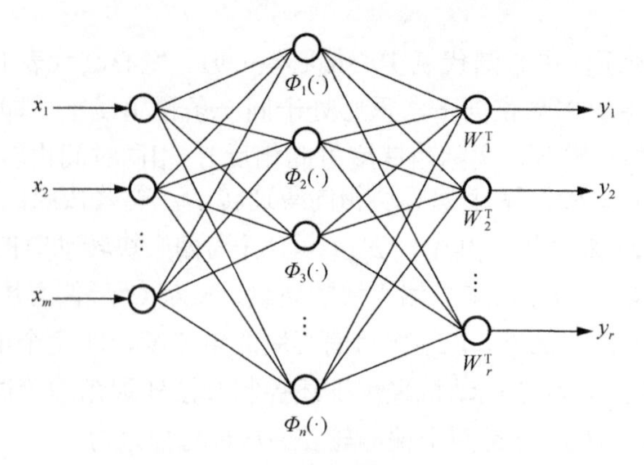

图 10-34　RBF 神经网络结构图

根据逼近原理[22]，y 可以表示成如下形式：

$$f(x)=\omega^{*\mathrm{T}}\varphi(x)+\delta(x) \tag{10-17}$$

其中，$\delta(x)$ 是逼近误差，并假定其有界，即 $\|\delta(x)\|\leqslant\nu$；$\omega^*$ 是最优参数，即

$$\omega^*=\arg\min_{\omega\in M_\theta}\left[\sup_{x\in\Omega}\left|f(x)-y(x)\right|\right] \tag{10-18}$$

由式（10-18）可知，存在一个常数 $\lambda>0$ 使得

$$\|\omega^*\|\leqslant\lambda \tag{10-19}$$

2. 反步自适应 RBF 神经网络的同步控制器设计

设计一个同步控制器，将驱动电动机通过线性延迟反馈可产生混沌运动，而响应电动机需要跟踪驱动电动机的转速，设响应电动机模型未知，并存在外部扰动，可用如下模型表示：

$$\begin{cases}\dot{x}_1=g_1(X)+d_1(X,t)\\ \dot{x}_2=g_2(X,u_{\mathrm{q}})+d_2(X,t)\\ \dot{x}_3=g_3(X,u_{\mathrm{d}})+d_3(X,t)\end{cases} \tag{10-20}$$

其中，$g_1(X)$、$g_2(X,u_{\mathrm{q}})$、$g_3(X,u_{\mathrm{d}})$ 是未知非线性函数；$X=[x_1,x_2,x_3]$，x_1 为电动机转速 $\tilde{\omega}$，x_2 为电动机的转矩电流分量 $\tilde{i}_{\mathrm{q}}$，x_3 为电动机的励磁电流分量 $\tilde{i}_{\mathrm{d}}$；$d_i(X,t)(i=1,2,3)$ 为外部扰动。同步控制器的设计过程如下。

步骤 1：为了使响应电动机的转速 x_1 跟踪驱动电动机的转速 $y_{1\mathrm{d}}$，引入误差变量 $e_1=x_1-y_{1\mathrm{d}}$，并对其求导，可得

$$\dot{e}_1=g_1(X)+d_1(X,t)-\dot{y}_{1\mathrm{d}}=H_1(Z_1)+d_1(X,t)+x_2 \tag{10-21}$$

其中，$H_1(Z_1)=g_1(X)-x_2-\dot{y}_{1\mathrm{d}}$；$Z_1=[X,\dot{y}_{1\mathrm{d}}]$。由式（10-17）可将 $H_1(Z_1)$ 表示成如下形式：

$$H_1(Z_1)=\omega_1^{*\mathrm{T}}\varphi_1(Z_1)+\delta_1(Z_1) \tag{10-22}$$

其中，$\|\omega_1^*\|\leqslant\lambda_1$；$\|\delta_1\|\leqslant\upsilon_1$。同时将式（10-22）代入式（10-21），可得

$$\dot{e}_1=\omega_1^{*\mathrm{T}}\phi_1(Z_1)+\delta_1(Z_1)+d_1(X,t)+x_2 \tag{10-23}$$

引入误差变量$e_2=x_2-x_{2\mathrm{d}}$，$x_{2\mathrm{d}}$定义为虚拟控制输入，其形式如下：

$$x_{2\mathrm{d}}=-c_1e_1-\hat{\lambda}_1\operatorname{sgn}(e_1)\|\varphi_1(Z_1)\|-\hat{\rho}_1\operatorname{sgn}(e_1) \tag{10-24}$$

其中，$c_1>0$为设计参数；$\hat{\lambda}_1$是λ_1的估计；$\hat{\rho}_1$是ρ_1的估计。ρ_1的定义如下：

$$\rho_1=\upsilon_1+d_{10} \tag{10-25}$$

其中，d_{10}为$|d_1(X,t)|$的界，满足$|d_1(X,t)|\leqslant d_{10}$。将式（10-24）代入式（10-23），可得

$$\dot{e}_1=e_2-c_1e_1+\omega_1^{*\mathrm{T}}\varphi_1(Z_1)+\delta_1(Z_1)+d_1(X,t)-\hat{\lambda}_1\operatorname{sgn}(e_1)\|\varphi_1(Z_1)\|-\hat{\rho}_1\operatorname{sgn}(e_1) \tag{10-26}$$

选取李雅普诺夫函数如下：

$$V_1=\frac{1}{2}e_1^2+\frac{1}{2\gamma_1}\tilde{\lambda}_1^2+\frac{1}{2\gamma_2}\tilde{\rho}_1^2 \tag{10-27}$$

其中，$\tilde{\lambda}_1=\hat{\lambda}_1-\lambda_1$；$\tilde{\rho}_1=\hat{\rho}_1-\rho_1$；$\gamma_1$和$\gamma_2$为所设计的自适应增益。对$V_1$求导可得

$$\dot{V}_1=e_1\dot{e}_1+\frac{1}{\gamma_1}\tilde{\lambda}_1\dot{\hat{\lambda}}_1+\frac{1}{\gamma_2}\tilde{\rho}_1\dot{\hat{\rho}}_1 \tag{10-28}$$

将式（10-23）代入式（10-28）可得

$$\begin{aligned}\dot{V}_1&=e_1e_2-c_1e_1^2+\omega_1^{*\mathrm{T}}\varphi_1(Z_1)e_1+\delta_1(Z_1)e_1+d_1(X,t)e_1-\hat{\lambda}_1|e_1|\|\varphi_1(Z_1)\|\\&\quad-\hat{\rho}_1|e_1|+\frac{1}{\gamma_1}\tilde{\lambda}_1\dot{\hat{\lambda}}_1+\frac{1}{\gamma_2}\tilde{\rho}_1\dot{\hat{\rho}}_1\\&\leqslant e_1e_2-c_1e_1^2+\lambda_1\|\varphi_1(Z_1)\||e_1|+\upsilon_1|e_1|+d_1(X,t)e_1-\hat{\lambda}_1|e_1|\|\varphi_1(Z_1)\|\\&\quad-\hat{\rho}_1|e_1|+\frac{1}{\gamma_1}\tilde{\lambda}_1\dot{\hat{\lambda}}_1+\frac{1}{\gamma_2}\tilde{\rho}_1\dot{\hat{\rho}}_1\\&\leqslant e_1e_2-c_1e_1^2-\tilde{\lambda}_1\|\varphi_1(Z_1)\||e_1|+(\upsilon_1+d_{10})|e_1|-\hat{\rho}|e_1|\\&\quad+\frac{1}{\gamma_1}\tilde{\lambda}_1\dot{\hat{\lambda}}_1+\frac{1}{\gamma_2}\tilde{\rho}_1\dot{\hat{\rho}}_1\end{aligned} \tag{10-29}$$

设计自适应律如下：

$$\dot{\hat{\lambda}}_1=\gamma_1|e_1|\|\varphi_1(Z_1)\|,\quad \dot{\hat{\rho}}_1=\gamma_2|e_1| \tag{10-30}$$

将式（10-30）代入式（10-29）可以得

$$\dot{V}_1\leqslant e_1e_2-c_1e_1^2 \tag{10-31}$$

步骤 2：适当设计e_2，可以使$\dot{V}_1<0$，保证上述子系统稳定。对e_2求导后可得

$$\dot{e}_2=g_2(X,u_{\mathrm{q}})+d_2(X,t)-\dot{x}_{2\mathrm{d}} \tag{10-32}$$

已知$x_{2\mathrm{d}}$是X_1、$y_{1\mathrm{d}}$、$\dot{y}_{1\mathrm{d}}$、$\hat{\lambda}_1$、$\hat{\rho}_1$的函数，故$\dot{x}_{2\mathrm{d}}$可以表示为如下形式：

$$\begin{aligned}\dot{x}_{2d} &= \frac{\partial x_{2d}}{\partial x_1}\dot{x}_1 + \frac{\partial x_{2d}}{\partial y_{1d}}\dot{y}_{1d} + \frac{\partial x_{2d}}{\partial y_{1d}^{(1)}}y_{1d}^{(2)} + \frac{\partial x_{2d}}{\partial \hat{\lambda}_1}\dot{\hat{\lambda}}_1 + \frac{\partial x_{2d}}{\partial \hat{\rho}_1}\dot{\hat{\rho}}_1 \\ &= \frac{\partial x_{2d}}{\partial x_1}\left(f_1\left(x_1\right)+b_1x_2\right) + \frac{\partial x_{2d}}{\partial y_{1d}}\dot{y}_{1d} + \frac{\partial x_{2d}}{\partial y_{1d}^{(1)}}y_{1d}^{(2)} + \frac{\partial x_{2d}}{\partial \hat{\lambda}_1}\dot{\hat{\lambda}}_1 + \frac{\partial x_{2d}}{\partial \hat{\rho}_1}\dot{\hat{\rho}}_1 + \frac{\partial x_{2d}}{\partial x_1}d_1\left(X,t\right) \\ &= \frac{\partial x_{2d}}{\partial x_1}\left(f_1\left(x_1\right)+b_1x_2\right) + \phi_1 + \frac{\partial x_{2d}}{\partial x_1}d_1\left(X,t\right) \end{aligned} \tag{10-33}$$

其中，$\phi_1 = \frac{\partial x_{2d}}{\partial y_{1d}}\dot{y}_{1d} + \frac{\partial x_{2d}}{\partial y_{1d}^{(1)}}y_{1d}^{(2)} + \frac{\partial x_{2d}}{\partial \hat{\lambda}_1}\dot{\hat{\lambda}}_1 + \frac{\partial x_{2d}}{\partial \hat{\rho}_1}\dot{\hat{\rho}}_1$，假设存在一个常数 β_1，使得 $\left|\frac{\partial x_{2d}}{\partial x_1}\right| < \beta_1$，并将式（10-33）代入式（10-32），可以得

$$\begin{aligned}\dot{e}_2 &= g_2\left(X,u_q\right) + d_2\left(X,t\right) - \frac{\partial x_{2d}}{\partial x_1}\left(f_1\left(x_1\right)+b_1x_2\right) - \varphi_1 - \frac{\partial x_{2d}}{\partial x_1}d_1\left(X,t\right) \\ &= u_q + \left[g_2\left(X,u_q\right) - \frac{\partial x_{2d}}{\partial x_1}\left(f_1\left(x_1\right)+b_1x_2\right) - \varphi_1 - u_q\right] + d_2\left(X,t\right) - \frac{\partial x_{2d}}{\partial x_1}d_1\left(X,t\right) \\ &= u_q + \varDelta\left(X_1,u_q\right) + d_2\left(X,t\right) - \frac{\partial x_{2d}}{\partial x_1}d_1\left(X,t\right) \end{aligned} \tag{10-34}$$

其中，$\varDelta\left(X_1,u_q\right) = g_2\left(X,u_q\right) - \frac{\partial x_{2d}}{\partial x_1}\left(f_1\left(x_1\right)+b_1x_2\right) - \varphi_1 - u_q$，$X_1 = \left[X, \frac{\partial x_{2d}}{\partial x_1}, \varphi_1\right]$，期望控制输入定义如下：

$$u_q^* = u_{qdc} - u_{qad}^* + u_{qro} \tag{10-35}$$

其中，u_{qdc} 是稳定线性化动态控制输入；u_{qad}^* 是针对不确定性函数 $\varDelta\left(X_1,u_q^*\right)$ 的自适应 RBF 神经网络输入；u_{qro} 是补偿模型误差和外部干扰的鲁棒控制输入。

设存在 u_{qad}^* 满足

$$\varDelta\left(X_1,\left(u_{q\alpha} - u_{qad}^*\right)\right) = u_{qad}^* \tag{10-36}$$

其中，$u_{q\alpha} = u_{qdc} + u_{qro}$，即

$$\varDelta\left(X_1,u_q^*\right) = u_{qad}^* \tag{10-37}$$

定义 $H_2\left(Z_2\right) = u_{qad}^*\left(X_1,u_{q\alpha}\right)$，因 $\left[\frac{\partial x_{2d}}{\partial x_1},\varphi_1\right]$ 与 x_{2d} 有关，故使用 x_{2d} 代替 $\left[\frac{\partial x_{2d}}{\partial x_1},\varphi_1\right]$，因此取 $Z_2 = \left[X, x_{2d}, u_{q\alpha}\right]$，可由式（10-37）将 $H_2\left(Z_2\right)$ 表示成如下形式：

$$H_2\left(Z_2\right) = \omega_2^{*T}\varphi_2\left(Z_2\right) + \delta_2\left(Z_2\right) \tag{10-38}$$

其中，$\left\|\omega_2^*\right\| \leqslant \lambda_2$；$\left\|\delta_2\right\| \leqslant \upsilon_2$。

设存在一个常数 $k_1 \geqslant 0$ 使得

$$\left|\varDelta\left(X_1,u_{\mathrm{q}}\right)-\varDelta\left(X_1,u_{\mathrm{q}}^*\right)\right| \leqslant k_1 \tag{10-39}$$

选择 u_{q} 如下：

$$u_{\mathrm{q}}=-c_2 e_2-e_1-\hat{\lambda}_2 \operatorname{sgn}\left(e_2\right)\left\|\varphi_2\left(Z_2\right)\right\|-\hat{\rho}_2 \operatorname{sgn}\left(e_2\right) \tag{10-40}$$

其中，$c_2>0$ 为设计参数；$\hat{\lambda}_2$ 是 λ_2 的估计；$\hat{\rho}_2$ 是 ρ_2 的估计，ρ_2 的定义如下：

$$\rho_2=k_1+\upsilon_2+d_{20}+\beta_1 d_{10} \tag{10-41}$$

其中，d_{20} 为 $\left|d_2(X,t)\right|$ 的界，满足 $\left|d_2(X,t)\right| \leqslant d_{20}$。将式（10-40）代入式（10-34），可得

$$\begin{aligned}
\dot{e}_2= & -c_2 e_2-e_1-\hat{\lambda}_2 \operatorname{sgn}\left(e_2\right)\left\|\varphi_2\left(Z_2\right)\right\|-\hat{\rho}_2 \operatorname{sgn}\left(e_2\right) \\
& +\varDelta\left(X_1,u_{\mathrm{q}}\right)+d_2(X,t)-\frac{\partial x_{2\mathrm{d}}}{\partial x_1} d_1(X,t)
\end{aligned} \tag{10-42}$$

选取李雅普诺夫函数如下：

$$V_2=V_1+\frac{1}{2} e_2^2+\frac{1}{2 m_1} \tilde{\lambda}_2^2+\frac{1}{2 m_2} \tilde{\rho}_2^2 \tag{10-43}$$

其中，$\tilde{\lambda}_2=\hat{\lambda}_2-\lambda_2$；$\tilde{\rho}_2=\hat{\rho}_2-\rho_2$；$m_1$、$m_2$ 为所设计的自适应增益。对 V_2 求导可得

$$\dot{V}_2=\dot{V}_1+e_2 \dot{e}_2+\frac{1}{m_1} \tilde{\lambda}_2 \dot{\hat{\lambda}}_2+\frac{1}{m_2} \tilde{\rho}_2 \dot{\hat{\rho}}_2 \tag{10-44}$$

将式（10-34）代入式（10-44）可得

$$\begin{aligned}
\dot{V}_2= & \dot{V}_1+e_2 \dot{e}_2+\frac{1}{m_1} \tilde{\lambda}_2 \dot{\hat{\lambda}}_2+\frac{1}{m_2} \tilde{\rho}_2 \dot{\hat{\rho}}_2 \\
\leqslant & -c_1 e_1^2-c_2 e_2^2-\hat{\lambda}_2\left\|\varphi_2\left(Z_2\right)\right\|\left|e_2\right|-\hat{\rho}_2\left|e_2\right|+\varDelta\left(X_1,u_{\mathrm{q}}\right) e_2+d_2(X,t) e_2 \\
& -\frac{\partial x_{2\mathrm{d}}}{\partial x_1} d_1(X,t) e_2+\frac{1}{m_1} \tilde{\lambda}_2 \dot{\hat{\lambda}}_2+\frac{1}{m_2} \tilde{\rho}_2 \dot{\hat{\rho}}_2 \\
\leqslant & -c_1 e_1^2-c_2 e_2^2-\hat{\lambda}_2\left\|\varphi_2\left(Z_2\right)\right\|\left|e_2\right|+\left(d_{20}+\beta_1 d_{10}-\hat{\rho}_2\right)\left|e_2\right|+u_{\mathrm{q,ad}}^*\left(X_1,u_{\mathrm{q},\alpha}\right) e_2 \\
& +\left(\varDelta\left(X_1,u_{\mathrm{q}}\right)-\varDelta\left(X_1,u_{\mathrm{q}}^*\right)\right) e_2+\frac{1}{m_1} \tilde{\lambda}_2 \dot{\hat{\lambda}}_2+\frac{1}{m_2} \tilde{\rho}_2 \dot{\hat{\rho}}_2 \\
\leqslant & -c_1 e_1^2-c_2 e_2^2-\hat{\lambda}_2\left\|\varphi_2\left(Z_2\right)\right\|\left|e_2\right|+\left(k_1+d_{20}+\beta_1 d_{10}-\hat{\rho}_2\right)\left|e_2\right| \\
& +\omega_2^{*\mathrm{T}} \varphi_2\left(Z_2\right) e_2+\delta_2\left(Z_2\right) e_2+\frac{1}{m_1} \tilde{\lambda}_2 \dot{\hat{\lambda}}_2+\frac{1}{m_2} \tilde{\rho}_2 \dot{\hat{\rho}}_2 \\
\leqslant & -c_1 e_1^2-c_2 e_2^2-\tilde{\lambda}_2\left\|\varphi_2\left(Z_2\right)\right\|\left|e_2\right|+\left(k_1+\upsilon_2+d_{20}+\beta_1 d_{10}-\hat{\rho}_2\right)\left|e_2\right| \\
& +\frac{1}{m_1} \tilde{\lambda}_2 \dot{\hat{\lambda}}_2+\frac{1}{m_2} \tilde{\rho}_2 \dot{\hat{\rho}}_2
\end{aligned} \tag{10-45}$$

设计自适应律如下：

$$\dot{\hat{\lambda}}_2 = m_1 |e_2| \|\varphi_2(Z_2)\|, \quad \dot{\hat{\rho}}_2 = m_2 |e_2| \tag{10-46}$$

将式（10-30）代入式（10-29）可以得

$$\dot{V}_2 \leqslant -c_1 e_1^2 - c_2 e_2^2 \tag{10-47}$$

步骤 3：为了使响应电动机的直轴电流 x_3 跟踪驱动电动机的直轴电流 $y_{3\mathrm{d}}$，定义误差变量 $e_3 = x_3 - y_{3\mathrm{d}}$，对其求导后可得

$$\dot{e}_3 = g_3(X, u_\mathrm{d}) + d_3(X,t) - \dot{y}_{3\mathrm{d}} = u_\mathrm{d} + \varDelta(X_2, u_\mathrm{d}) + d_3(X,t) \tag{10-48}$$

其中，$\varDelta(X_2, u_\mathrm{d}) = g_3(X, u_\mathrm{d}) - \dot{y}_{3\mathrm{d}} - u_\mathrm{d}$，$X_2 = [X, \dot{y}_{3\mathrm{d}}]$。期望控制输入定义如下：

$$u_\mathrm{d}^* = u_\mathrm{ddc} - u_\mathrm{dad}^* + u_\mathrm{dro} \tag{10-49}$$

其中，u_ddc 是稳定线性化动态控制输入；u_dad^* 是针对不确定性函数 $\varDelta(X_2, u_\mathrm{d}^*)$ 的自适应 RBF 神经网络输入；u_dro 是补偿模型误差和外部干扰的鲁棒控制输入。

设存在 u_dad^* 满足

$$\varDelta\left(X_2, \left(u_{\mathrm{d}\alpha} - u_\mathrm{dad}^*\right)\right) = u_\mathrm{dad}^* \tag{10-50}$$

其中，$u_{\mathrm{d}\alpha} = u_\mathrm{ddc} + u_\mathrm{dro}$，即

$$\varDelta(X_2, u_\mathrm{d}^*) = u_\mathrm{dad}^* \tag{10-51}$$

定义 $H_3(Z_3) = u_\mathrm{dad}^*(X_2, u_{\mathrm{d}\alpha})$，其中，$Z_3 = [X, \dot{y}_{3\mathrm{d}}, u_{\mathrm{d}\alpha}]$，则由式（10-17）可将 $H_3(Z_3)$ 表示成如下形式：

$$H_3(Z_3) = \omega_3^{*\mathrm{T}} \varphi_3(Z_3) + \delta_3(Z_3) \tag{10-52}$$

其中，$\|\omega_3^*\| \leqslant \lambda_3$；$\|\delta_3\| \leqslant \upsilon_3$。

设存在一个常数 $k_2 \geqslant 0$ 使得

$$\left|\varDelta(X_2, u_\mathrm{d}) - \varDelta(X_2, u_\mathrm{d}^*)\right| \leqslant k_2 \tag{10-53}$$

选择 u_d 如下：

$$u_\mathrm{d} = -c_3 e_3 - \hat{\lambda}_3 \operatorname{sgn}(e_3) \|\varphi_3(Z_3)\| - \hat{\rho}_3 \operatorname{sgn}(e_3) \tag{10-54}$$

其中，$c_3 > 0$ 为设计参数；$\hat{\lambda}_3$ 是 λ_3 的估计；$\hat{\rho}_3$ 是 ρ_3 的估计，ρ_3 的定义如下：

$$\rho_3 = k_2 + \upsilon_3 + d_{30} \tag{10-55}$$

其中，d_{30} 为 $|d_3(X,t)|$ 的界，满足 $|d_3(X,t)| \leqslant d_{30}$。将式（10-54）代入式（10-48），可得

$$\dot{e}_3 = -c_3 e_3 - \hat{\lambda}_3 \operatorname{sgn}(e_3) \|\varphi_3(Z_3)\| - \hat{\rho}_3 \operatorname{sgn}(e_3) + \varDelta(X_2, u_\mathrm{d}) + d_3(X,t) \tag{10-56}$$

选取李雅普诺夫函数如下：

$$V_3 = V_2 + \frac{1}{2} e_3^2 + \frac{1}{2n_1} \tilde{\lambda}_3^2 + \frac{1}{2n_2} \tilde{\rho}_3^2 \tag{10-57}$$

其中，$\tilde{\lambda}_3=\hat{\lambda}_3-\lambda_3$；$\tilde{\rho}_3=\hat{\rho}_3-\rho_3$；$n_1$、$n_2$为所设计的自适应增益。对$V_3$求导可得

$$\dot{V}_3=\dot{V}_2+\dot{e}_3e_3+\frac{1}{n_1}\tilde{\lambda}_3\dot{\hat{\lambda}}_3+\frac{1}{n_2}\tilde{\rho}_3\dot{\hat{\rho}}_3 \tag{10-58}$$

将式（10-56）代入式（10-58）可得

$$\begin{aligned}
\dot{V}_3&=\dot{V}_2+\dot{e}_3e_3+\frac{1}{n_1}\tilde{\lambda}_3\dot{\hat{\lambda}}_3+\frac{1}{n_2}\tilde{\rho}_3\dot{\hat{\rho}}_3\\
&\leqslant-\sum_{i=1}^{3}c_ie_i^2-\hat{\lambda}_3\|\varphi_3(z_3)\||e_3|-\hat{\rho}_3|e_3|+\Delta(X_2,u_{\mathrm{d}})e_3\\
&\quad+d_3(X,t)e_3+\frac{1}{n_1}\tilde{\lambda}_3\dot{\hat{\lambda}}_3+\frac{1}{n_2}\tilde{\rho}_3\dot{\hat{\rho}}_3\\
&\leqslant-\sum_{i=1}^{3}c_ie_i^2-\hat{\lambda}_3\|\varphi_3(Z_3)\||e_3|+\Delta(X_2,u_{\mathrm{d}}^*)e_3+\left(\Delta(X_2,u_{\mathrm{d}})-\Delta(X_2,u_{\mathrm{d}}^*)\right)e_3\\
&\quad+\left(d_{30}-\hat{\rho}_3\right)|e_3|+\frac{1}{n_1}\tilde{\lambda}_3\dot{\hat{\lambda}}_3+\frac{1}{n_2}\tilde{\rho}_3\dot{\hat{\rho}}_3\\
&\leqslant-\sum_{i=1}^{3}c_ie_i^2-\hat{\lambda}_3\|\varphi_3(Z_3)\||e_3|+u_{\mathrm{d,ad}}^*e_3+(k_2+d_{30}-\hat{\rho}_3)|e_3|\\
&\quad+\frac{1}{n_1}\tilde{\lambda}_3\dot{\hat{\lambda}}_3+\frac{1}{n_2}\tilde{\rho}_3\dot{\hat{\rho}}_3\\
&\leqslant-\sum_{i=1}^{3}c_ie_i^2-\hat{\lambda}_3\|\varphi_3(Z_3)\||e_3|+\omega_3^{*\mathrm{T}}\varphi_3(Z_3)e_3+\delta_3(Z_3)e_3\\
&\quad+(k_2+d_{30}-\hat{\rho}_3)|e_3|+\frac{1}{n_1}\tilde{\lambda}_3\dot{\hat{\lambda}}_3+\frac{1}{n_2}\tilde{\rho}_3\dot{\hat{\rho}}_3\\
&\leqslant-\sum_{i=1}^{3}c_ie_i^2-\hat{\lambda}_3\|\varphi_3(Z_3)\||e_3|+(k_2+v_3+d_{30}-\hat{\rho}_3)|e_3|\\
&\quad+\frac{1}{n_1}\tilde{\lambda}_3\dot{\hat{\lambda}}_3+\frac{1}{n_2}\tilde{\rho}_3\dot{\hat{\rho}}_3
\end{aligned} \tag{10-59}$$

设计自适应律如下：

$$\dot{\hat{\lambda}}_2=m_1|e_2|\|\varphi_2(Z_2)\|,\quad \dot{\hat{\rho}}_2=m_2|e_2| \tag{10-60}$$

将式（10-60）代入式（10-59）可以得

$$\dot{V}_3\leqslant-\sum_{i=1}^{3}c_ie_i^2 \tag{10-61}$$

由式（10-31）、式（10-47）和式（10-61）可以得到跟踪误差最终渐近稳定。控制器的表达式由式（10-40）和式（10-54）给出，由此可见，控制器中只需要测量响应电动机的状态、驱动电动机的转速与直轴电流的期望值，因此，是一个反馈控制器。

3. 反步自适应 RBF 神经网络的同步控制器仿真研究

1）使用数学模型进行仿真

考虑永磁同步电动机的模型如下：

$$\begin{cases}\dfrac{\mathrm{d}\tilde{i}_{\mathrm{d}}}{\mathrm{d}\tilde{t}}=\tilde{u}_{\mathrm{d}}-\tilde{i}_{\mathrm{d}}+\tilde{\omega}\tilde{i}_{\mathrm{q}}\\ \dfrac{\mathrm{d}\tilde{i}_{\mathrm{q}}}{\mathrm{d}\tilde{t}}=\tilde{u}_{\mathrm{q}}-\tilde{i}_{\mathrm{q}}-\tilde{\omega}\tilde{i}_{\mathrm{d}}+\gamma\tilde{\omega}\\ \dfrac{\mathrm{d}\tilde{\omega}}{\mathrm{d}\tilde{t}}=\sigma(\tilde{i}_{\mathrm{q}}-\tilde{\omega})-\tilde{T}_{\mathrm{L}}\end{cases} \tag{10-62}$$

响应电动机取 $\sigma=5.4$， $\gamma=2.9$， $(\tilde{i}_{\mathrm{d}}(0),\tilde{i}_{\mathrm{q}}(0),\tilde{\omega}(0))=(-3,10,-1)$， 负载转矩分别取 $\tilde{T}_{\mathrm{L}}=4$ 和 $\tilde{T}_{\mathrm{L}}=10\sin(\pi t)$。选取控制律如下：

$$x_{2\mathrm{d}}=-c_1e_1-\hat{\lambda}_1\operatorname{sgn}(e_1)\|\varphi_1(Z_1)\|-\hat{\rho}_1\operatorname{sgn}(e_1) \tag{10-63}$$

$$u_{\mathrm{q}}=-c_2e_2-e_1-\hat{\lambda}_2\operatorname{sgn}(e_2)\|\varphi_2(Z_2)\|-\hat{\rho}_2\operatorname{sgn}(e_2) \tag{10-64}$$

$$u_{\mathrm{d}}=-c_3e_3-\hat{\lambda}_3\operatorname{sgn}(e_3)\|\varphi_3(Z_3)\|-\hat{\rho}_3\operatorname{sgn}(e_3) \tag{10-65}$$

逼近 Z_1 时选取10个隐含节点，其宽度参数为 $\sigma_{1i}=10,i=1,2,\cdots,10$ 为神经元个数，中心参数为 $cc_{1i}=[40-8i,30-6i,20-5i,10-4i]^{\mathrm{T}}$，逼近 Z_2 和 Z_3 时选取相同的 5 个隐含节点，其中心参数设计为 $cc_{2i}=cc_{3i}=[50-10i,20-4i,i,-20+4i,-50+10i]^{\mathrm{T}}$；宽度参数设计为 $\sigma_{1i}=\sigma_{2i}=10\ (i=1,2,\cdots,5)$；控制器参数为 $c_1=5$， $c_2=10$， $c_3=5$；自适应增益为 $\gamma_1=5$， $\gamma_2=8$， $m_1=10$， $m_2=2$， $n_1=20$， $n_2=15$。

当 $\tilde{T}_{\mathrm{L}}=4$ 时，仿真结果如图 10-35～图 10-37 所示。图 10-35 为两个永磁同步电动机（PMSM）转速曲线，由图 10-35 可见两个电动机的转速曲线实现了两个电动机的同步控制。图 10-36 为两个 PMSM 速度误差曲线，由图 10-36 可见无稳态两个 PMSM 转速误差基本为 0，响应电动机的跟踪效果满足要求。图 10-37 为负载转矩波形，可见对于恒定负载转矩，所设计的控制器具有很好的同步性能。

当 $\tilde{T}_{\mathrm{L}}=10\sin(\pi t)$ 时，仿真得到两个 PMSM 转速曲线、转速误差和负载转矩波形如图 10-38～图 10-40 所示。从图 10-38 可见所设计的控制器实现了两个 PMSM 的负载转矩变化时的转速同步控制。从图 10-39 可见响应电动机的跟踪效果满足要求，可见控制器在负载转矩波动情况下具有很好的鲁棒性。

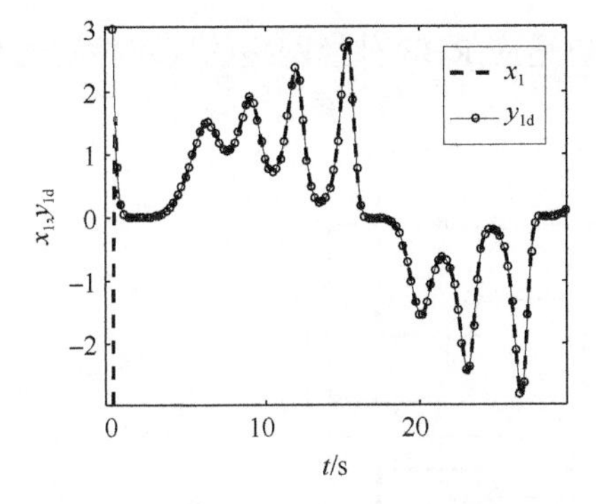

图 10-35　$\tilde{T}_L = 4$ 时 PMSM 的转速曲线

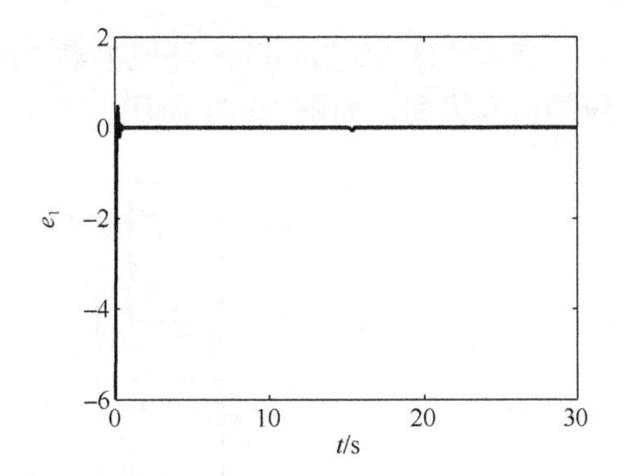

图 10-36　$\tilde{T}_L = 4$ 时 PMSM 的转速误差曲线

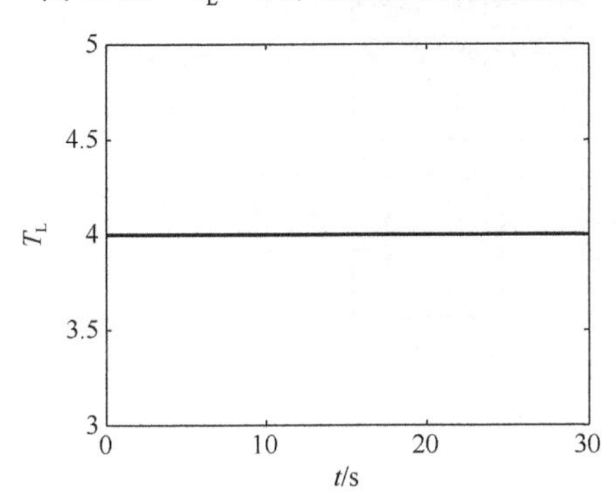

图 10-37　$\tilde{T}_L = 4$ 时负载转矩的波形

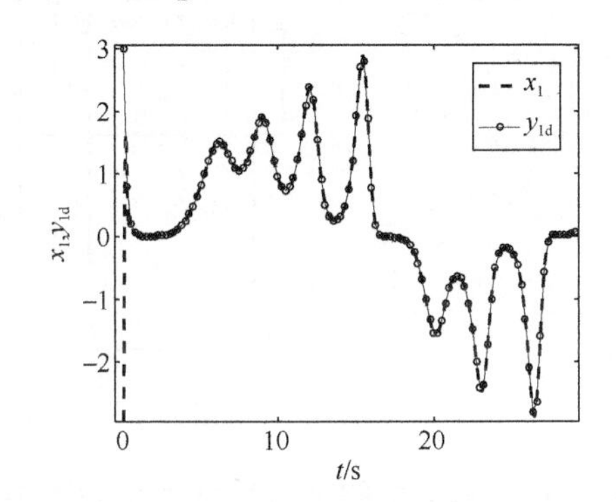

图 10-38　$\tilde{T}_L = 10\sin(\pi t)$ 时 PMSM 的转速曲线

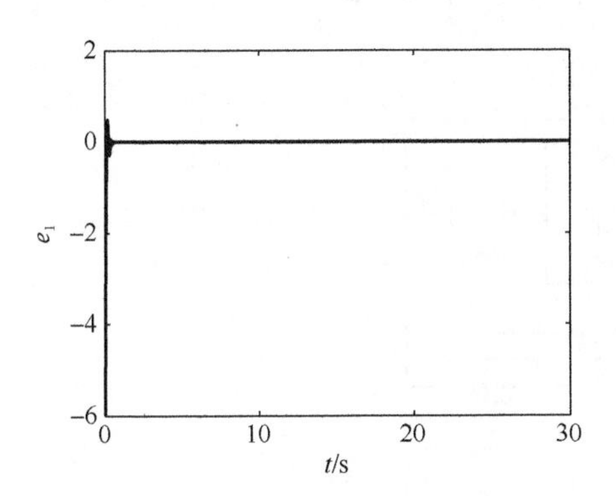

图 10-39　$\tilde{T}_L = 10\sin(\pi t)$ 时 PMSM 的转速误差曲线

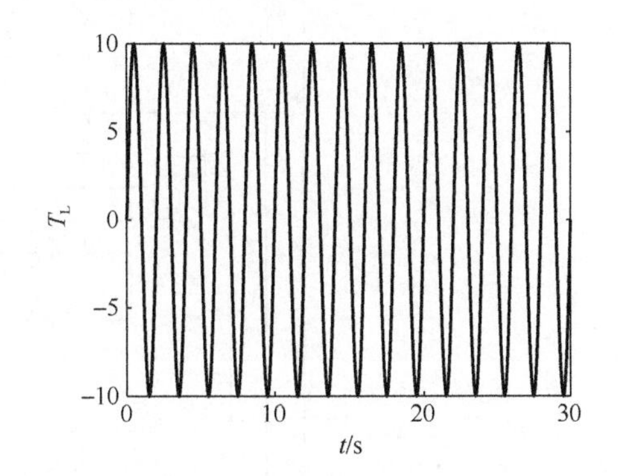

图 10-40　$\tilde{T}_L = 10\sin(\pi t)$ 时负载转矩的波形

以上仿真结果说明所设计的控制器可以在任意负载转矩的情况下实现响应电动机与驱动电动机的混沌同步控制，在不同负载转矩的情况下，其转速均能快速地达到同步状态。

在 MATLAB/Simulink 环境下建立反步自适应 RBF 神经网络的同步控制器系统的仿真模型，如图 10-41 所示。

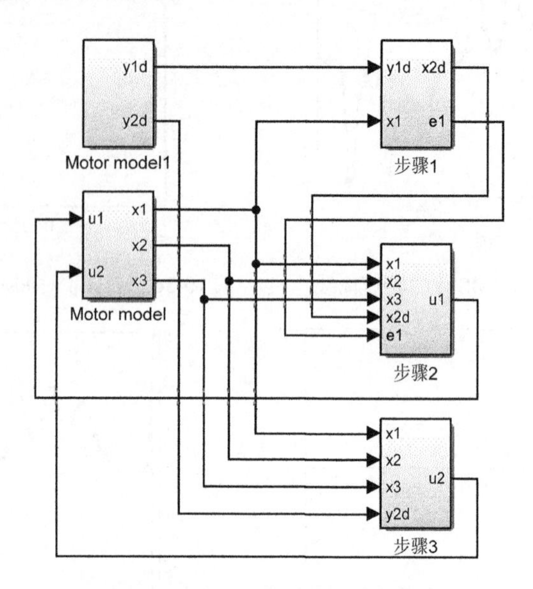

图 10-41　基于数学模型的同步仿真

图 10-41 中的部分数学模型如图 10-42 所示。

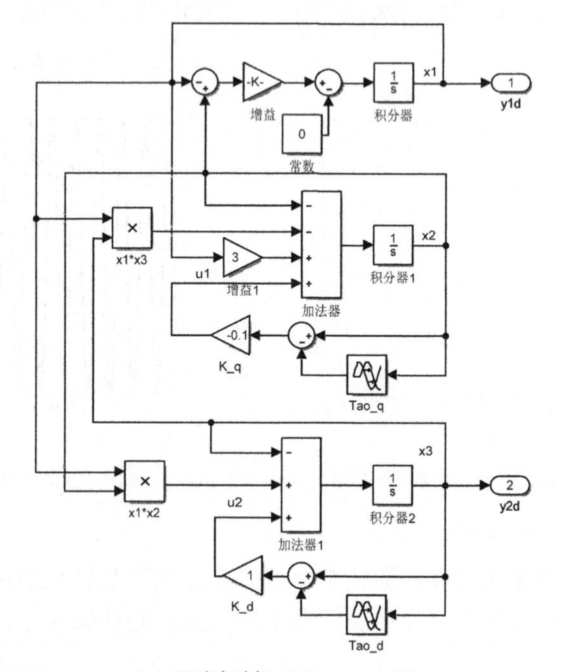

（a）驱动电动机（Motor modcl1）

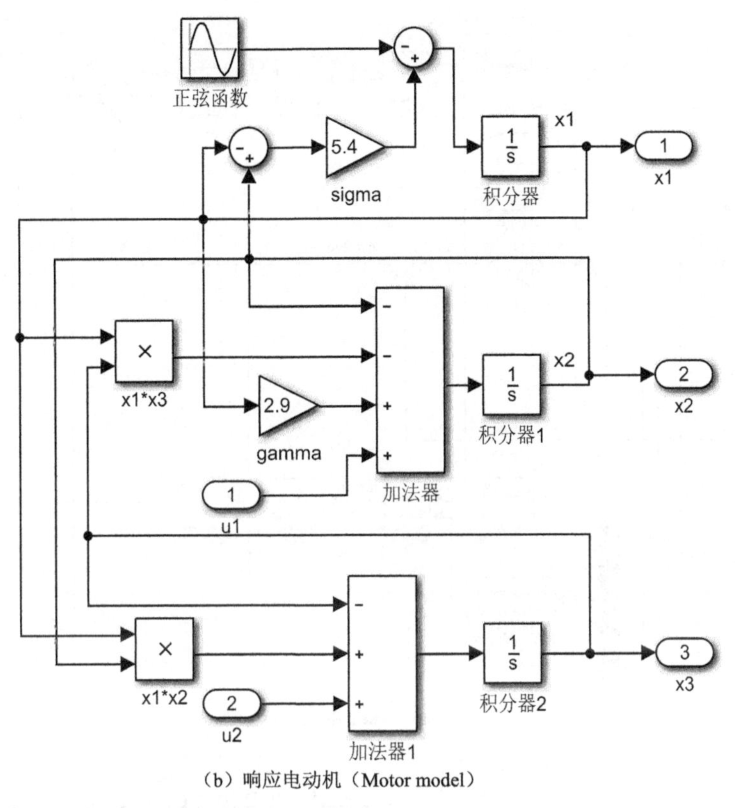

（b）响应电动机（Motor model）

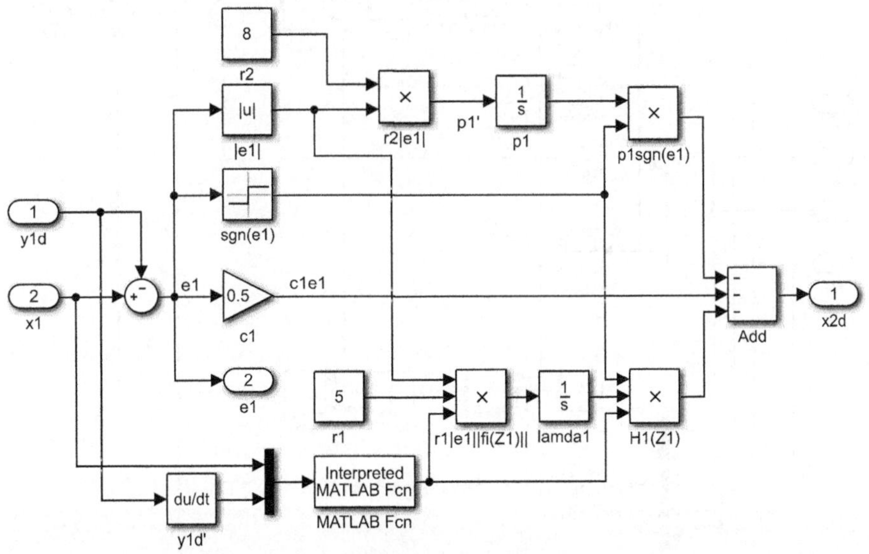

（c）步骤 1 Simulink 实现

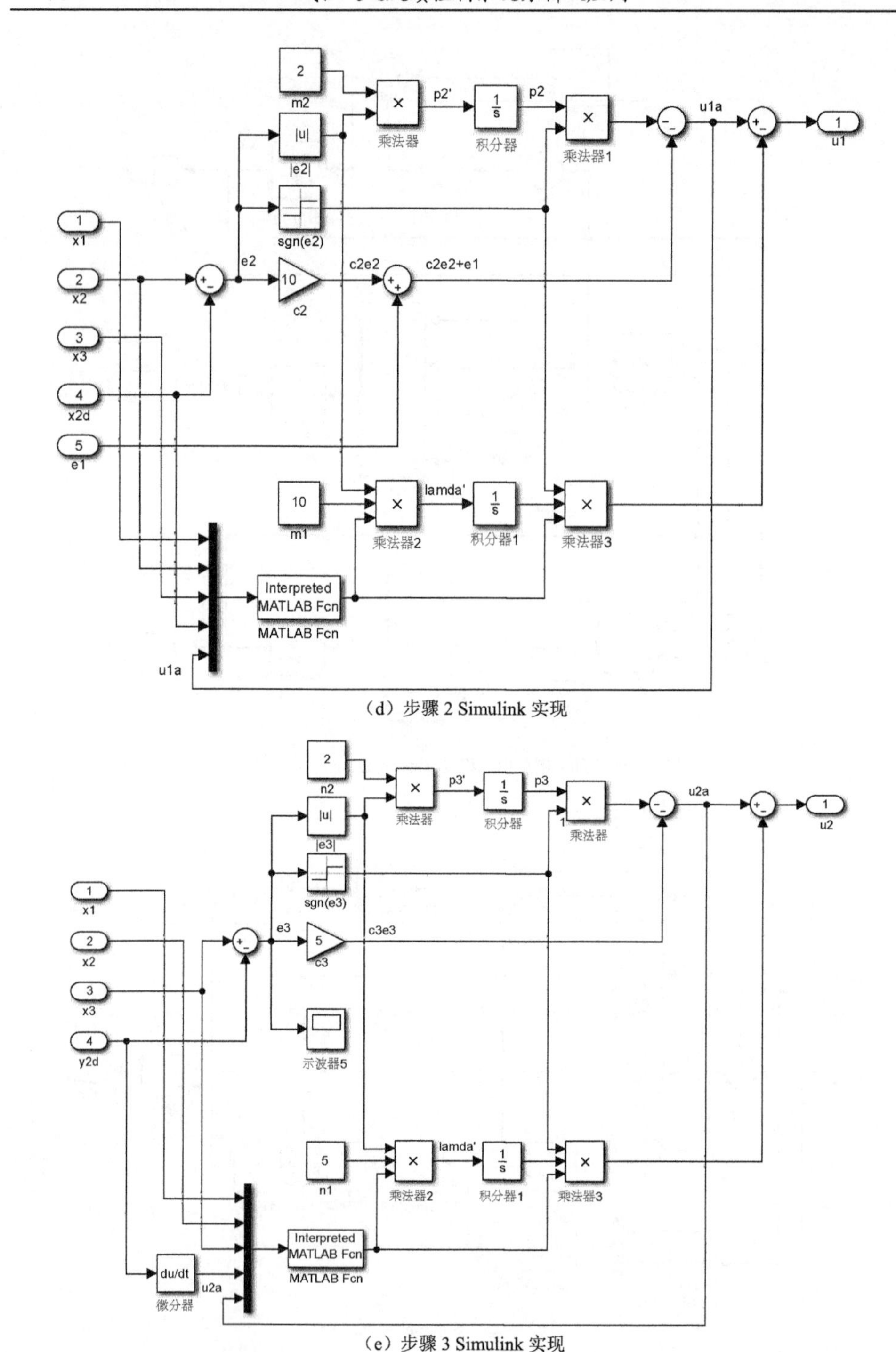

（d）步骤 2 Simulink 实现

（e）步骤 3 Simulink 实现

图 10-42　图 10-41 中 Simulink 模型中各模块实现

各个 Simulink 中的 MATLAB Fcn 定义如下。

步骤 1 中的 norm1 函数：

```
01. function y1=norm1(u1)
02. c1=[]; te=[]; tem=[]; temp=[];
03. for i=1:10
04.     c1(:,i)=[10-2*i 14-2*i]';
05.     te=u1-c1(:,i);
06.     tem=norm(te,2);
07.     temp(i)=exp(-tem^2/10^2);
08. end
09. y1=norm(temp,inf);
```

步骤 2 中的 norm2 函数：

```
01. function y2=norm2(u1)
02. c2=[]; te=[]; tem=[]; temp=[];
03. for i=1:5
04.     c2(:,i)=[50-10*i 20-4*i i -20+4*i -50+10*i]';
05.     te=u1-c2(:,i);
06.     tem=norm(te,2);
07.     temp(i)=exp(-tem^2/10^2);
08. end
09. y2=norm(temp,inf);
```

步骤 3 中的 norm3 函数：

```
01. function y3=norm3(u1)
02. c3=[]; te=[]; tem=[]; temp=[];
03. for i=1:5
04.     c3(:,i)=[50-10*i 20-4*i i -20+4*i -50+10*i]';
05.     te=u1-c3(:,i);
06.     tem=norm(te,2);
07.     temp(i)=exp(-tem^2/10^2);
08. end
09. y3=norm(temp,inf);
```

绘制仿真结果的程序如下：

```
01. figure(1) %转速波形
02. plot(x1(:,1),x1(:,3),x1(:,1),x1(:,2),'--r','LineWidth',2)
03. xlabel('\itt/s'); ylabel('\itx_1,y_1d');
04. legend('\fontname{Times new roman}{\itx{\rm_1}}', '\fontname
    {Times new roman}{\itx{\rm_{\it{d}}}}');
05. figure(2) %误差波形
```

```
06.  plot(e1(:,1),e1(:,2),'LineWidth',2)
07.  xlabel('\itt/s'); ylabel('\ite_1')
08.  figure(3) %转矩波形
09.  plot(T(:,1),T(:,2),'LineWidth',2)
10.  xlabel(['\fontname{Times new roman}\it{x}']); ylabel(['\fontname
     {Times new roman}\it{T}']);
```

2）采用 Simulink 中 PMSM 模型进行仿真

图 10-41 给出了基于数学模型（10-62）的 Simulink 仿真模型。这里给出基于 Power System 工具箱中的 PMSM 模型的仿真 Simulink 程序。使用 Simulink 中的 Power System 工具箱中的 PMSM 仿真模型，在 Simulink 环境下建立反步自适应 RBF 神经网络的同步控制器系统的仿真模型，如图 10-43 所示。

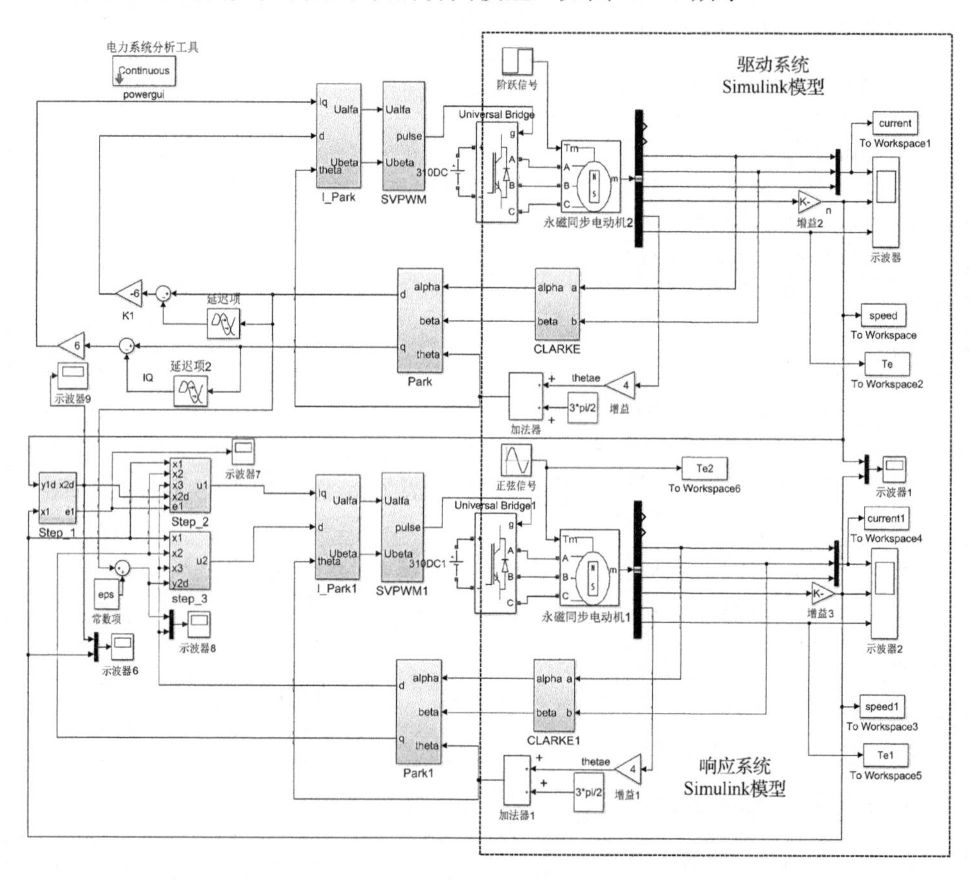

图 10-43　反步自适应 RBF 神经网络的同步控制器系统 Simulink 环境仿真模型

选取控制律如式（10-63）～式（10-65）所示。控制器参数为 $c_1 = 5$， $c_2 = 5$， $c_3 = 10$，自适应增益为 $\gamma_1 = 5$， $\gamma_2 = 2$， $m_1 = 10$， $m_2 = 2$， $n_1 = 5$， $n_2 = 10$。

当 $\tilde{T}_{\mathrm{L}}=1$ 时的仿真结果如图 10-44 所示，由图可见两电动机的转速轨迹实现了两电动机的同步控制。

当 $\tilde{T}_{\mathrm{L}}=\sin(10\pi t)$ 时的仿真结果如图 10-45 所示，从图中可见响应电动机和驱动电动机实现了两电动机的同步控制。

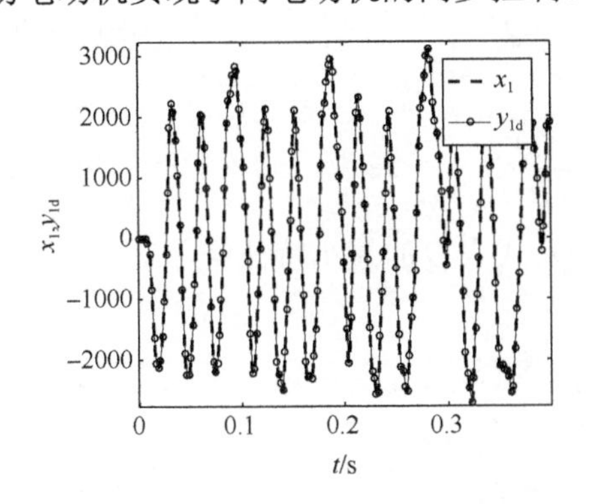

图 10-44　恒转矩下的 PSMS 转速曲线

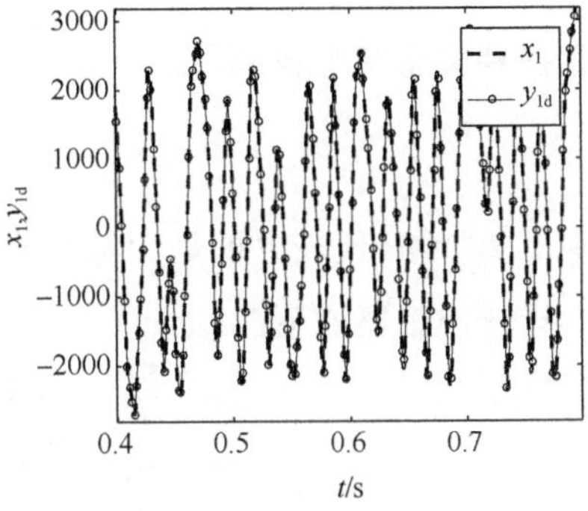

图 10-45　变转矩下的 PSMS 转速曲线

由图 10-35、图 10-44 和图 10-38、图 10-45 可见，基于反步自适应 RBF 神经网络的方法可以实现响应电动机的混沌同步。

10.4.2　基于滑模控制方法的双电动机混沌同步控制

1. 滑模同步控制器设计

电动机模型可表示成如下形式：

$$\begin{aligned}\dot{x}&=Ax+f(x,t)+u\\ y&=Cx\end{aligned}\tag{10-66}$$

其中，$x=\left[\tilde{\omega}\quad \tilde{i}_{\mathrm{q}}\quad \tilde{i}_{\mathrm{d}}\right]^{\mathrm{T}}$；$A=\begin{bmatrix}-\sigma & \sigma-1 & 0\\ \gamma & -1 & 1\\ 0 & 2 & -1\end{bmatrix}$；$u=[\tilde{i}_{\mathrm{q}}\quad \tilde{u}_{\mathrm{q}}\quad \tilde{u}_{\mathrm{d}}]^{\mathrm{T}}$；$f(x,t)$ 代表模型中的不确定函数，其中包括参数扰动和外部干扰等，其可以表示成如下形式[23]：

$$f(x,t)=f_1(x)+f_2(x,t)\tag{10-67}$$

其中，$f_1(x)$ 和 $f_2(x,t)$ 可以分别表示成如下形式[24]：

$$f_1(x)=\begin{bmatrix}0\\ -(\tilde{\omega}+1)\tilde{i}_{\mathrm{d}}\\ (\tilde{\omega}-2)\tilde{i}_{\mathrm{q}}\end{bmatrix}\tag{10-68}$$

$$f_2(x,t)=P^{-1}C^{\mathrm{T}}\xi(y,t)\tag{10-69}$$

其中，$\xi(y,t)$ 满足 $\left\|\xi(y,t)\right\|_s \leqslant \sum_{i=0}^{N} c_i \rho_i(t,y)$。

设存在一个增益 K 使得 $A_0 = A - KC$，并且 A_0 为严格的赫尔维茨矩阵。则可以求出一个正定的矩阵 P，其满足：

$$PA_0 + A_0^{\mathrm{T}} P = -Q \tag{10-70}$$

并存在利普希茨常数满足：

$$\alpha_f < \frac{1}{2} \frac{\lambda_{\min}(Q)}{\lambda_{\max}(P)} \tag{10-71}$$

其中，$\lambda_{\max}(P)$ 代表 P 的最大特征值；$\lambda_{\min}(Q)$ 代表 Q 的最小特征值。

设计控制器如下：

$$\tilde{i}_{\mathrm{qref}} = K_1\left(y - C_1\hat{x}\right) + S_1\left(\hat{x}, y\right) \tag{10-72}$$

$$\tilde{u}_{\mathrm{q}} = K_2\left(y - C_2 x\right) + S_2\left(x, y\right) \tag{10-73}$$

$$\tilde{u}_{\mathrm{d}} = K_3\left(y - C_3 x\right) + S_3\left(x, y\right) \tag{10-74}$$

其中，$\tilde{i}_{\mathrm{qref}}$ 为设计的虚拟控制输入；$C_1 = \begin{bmatrix}1 & 0 & 0\end{bmatrix}$；$C_2 = \begin{bmatrix}0 & 1 & 0\end{bmatrix}$；$C_3 = \begin{bmatrix}0 & 0 & 1\end{bmatrix}$。

$$S\left(\hat{x}(t), y(t)\right) = \frac{P^{-1} C^{\mathrm{T}} \left(y - C\hat{x}\right) \sum_{i=0}^{N} \hat{c}_i(t) \rho_i(t,y)}{\left\|y - C\hat{x}\right\| - \dot{h}_1(t) h_2\left(\sum_{i=0}^{N} \hat{c}_i(t) \rho_i(t,y)\right)}$$

其中，$\dot{\hat{c}}_i(t) = q_i \left\|y - C\hat{x}\right\| \rho_i(t,y)$；$\hat{c}_i(0) = \hat{c}_{i0} \in \mathrm{R}^+$；$h_1 = \dfrac{1}{t+1}$；$h_2 = \dfrac{0.5}{t+1}$。

设误差 $e = x - x_{\mathrm{ref}}$，则对其求导后可得

$$\dot{e}(t) = A_0 e(t) + f_1(x) - f_1(\hat{x}) + f_2(x,t) - S(\hat{x}, y) \tag{10-75}$$

设计李雅普诺夫函数如下：

$$V\left(e, \tilde{c}_i, t\right) = e^{\mathrm{T}}(t) P e(t) + \sum_{i=0}^{N} \frac{1}{q_i} \tilde{c}_i^2(t) + h_1(t) \tag{10-76}$$

对 V 求导可得

$$\begin{aligned}
\dot{V} &= 2e^{\mathrm{T}} P\left[A_0 e(t) + f_1(x) - f_1(\hat{x}) + f_2(x,t) - S\right] \\
&\quad + 2\sum_{i=0}^{N}\left(\hat{c}_i(t) - c_i\right)\left\|y - C\hat{x}\right\| \rho_i(t,y) + \dot{h}_1(t) \\
&\leqslant -e^{\mathrm{T}}(t) Q e(t) + 2\left\|e(t)\right\|^2 \alpha_f \bar{\lambda}(P) + 2e^{\mathrm{T}}(t) P\left(f_2(x,t) - S\right) \\
&\quad + 2\left\|Ce(t)\right\| \sum_{i=0}^{N}\left(\hat{c}_i(t) - c_i\right) \rho_i(t,y) + \dot{h}_1(t)
\end{aligned} \tag{10-77}$$

将 $S\left(\hat{x}(t), y(t)\right)$ 代入式（10-77）可得

$$
\begin{aligned}
\dot{V} \leqslant & -\left(\underline{\lambda}(Q)-2\bar{\lambda}(P)\alpha_f\right)\|e(t)\|^2+2\|Ce(t)\|\sum_{i=0}^{N}\left(\hat{c}_i-c_i\right)\rho_i(t,y) \\
& 2e^{\mathrm{T}}(t)P\left(P^{-1}C^{\mathrm{T}}C\xi-\frac{P^{-1}C^{\mathrm{T}}Ce(t)\sum_{i=0}^{N}\hat{c}_i(t)\rho_i(t,y)}{\|Ce(t)\|-\dot{h}_1(t)h_2\left(\sum_{i=0}^{N}\hat{c}_i(t)\rho_i(t,y)\right)}\right)+\dot{h}_1(t) \\
\leqslant & \left(\underline{\lambda}(Q)-2\bar{\lambda}(P)\alpha_f\right)\|e(t)\|^2+\frac{1}{\|Ce(t)\|-h_1(t)h_2\left(\sum_{i=0}^{N}\hat{c}_i(t)\rho_i(t,y)\right)} \\
& \times\left[2\|Ce(t)\|^2\sum_{i=0}^{N}\left(\hat{c}_i(t)-c_i\right)\rho_i(t,y)-2\|Ce(t)\|\sum_{i=0}^{N}c_i\rho_i(t,y)h_1(t)h_2\right. \\
& \times\left(\sum_{i=0}^{N}\hat{c}_i(t)\rho_i(x,y)\right)+2\|Ce(t)\|^2\sum_{i=0}^{N}\left(\hat{c}_i(t)-c_i\right)\rho_i(t,y) \\
& \left.-2\|Ce(t)\|\sum_{i=0}^{N}\left(\hat{c}_i-c_i\right)\rho_i(t,y)h_1(t)h_2\left(\sum_{i=0}^{N}\hat{c}_i(t)\rho_i(t,y)\right)\right]+\dot{h}_1(t) \\
\leqslant & -\left(\underline{\lambda}(Q)-2\bar{\lambda}(P)\alpha_f\right)\|e(t)\|^2 \\
& -\frac{2\|Ce(t)\|\sum_{i=0}^{N}\hat{c}_i(t)\rho_i(t,y)h_1(t)h_2\left(\sum_{i=0}^{n}\hat{c}_i(t)\rho_i(t,y)\right)}{\|Ce(t)\|-\dot{h}_1(t)h_2\left(\sum_{i=0}^{N}\hat{c}_i(t)\rho_i(t,y)\right)}+\dot{h}_1(t) \\
\leqslant & -\left(\underline{\lambda}(Q)-2\bar{\lambda}(P)\alpha_f\right)\|e(t)\|^2+\left(1-2\sum_{i=0}^{N}\hat{c}_i(t)\rho_i(t,y)h_2\left(\sum_{i=0}^{N}\hat{c}_i(t)\rho_i\right)\right)\dot{h}_1(t) \\
\leqslant & -\left(\underline{\lambda}(Q)-2\bar{\lambda}(P)\alpha_f\right)\|e(t)\|^2 \\
\leqslant & \, 0
\end{aligned}
\tag{10-78}
$$

由式(10-78)可以看出,跟踪误差最终渐近稳定。控制器的表达式由式(10-72)和式（10-74）给出。

2. 滑模同步控制器仿真研究

设驱动电动机模型在线性延迟反馈控制器作用下产生混沌运动，并定义其转速为 $y_{1\mathrm{d}}$，响应电动机取 $\sigma=5.4$，$\gamma=2.9$，$(\tilde{i}_{\mathrm{d}}(0),\tilde{i}_{\mathrm{q}}(0),\tilde{\omega}(0))=(-5,3,5)$，负载转矩分别取 $\tilde{T}_{\mathrm{L}}=4$ 和 $\tilde{T}_{\mathrm{L}}=10\sin(\pi t)$。定义控制器如下：

$$
\tilde{i}_{\mathrm{qref}}=K_1\left(y-C_1\hat{x}\right)+S_1\left(\hat{x},y\right) \tag{10-79}
$$

$$
\tilde{u}_{\mathrm{q}}=K_2\left(y-C_2x\right)+S_2\left(x,y\right) \tag{10-80}
$$

$$\tilde{u}_{\mathrm{d}} = K_3\left(y - C_3 x\right) + S_3\left(x, y\right) \tag{10-81}$$

$$S\left(\hat{x}(t), y(t)\right) = \frac{P^{-1}C^{\mathrm{T}}\left(y - C\hat{x}\right)\sum_{i=0}^{N}\hat{c}_i(t)\rho_i(t,y)}{\left\|y - C\hat{x}\right\| - \dot{h}_1(t)h_2\left(\sum_{i=0}^{N}\hat{c}_i(t)\rho_i(t,y)\right)} \tag{10-82}$$

其中，$K_1 = K_2 = K_3 = 4.54$；$q_1 = q_2 = q_3 = 0.1$；$\rho_1 = \rho_2 = \rho_3 = 2.5$。

当$\tilde{T}_{\mathrm{L}} = 4$时，仿真结果如图 10-46 和图 10-47 所示，其中图 10-46 为两电动机的转速曲线；图 10-47 为两电动机的转速误差曲线，可见，两电动机的转速误差为 0，说明该方法可以实现两电动机的混沌同步控制。对于恒定的负载转矩，所设计的滑模同步控制器具有很好的同步性能。

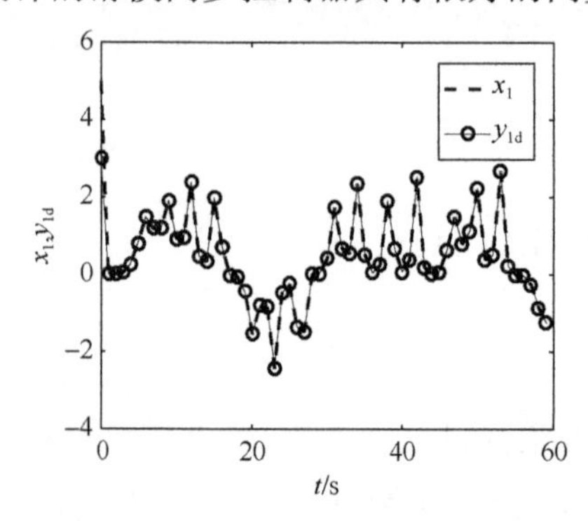

图 10-46　$\tilde{T}_{\mathrm{L}} = 4$ 时 PMSM 的转速曲线

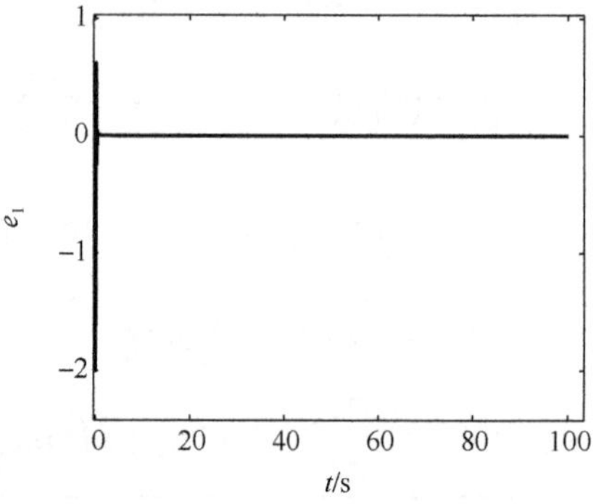

图 10-47　$\tilde{T}_{\mathrm{L}} = 4$ 时 PMSM 的转速误差曲线

当$\tilde{T}_{\mathrm{L}} = 10\sin(\pi t)$时，仿真结果如图 10-48 和图 10-49 所示，其中图 10-48 为两电动机的转速曲线；图 10-49 为两电动机的转速误差曲线，两电动机的转速误差为 0，说明该方法可以实现两电动机的混沌同步控制。对于变化的负载转矩，所设计的滑模同步控制器也具有很好的鲁棒性。

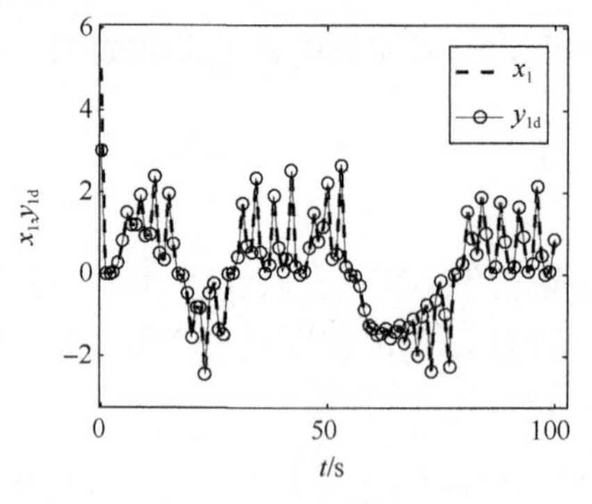

图 10-48　$\tilde{T}_{\mathrm{L}} = 10\sin(\pi t)$ 时 PMSM 的转速曲线

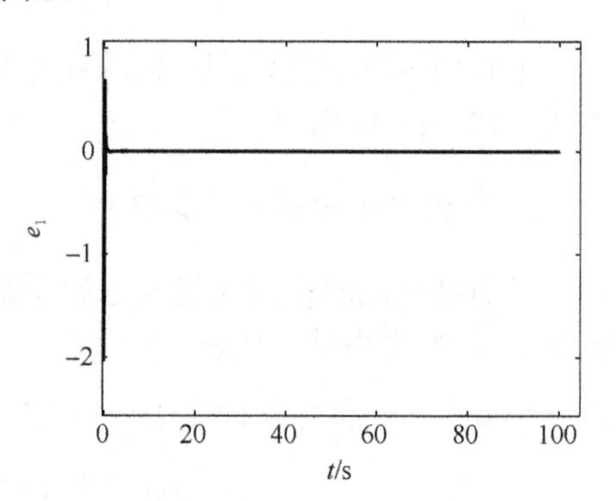

图 10-49　$\tilde{T}_{\mathrm{L}} = 10\sin(\pi t)$ 时 PMSM 的转速误差曲线

在 Simulink 环境下建立滑模同步控制器系统的仿真模型，如图 10-50 所示。

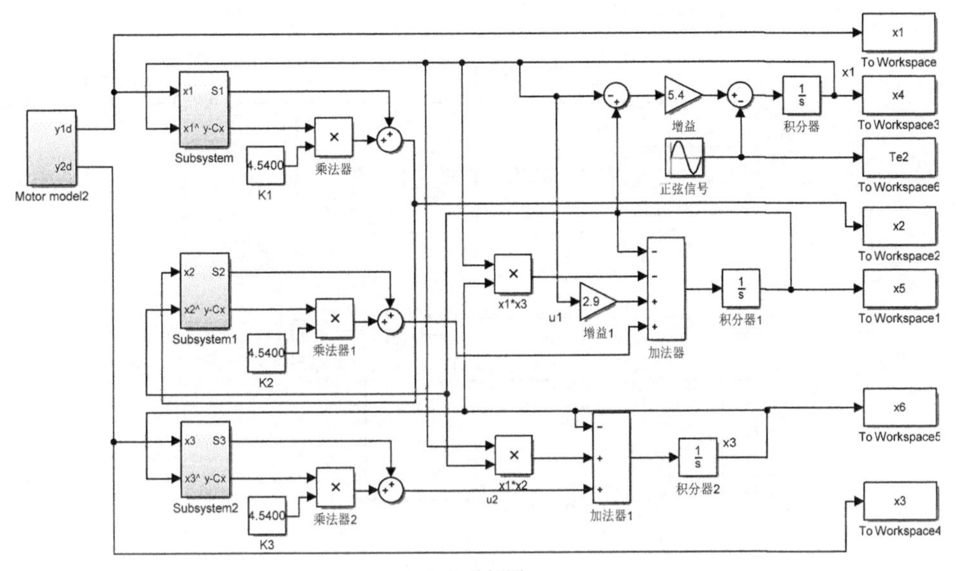

（a）总框图

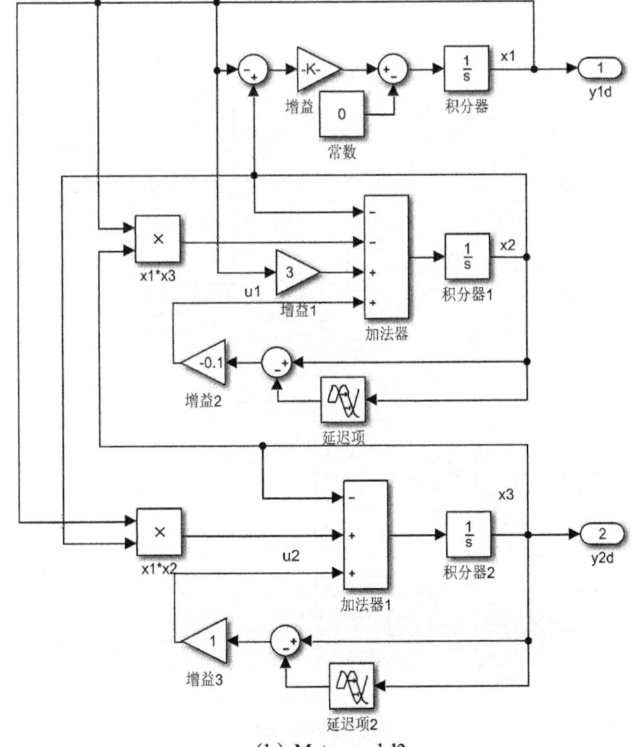

（b）Motor model2

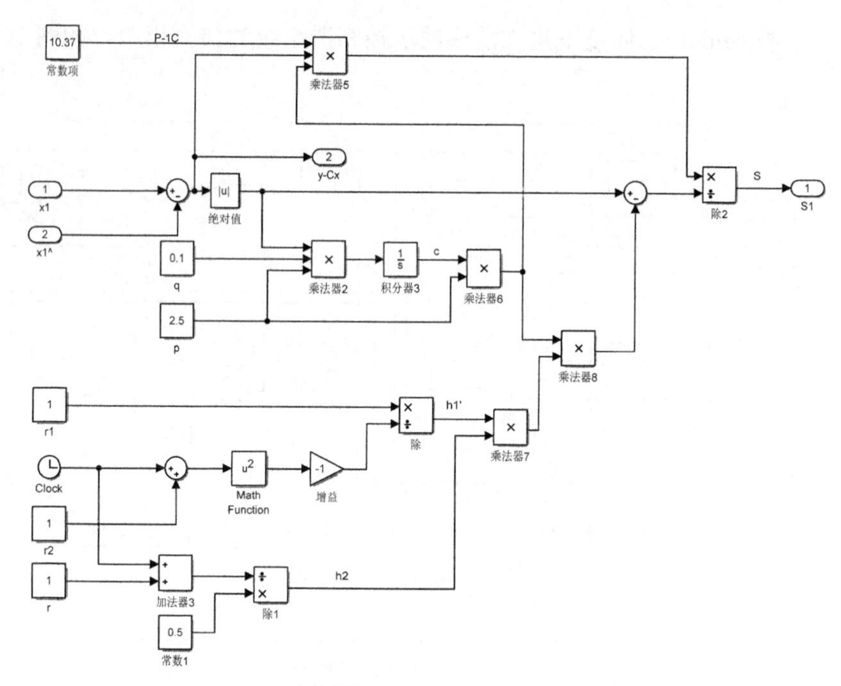

（c）Subsystem

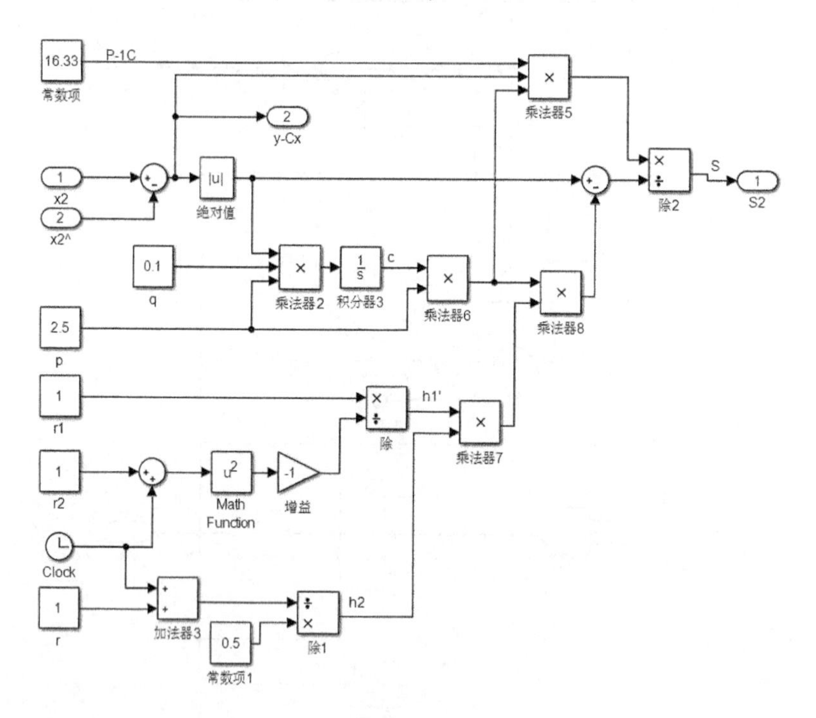

（d）Subsystem1

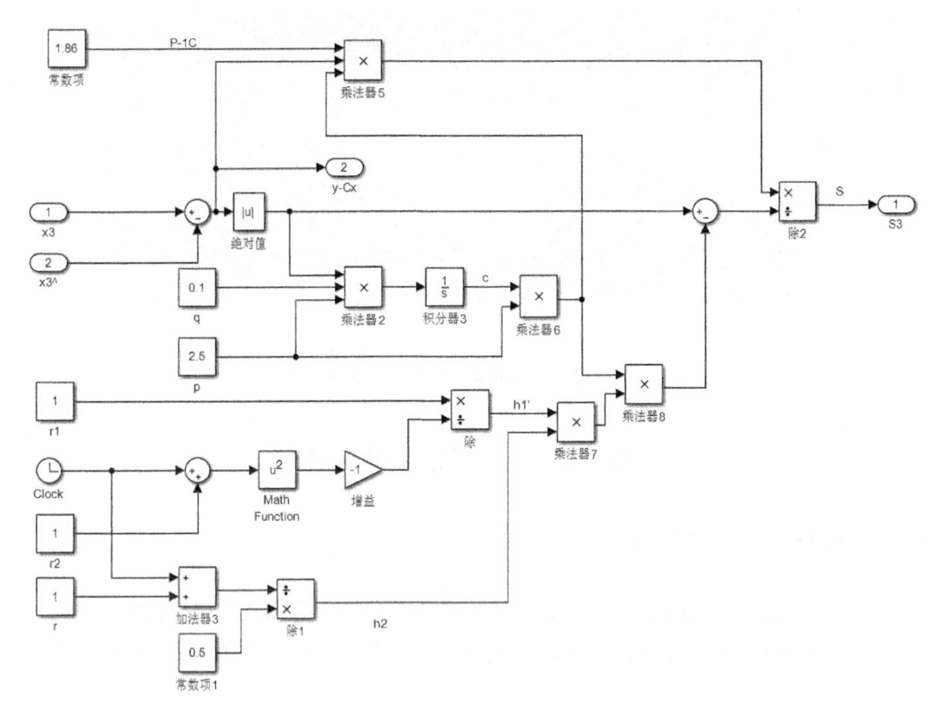

（e）Subsystem2

图 10-50　滑模同步控制器系统 Simulink 环境仿真模型

10.4.3　同步实验研究

采用式（10-24）、式（10-40）和式（10-54）设计控制器。令驱动电动机的转速跟踪已给定的正弦信号，其转速波形如图 10-51 所示。使响应电动机的转速跟踪驱动电动机的转速，其转速波形如图 10-52 所示。从图中可以看出，所设计的控制器可以使得响应电动机的转速跟踪驱动电动机的转速。

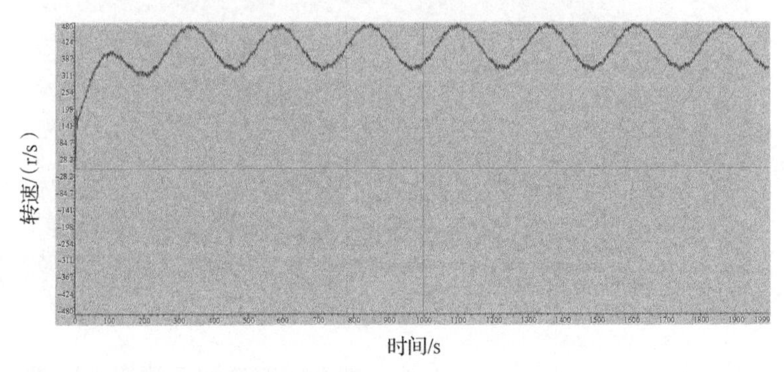

图 10-51　驱动电动机的转速波形

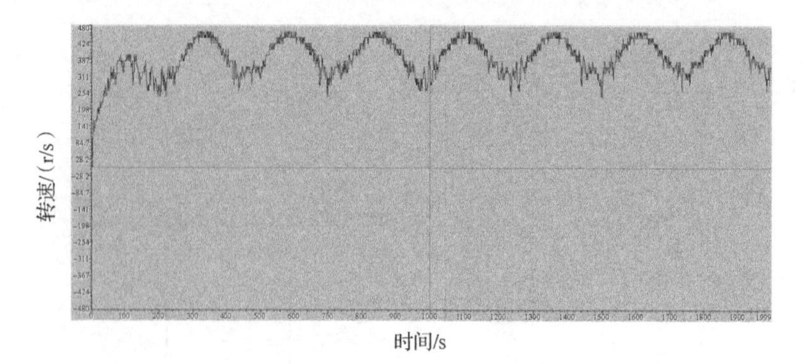

图 10-52　响应电动机的转速波形

10.5　压实实验结果研究

10.5.1　振动压实实验设计

从建筑工地上分别取土、沙子和小石子（后文中将这三种混合物简称为土）按照一定比例进行均匀混合，装入如图 10-53 所示的振动压实实验箱用来做压实实验。

图 10-53　振动压实实验箱

每个实验组设置了三次实验，采用了三种不同的控制方法控制压实装置实现：①恒速控制；②混沌转速给定控制；③单向混沌线性延迟反馈控制。实验中三种控制算法的永磁同步电动机的转速均值相等，两种混沌控制算法的转速方差尽可能相等。

为了评价不同控制算法的压实效果，在每次压实实验进行 20min 的情况下，分别选取了振动压实机底板的四个位置，用刻度尺测量了实验前后振动压实机相对于压实实验箱在竖直方向的位置。将压实前后的相对位置作差后，就能够得到每次实验后压实实验箱中土壤的下降位移量。为了使每次压实实验前压实实验箱中的土密度尽可能相同，每次振动压实实验完成后，将压实实验箱中的土用小铲子全部铲出，使土完全疏松后，再用小铲子给压实实验箱装土。

根据上述的对比实验方法做了实验，控制系统在运行过程中，将数字信号处理器中计算得到的电动机转速通过数/模转换器送出，用示波器观测得到这三种控制算法振动压实机的转速波形如图 10-54 所示。这三种方法偏心块在竖直方向上作用力的功率谱分别如图 10-55 所示。

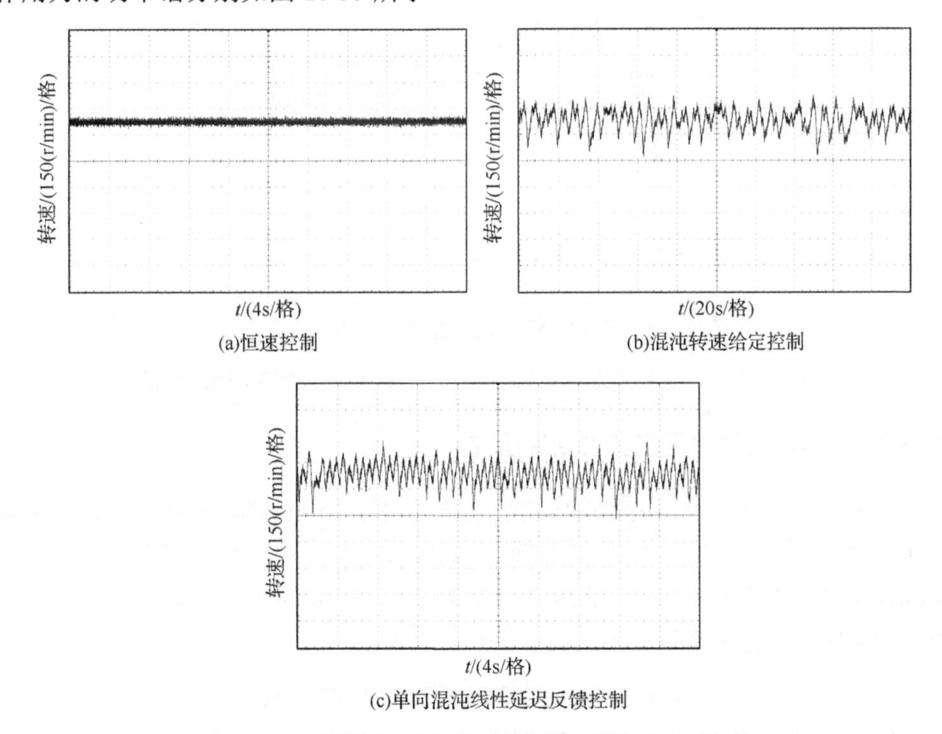

图 10-54　各种转速控制方法对应的振动压实装置的转速波形

通过对比图 10-55 中三种不同控制方法振动压实装置偏心块转动过程中，在竖直方向上产生的作用力的功率谱，可以发现线性延迟反馈控制算法产生的振动能量集聚在一个较宽的连续频带上，能够充分利用混沌的宽频特性，使被压土壤产生共振。

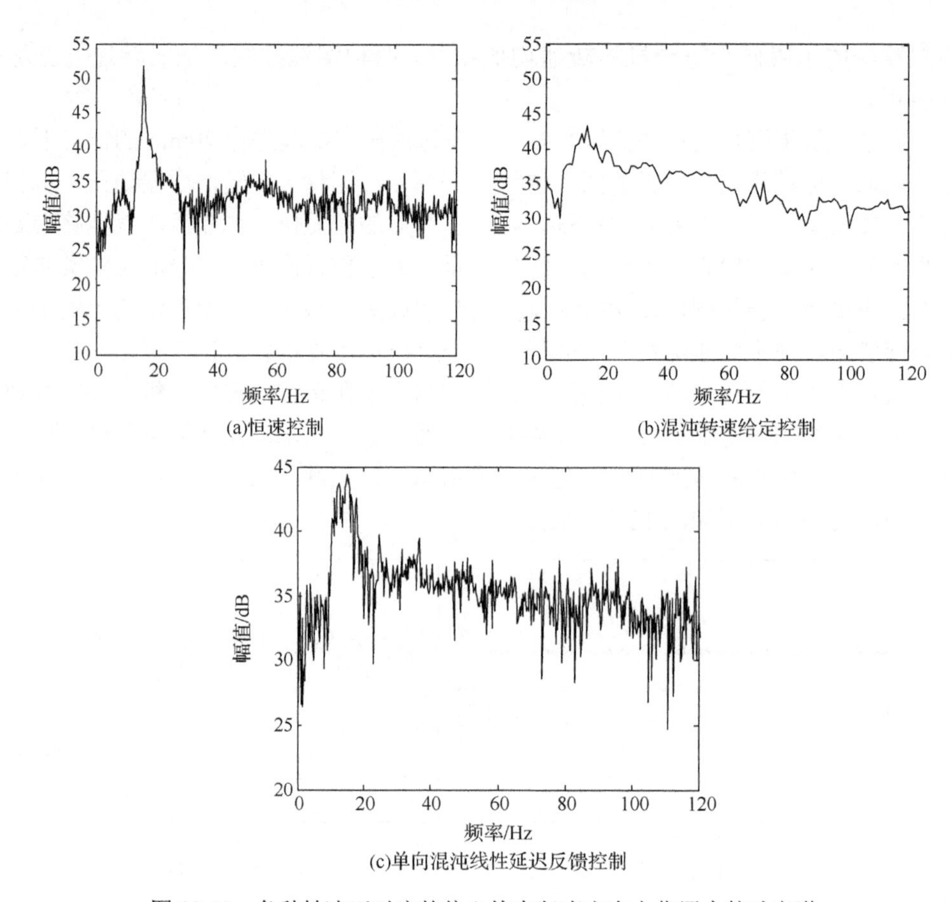

图 10-55　各种转速下对应的偏心块在竖直方向上作用力的功率谱

10.5.2　单电动机振动压实实验结果研究

采用单电动机双偏心块振动压实装置分别进行 10 组实验，实验结果如表 10-4 所示。压实前，压实实验箱中土的密度为$1.3016\times10^3\mathrm{kg/m^3}$。实验中使用了 HIOKI3197 电能质量分析仪，测量每次实验进行的 20min 时间内，振动压实装置消耗的电能。三种转速下压实实验效果对比见表 10-4。

表 10-4　单电动机振动压实实验效果比较

实验组	恒速控制			混沌转速给定控制			单向混沌线性延迟反馈控制算法		
	下降位移/mm	消耗能量/kJ	压实后土的密度/（$\times10^3\mathrm{kg/m^3}$）	下降位移/mm	消耗能量/kJ	压实后土的密度/（$\times10^3\mathrm{kg/m^3}$）	下降位移/mm	消耗能量/kJ	压实后土的密度/（$\times10^3\mathrm{kg/m^3}$）
第一组	1.3	12.24	1.3073	2.6	15.48	1.3130	4.5	15.84	1.3221
第二组	1.6	12.24	1.3086	2.9	15.48	1.3143	5.0	17.64	1.3236
第三组	2.5	11.88	1.3126	3.3	15.12	1.3161	5.3	17.28	1.3250

续表

实验组	恒速控制			混沌转速给定控制			单向混沌线性延迟反馈控制算法		
	下降位移/mm	消耗能量/kJ	压实后土的密度/（× 10^3kg/m^3）	下降位移/mm	消耗能量/kJ	压实后土的密度/（× 10^3kg/m^3）	下降位移/mm	消耗能量/kJ	压实后土的密度/（×10^3kg/m^3）
第四组	1.9	10.08	1.3100	3.4	14.76	1.3165	5.0	15.84	1.3236
第五组	2.5	10.44	1.3126	3.1	16.56	1.3152	5.3	18.00	1.3250
第六组	1.9	10.44	1.3100	3.5	14.76	1.3170	5.0	16.20	1.3236
第七组	2.0	10.08	1.3104	3.5	15.48	1.3170	5.5	18.00	1.3259
第八组	1.9	10.44	1.3100	3.6	15.12	1.3174	5.3	18.00	1.3250
第九组	2.3	10.08	1.3117	4.1	15.48	1.3197	5.6	17.64	1.3263
第十组	2.0	10.08	1.3104	3.6	15.84	1.3174	5.2	17.46	1.3246
平均值	1.99	10.80	1.3103	3.36	15.41	1.3164	5.17	17.19	1.3244
能耗/（kJ/mm）	5.43			4.59			3.32		

注：能耗指被压土壤平均下降每毫米所消耗的能量。

通过比较表 10-4 中的压实结果，可以发现本小节所提出的单向混沌线性延迟算法，在单位时间内不仅下降位移大，而且平均下降每毫米消耗的能量也少，压实后土的密度也大。

10.5.3　双电动机振动压实实验结果研究

在双电动机振动压实装置上，为了验证混沌振动压实的效果，设计了两组对比实验：①恒速控制；②混沌转速给定控制。分别进行了 5 组实验，实验结果如表 10-5 所示。压实前，压实实验箱中土的密度为$1.3528\times10^3\,kg/m^3$。实验中使用了 HIOKI3197 电能质量分析仪，测量每次实验进行的 20min 时间内，振动压实装置消耗的电能。

表 10-5　双电动机振动压实实验效果比较

实验组	恒速控制			混沌转速给定控制		
	下降位移/mm	消耗能量/kJ	压实后土的密度/（× 10^3kg/m^3）	下降位移/mm	消耗能量/kJ	压实后土的密度/（× 10^3kg/m^3）
第一组	18.40	158.76	1.5350	20.20	164.16	1.5554
第二组	18.20	158.76	1.5327	22.14	164.88	1.5782
第三组	17.90	161.64	1.5294	20.24	167.04	1.5560
第四组	13.60	161.64	1.4829	15.30	165.60	1.5009
第五组	19.10	161.64	1.5429	22.50	163.08	1.5825
平均值	17.44	160.49	1.5246	20.08	164.95	1.5546
能耗/（kJ/mm）	9.20			8.21		

通过比较表 10-5 中的压实结果，发现混沌转速给定控制应用到双电动机振动压实装置上，在单位时间内不仅下降位移大，而且平均下降每毫米消耗的能量也少，压实后土的密度也大。

参考文献

[1] 周萼秋, 易小刚, 汤汉辉. 现代压实机械[M]. 北京: 人民交通出版社, 2003.

[2] 肖刚. 双频振动压实机的设计及性能研究[D]. 西安: 长安大学, 2001.

[3] 钟春彬, 冯忠绪, 姚运仕, 等. 双频双幅合成振动压实方法[J]. 长安大学学报(自然科学版), 2009, 29(3): 102-106.

[4] 龙运佳, 杨勇, 王聪玲. 基于混沌振动力学的压路机工程[J].中国工程科学, 2000, 2(9):76-79.

[5] 龙运佳. 混沌振动压路机的能耗效益分析[J].中国工程机械学报, 2008, 6(1):111-113.

[6] 任海鹏, 刘丁, 韩崇昭. 基于直接延迟反馈的混沌反控制[J]. 物理学报, 2006, 55(6):2694-2701.

[7] REN H P, LI W C. Heteroclinic orbits in Chen circuit with time delay[J]. Communications in Nonlinear Science and Numerical Simulation, 2010, 15(10):3058-3066.

[8] WANG X F, CHEN G R, YU X H. Anticontrol of chaos in continous-time system via time-delay feedback[J]. Chaos: An Interdisciplinary Journal of Nonlinear Science, 2000, 10(4): 771-779.

[9] REN H P, LIU D. Identification and chaotifying control of a class of system without mathematical model[J]. Control Theory & Applications, 2003, 20(5):768-771.

[10] CAO Y, CHAU K T. Chaotification of permanent-magnet synchronous motors using time-delay feedback[C]. IEEE 2002 28th Annual Conference of the Industrial Electronics Society, Sevilla, 2002, 1:762-764.

[11] 朱海磊, 陈基和, 王赞基. 利用延迟反馈进行异步电动机混沌反控制[J].中国电机工程学报, 2004, 24(12):156-159.

[12] 李俊, 陈基和, 邹国棠. 永磁直流电机的混沌反控制[J].中国电机工程学报, 2006, 26(8):77-81.

[13] 孟昭军, 孙昌志, 安跃军. 基于时间延迟状态反馈精确线性化的 PMSM 混沌反控制[J]. 电工技术学报, 2007, 22(3):27-31.

[14] REN H P, HAN C Z. Chaotifying control of permanent magnet synchronous motor[C]. 2006 CES/IEEE 5th International Power Electronics and Motor Control Conference, Shanghai, 2006.

[15] 任海鹏, 刘丁, 李洁. 永磁同步电动机中混沌运动的延迟反馈控制[J].中国电机工程学报, 2003, 23(6): 175-178.

[16] WANG X F, ZHONG G Q, TANG K S, et al. Generating chaos in Chua's circuit via time-delay feedback[J]. IEEE Transactions on Circuits and Systems I: Fundamental Theory and Applications, 2001, 48(9): 1151-1156.

[17] 王红武. 单向宽频振动产生方法及其实验研究[D]. 西安: 西安理工大学, 2016.

[18] 任海鹏. 单电机单向非周期振动产生方法及单向非周期振动装置: CN201010554850.8[P]. 2011-03-30.

[19] 任海鹏. 一种单电机单向混沌振动装置: CN201220137984.4[P]. 2012-12-05.

[20] 任海鹏, 王龙. 单向非周期振动装置及非周期振动控制方法: 201310506589.8[P]. 2014-02-19.

[21] ZHANG Y, ZHOU Q, SUN C X, et al. RBF neural network and ANFIS-based short-term load forecasting approach in real-time price environment[J]. IEEE Transactions on Power Systems, 2008, 23(3):853-858.

[22] CASTRO J L. Fuzzy logic controllers are universal approximators[J]. IEEE Transactions on Systems, Man, and Cybernetics, 1995, 25(4):629-635.

[23] WALCOTT B L, ZAK S H. State observation of nonlinear uncertain dynamical systems[J]. IEEE Transactions on Automatic Control, 1987, 32(2):166-170.

[24] AZEMI A, YAZ E E. Sliding-mode adaptive observer approach to chaotic synchronization[J]. Journal of Dynamic Systems, Measurement, and Control, 2000, 122(4): 758-765.

编 后 记

《博士后文库》（以下简称《文库》）是汇集自然科学领域博士后研究人员优秀学术成果的系列丛书。《文库》致力于打造专属于博士后学术创新的旗舰品牌，营造博士后百花齐放的学术氛围，提升博士后优秀成果的学术和社会影响力。

《文库》出版资助工作开展以来，得到了全国博士后管委会办公室、中国博士后科学基金会、中国科学院、科学出版社等有关单位领导的大力支持，众多热心博士后事业的专家学者给予积极的建议，工作人员做了大量艰苦细致的工作。在此，我们一并表示感谢！

《博士后文库》编委会

彩　图

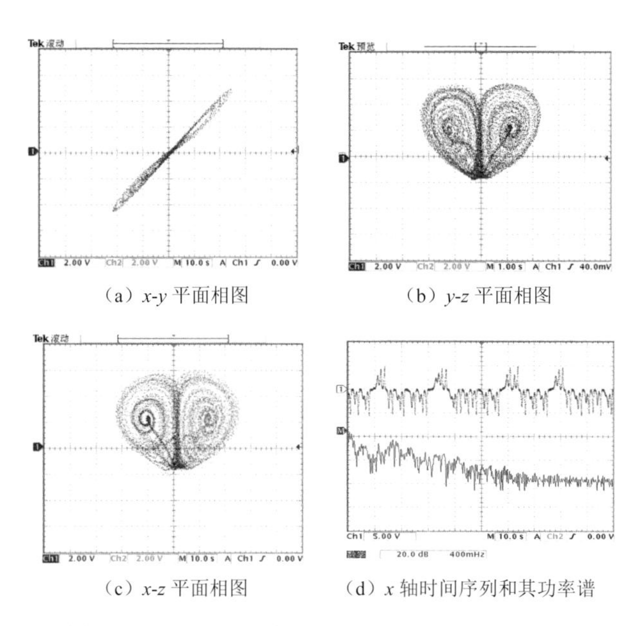

（a）*x*-*y* 平面相图　（b）*y*-*z* 平面相图

（c）*x*-*z* 平面相图　（d）*x* 轴时间序列和其功率谱

图 3-11　线性延迟反馈 Chen 系统的控制电路产生的双涡卷混沌吸引子

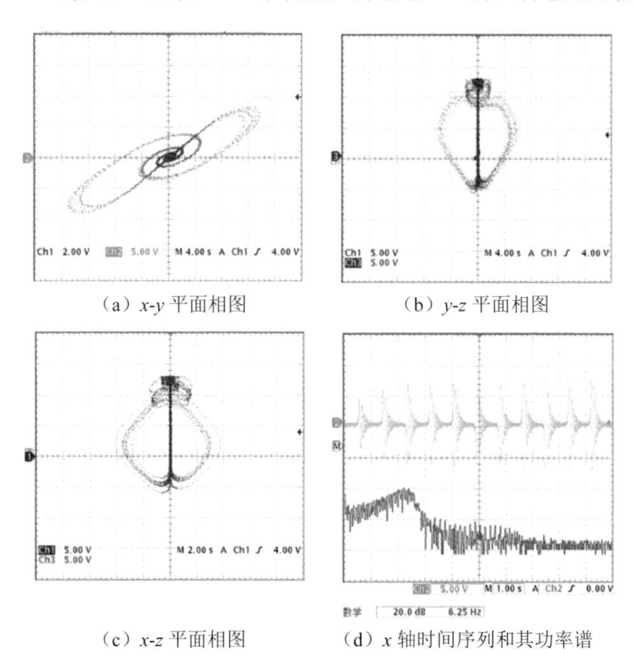

（a）*x*-*y* 平面相图　（b）*y*-*z* 平面相图

（c）*x*-*z* 平面相图　（d）*x* 轴时间序列和其功率谱

图 3-12　线性延迟反馈 Chen 系统的控制电路产生的复合多涡卷混沌吸引子

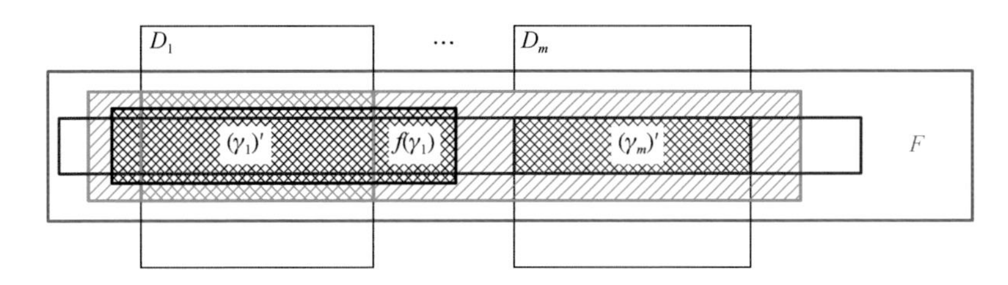

图 6-3　连接簇的示意图

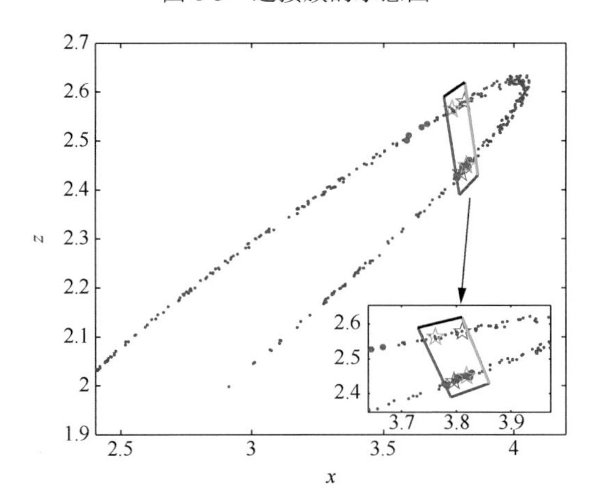

图 6-11　线性延迟反馈 Chen 系统的庞加莱映射及其中的不稳定周期轨道

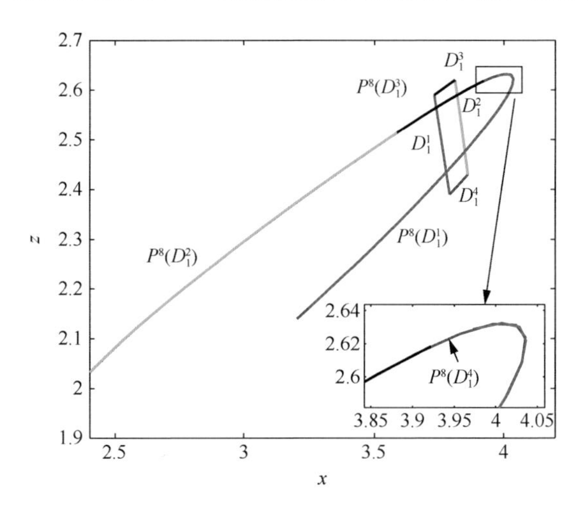

图 6-12　选择四边形 D_1 及其 f^p 后的像